可持续发展与人的发展

陈新夏◎著

ESHIXU FAZHAN YU REN DE FAZHAN

人民出版社

目　录

引　言

可持续发展和人的发展，是我国现代化建设面临的重要问题，这两个问题属于不同范畴，又有着内在联系：可持续发展应以人的发展为目的，又要通过人的发展来实现。学界对可持续发展及人的发展问题已有深入的分析，但两种"发展"之间的关系却有待于进一步深究。

可持续发展与人的发展关系的研究，当属可持续发展问题之前提性批判。"前提性"并非时间意义上而是逻辑意义上的。并非时间意义上的，是因为对可持续发展问题的探讨由来已久，所以是逻辑上的，还因为追根究底，问题的根源是人，并且人的理念和行为的改变，人的素质的提升，人的发展，是实现可持续发展的前提。约言之，可持续发展旨在人的发展，又取决于人的发展。由此，本项研究——从人的发展、人的生存方式视角探究可持续发展——属于可持续发展问题的哲学探讨，特别是人学思考。这种人学思考，是可持续发展反思哲学化的表征，又是其进一步深化的起点，将为可持续发展研究提供新的理论范式和讨论平台。

可持续发展与人的发展的关系，关涉可持续发展哲学讨论的核心内容。学界关于可持续发展的哲学解读和分析，无论对"主客体二分"的质疑，对"人类中心主义"的诘难，还是对代际公平和代内公平的解析，本质上都以对二者关系的理解为根据。

由于资源环境危机日甚并使可持续发展成为热点问题，有关的哲学思考已不鲜见。然而，这并不意味着相关讨论已无必要，因为对一些论著稍加浏览便不难看出，许多讨论虽然深化了对环境资源问题实质的理解，甚至起到了某种振聋发聩的效应，却陷于了片面的深刻，存在着一种总体上的偏颇——仅仅以物为尺度，见物不见人，单向地从自然出发看问题，或曰，缺乏一种双向互动的合理视角。相关的可持续发展反思往往矫枉过正，不分青红皂白地置人于受考问、审查乃至于批判的"被告"地位，从另一个极端将人与自然对立起来，扬自然而抑人类。在有关的讨论中，例如对主客体关系和"人类中心主义"的反思中，出现了离开人的发展抽象谈论自然持续发展的倾向。未加辨析地断定资源环境危机的根本原因，是主客体二分，是人类中心主义，是只承认人的价值；认为要缓解危机而实现可持续发展，必须超越主客体对立、走出"人类中心主义"，承认并尊重自然的内在价值，根据自然本身的要求而不是人的需要来对待自然，等等。

从意识到环境资源问题的人为因素而直接得出"走出人类中心主义"、"消解主客体二分"、"自然权利与人的权利平等"等结论，固然有深刻且合理的一面，却不无矫枉过正的片面性。毋庸置疑，可持续发展与人对自然的态度和行为直接相关，正是由于人只考虑自己的需要，从狭隘的利益出发，全然不顾自然持续发展的需要和承载力，对其进行随心所欲的"征服"和"改造"，才造成了资源浪费和环境污染，就此而言，批判以及追究人的责任无论在认知上还是道义上都无可厚非或甚为必要。然而深究起来，上述失误又不能简单地归咎于"主客体二分"、"人类中心主义"或人过高估计了自己的价值，不能简单判定"主客体二分"、"人类中心主义"等必然导致人与自然截然对立，更不应由此而得出"人无权改造自然"的结论。

对自然持续发展的关注，这一事实本身就是人的主体意识的表现，是人对自身生存和发展的诉求和主张，是人的又一次自我觉醒。稍加分析便不难理解，我们所以特别关注可持续发展，并不单是因为资源环境危机因人的活动而起，还由于这"危机"本质上是相对于人而言的，危及人的生存与发展。或者说，所以提出可持续发展问题，不仅是因为出现了自然将不可持续发展的前景，更由于这一前景或危机与人的前景密切相关。在浩瀚的宇宙中，与地球相比，环境更为恶劣的天体不胜枚举，但这并未引起人们的担忧和关注。人们所以惊呼"只有一个地球"，忧患地球上的资源环境问题，主要不在于人们观念、情感等较以往发生了根本的迁移，如从关注人自身转向同时也怜悯其他自然物，从以人类为中心转向了以自然为中心，而是由于自然的危机现实地危及人当下的生存和潜在地威胁到人类未来的发展，质言之，人对自然永续发展的期望和追求，正是对自身生存发展条件的期望和追求。

在可持续发展论域，人的身份不仅应是责任者，也应是权利者；不仅应是被告，亦应是原告。可持续发展以人的发展为指向，理解并实施可持续发展，应遵循自然的尺度，更应秉持人的尺度，以人的生存、发展需要为旨归。在对可持续发展的反思中，应确立一种双向互动的视角：从自然的发展理解和定位人的发展，亦从人的发展界定和规范自然的发展，在人的发展和自然的发展之间保持一种合理的张力，建立一种双向互动的协调、和谐的关系。

可持续发展涉及人与自然和人与人的二重关系。从问题的缘起和应对看，两种关系中，人与人的关系也许更为根本也更为复杂。更为根本，是因为人与自然的冲突在很大程度上缘起于人与人之间的矛盾，从而人与自然关系的和谐根本上取决于人与人关系的合理化。也就是说，在人与自然的"纠缠"中，人是主体，是冲突的主动方面，是化解矛盾的"系铃人"。更为复杂，是因为不论承认与否，人与自然的关系属于典型的主客体关系，其状况主要甚至单方面地取决于人对待自然的态度和行为，而人与人的关系却是主体之间的关系，涉及各主体不同的认知和各自的利益，总是会引发各利益主体之间的博弈，从而解决问题、理顺关系更为不易。因此，对可持续发展与人的发展关系的分析，将凸显人的发展在协调人与自然关系中的导向作用，为重新阐释人与自然的关系确立新的视角，拓展可持续发展研究的空间并开启新的研究路向，也可能为重新解读人与人的关系提供一种新的范式和路径。

可持续发展以人的发展为目的，故应从人的尺度理解、分析和确定人与自然的关系，判断自然环境的优劣，以人的发展引领和导向可持续发展。实现可持续发展，当然应充分考虑自然的需要和"权利"，但同时更应基于人的需要和权利，确立以人的发展为目标的人的尺度与自然尺度的统一。可持续发展有赖于人的发展，既因为环境资源危机缘起于人们不合理的生存态度、需要定位和生活方式等，又在于问题的解决需通过人的发展——人们素质的提升，人的观念和行为的变革——来实现。

可持续发展的人学思考，要从人的发展的总视角展开，又应联系当下的社会现代化背景，纳入现代化反思的视阈中。资源环境问题与社会现代化进程密切相关。社会现代化所造就的现代科技和工业生产及与之相适应的生产方式，充分放大了人变革自然的能力，凸显了人的活动对自然巨大、深刻且不可逆转的双重影响，引发或加深了前所未有的环境资源危机；社会现代化所造就的人的生存方式、生活方式和消费方式，彻底颠覆了以往人类为满足直接需要而消费的传统，开启了由消费引导需要的生活理念和行为方式，人为地加深了对资源、环境的掠夺和侵害。因此，可持续发展的人学反思，是现代化反思的题中应有之义，是现代化反思不可或缺的核心内容。

实现可持续发展，不仅涉及人们的认识和观念的转变，依赖于科学技术的进步，同时也涉及人们的生存态度、需要定位、生活方式和消费方式。从某种意义上说，资源环境问题是以物的形式表现出来的人与人的关系。虽然现有的资源环境危机并非完全因人而起，但就问题的解决或缓解而言，根本上是人的问题，是人与自然关系及人与人关系的错位所致。在这两种关系中，核心的问题是价值定位和选择。因此，本书的研究主要是哲学层面的。

综上，本书的总体立意是：从人与人的关系阐释人与自然的关系，并从人与自然的关系透视人与人的关系，达致人的发展与可持续发展的视界融合；在现代化语境中解读可持续发展问题并通过解读而深化现代化反思；以可持续发展问题为中介，重新解读一些基本的哲学问题。

由于旨在将可持续发展问题置于人的发展这一广泛的论域中加以讨论，本书主要论及人与自然、人与人的一些基本的关系而非具体的问题，并非对可持续发展所有问题的全面阐释，因而重点不在于开辟新的研究领域，而是对相关研究中提出或涉及的问题作进一步的追问、深究或辨析。

逻辑地看，可持续发展与人的发展关系总体上可解析为人与自然的关系和人与人的关系，本书正是围绕着这两大论题展开的。除第一章总论外，二至五章主要讨论的是人与自然的关系，六至十章主要讨论的是人与人及社会的关系，其间不乏关联，十一至十二章主要讨论了环境对人的影响与人的发展的问题。由于不求构建体系，旨在探讨问题，本书在结构上将以问题为导向，通过对一系列理论与现实问题哲学层面的分析，呈现作者对可持续发展与人的发展关系的总体理解。

第一章　可持续发展的人学透视

联合国世界环境与发展委员会报告《我们共同的未来》指出："从广义来说，可持续发展战略旨在促进人类之间以及人类与自然之间的和谐。"①根据这一论断可以认为，可持续发展直接涉及人与自然的关系，又间接且深层次地涉及人与人的关系。无论从前一层关系还是后一层关系看，可持续发展根本上是人的问题——关涉人的生存发展，又因人而起并需要通过人的发展来解决。

一、可持续发展问题的缘起

关于何为可持续发展，国内外学界众说纷纭、见仁见智，直接的定义不下几十种，②有经济语境的界定，有自然资源和环境论域的理解，也有社会进步视角的诠释，还有人的生存、发展、需要等层面的解读。影响最为广泛并经常为人们提及的，是"布伦特兰定义"，即："可持续发展是既满足当代人的需要，又不对后代人满足其需要的能力构成危

---

① 世界环境与发展委员会：《我们共同的未来》，吉林人民出版社1997年版，第80页。
② 参见张坤民：《可持续发展论》，中国环境科学出版社1997年版；陈昌曙：《哲学视野中的可持续发展》，中国社会科学出版社2000年版。

害的发展。"① 然而，这一定义从提出起，便引起了诸多争论和非议，质疑的焦点在于，该定义只涉及人与人的关系而未涉及人与自然的关系。直接地看，这种批评不无理由，因为该定义至少在字面上未触及人与自然的关系，而主要强调的是人与人的关系。然而，此"缺陷"从另一方面看，又正是该定义的特点或优越性之所在。与之前和同时代对可持续发展的诸多理解不同，"布伦特兰定义"直面人自身，直指人们之间的关系，表面上看，似乎无关自然，忽略了或至少是搁置了人与自然的关系，但深层次看，却是以人与人的关系蕴涵着人与自然的关系，因为两个"满足"之实现无疑需以人与自然关系的协调、和谐为要件。鉴此，这一定义的优越在于：明确了"可持续发展"的主体——人，人既是可持续发展的最终获益者，又是其行为者或责任担当者，是实现可持续发展关键的且唯一能动的因素。

可持续发展从表层含义看，首先是指自然、经济等因素的永续发展，但从深层次看，则是以自然、经济等形式表现出来的人的持续发展。已有的研究表明，可持续发展可以体现在不同的层次和方面。就可持续发展诉求的提出顺序来看，亦即从由原因推及结果的逻辑溯源而言，不同的层次和方面的可持续发展之间存在着内在的关联，其大致的因果链条为：自然（环境、资源）的持续发展——经济的持续发展——社会的持续发展——人的持续发展，即资源环境的持续发展制约经济的持续增长，从而制约着社会进步和人的生存发展。就对问题的认识而言，资源环境危机是始因，人的生存发展危机是结果，而就问题的形成原因并解决问题的必要性来说，因果关系大致为：人的发展——要求社会从而经济的持续发展——要求自然（环境、资源）持续发展。从这一逻辑递进关系不难理解：可持续发展虽然具有多层次含义，但根本上或最深层的含义是人的生存发展，既是为着人持续的生存和发展，又要由人的活动来实现。正是这种追根溯源，推进了对可持续发展认识的渐次深入：从忧患自然到关注人与自然的关系再到反思人与人的关系——人们的生存态度、价值取向、生活方式、社会关系和制度安排。

历史地追溯，资源环境问题的反思暨可持续发展意识的形成，经历

---

① 世界环境与发展委员会：《我们共同的未来》，吉林人民出版社1997年版，第52页。

了从关注人与自然的关系到同时追求社会关系合理化的演变过程。这一过程主要体现在两个方面：可持续发展认识的形成和流变；可持续发展运动的兴起和展开。

早在 19 世纪，一些先觉者如美国人马什、德国人弗腊斯等，就开始意识到环境问题的重要，初步指出了人类活动对自然造成的破坏，提出了人类在与自然打交道时应控制自己的行为等主张。马克思在论及人与自然的关系时曾深刻地指出："自然界，就它自身不是人的身体而言，是人的无机的身体。人靠自然界生活。这就是说，自然界是人为了不致死亡而必须与之处于持续不断的交互作用过程的、人的身体。"[①] 恩格斯在《自然辩证法》中更是对人改造自然的结果作出了比较系统和深刻的反思，他历数当时欧洲等地区人的活动对自然界的负面影响，从自然对人的报复中，得出了深刻的启示：我们不要过分陶醉于我们人类对自然界的胜利。对于每一次这样的胜利，自然界都对我们进行报复。每一次胜利，起初确实取得了预期的结果，但是往后和再往后却发生完全不同的、出乎预料的影响，常常把最初的结果又消除了。他还在一些个案分析的基础上，进一步深刻地揭示了人与自然不可分割的关系：我们连同我们的肉、血和头脑都是属于自然界和存在于自然之中的。恩格斯的这一结论与马克思前述论断无疑有异曲同工之妙。尤为难能可贵的是，恩格斯还富有远见地指出了正确预测人的活动对于自然和社会的长远影响之不易："如果说我们需要经过几千年的劳动才多少学会估计我们的生产行为的较远的自然影响，那么我们想学会预见这些行为的较远的社会影响就更加困难得多了。"[②] 这一论断不仅洞察到人类正确理解和处理与自然关系的不易，更深刻地预见到判断人们的生产行为的社会后果之艰难。此后一百多年来人类活动对自然和人类自身所造成的负面效应表明，恩格斯的忧虑绝非杞人忧天。

近代以来，人类的活动引起了自然界翻天覆地的变化，其影响如此地明显，以至于有人曾建议，在地球演化史上单列出一个新的发展时期——人类纪，因为自人类出现以来他们对地球环境的影响已不亚于大

---

① 马克思：《1844 年经济学哲学手稿》，人民出版社 2000 年版，第 56 页。
② 《马克思恩格斯选集》第 4 卷，人民出版社 1995 年版，第 384 页。

自然本身的作用。人类活动引起的自然界的变化具有明显的双重性：在改造自然中创造了以往不可比拟的、日益发达的物质文明，显著地提升了人们的生存质量，同时又前所未有地大量消耗了自然资源，严重污染了环境，破坏了自然界的生态平衡，不仅危及着当代人的生存，也将长期地遗患于子孙后代，由此而出现了从人与自然关系角度的对资源环境危机的直接性反思。

首先是对环境危机的反思。20 世纪初至 70 年代，西方社会在工业化过程中发生的一系列公害事件，给人们敲响了警钟。作为回应，一些有识之士对人与自然的关系进行了反思。20 世纪 20 年代，法国思想家施韦策提出建立一种扩展到自然界一切有生命对象的伦理学，认为人和自然应是一种特别亲密的互相感应的关系。30 年代，美国科学家利奥波德进一步提出了"大地伦理"的概念，认为人必须把道德权利的概念扩展到大自然的一切实体和过程中去，确认自然物持续存在的权利，并认为人应与自然建立伙伴关系而不是征服与被征服的关系。以美国人罗尔斯顿三世为代表的一些学者，严厉批驳了否定自然价值的传统的"人类中心主义"，提出并系统地阐述了"自然的内在价值"的观点，认为"自然的内在价值是指某些自然情景中所固有的价值，不需要以人类作为参照"①。在这一过程中，形成了大地伦理、地球伦理、生态伦理等理念以及系统的生态哲学和生态伦理学。

其次是对资源危机的反思。如果说人们对环境问题在全球性的危机真正到来之前即有所警觉的话，那么对资源危机的意识要晚近一些。这与人类传统的思维习惯相关。自古以来，人们一直存在着一种潜在的信念，即资源是取之不竭、用之不尽的，虽然一些学者曾敏锐地觉察到人口增长将使自然资源不堪重负，但限于认识能力等种种原因，却鲜有对资源有限性的直接系统论证和严密的证据。资源短缺成为问题并为人们所认识，既是人生存方式及生产方式改变的结果，又与人口的急速增长密切相关。20 世纪以来，随着消费社会的来临以及生活条件改善带来的人口的膨胀，人们逐渐觉察到地球上自然资源的有限性，但真正意识到问题的严重性并形成忧患意识，却是始于罗马俱乐部报告《增长的

---

① 霍尔姆斯·罗尔斯顿三世：《哲学走向荒野》，吉林人民出版社 2000 年版，第 189 页。

极限》的发表。

该报告定量地分析了现代生产对资源的消耗、环境的破坏及其趋势，认为人们现在"已经开始理解到在人口增长和经济增长之间有一些互相作用，二者都已经达到了空前的水平，人们被迫考虑他们的行星的有限大小，以及他们在这个行星上存在和活动的上限。……人口增长如果说还没有达到临界点，也接近临界点了。……不可再生资源的贮存已经知道是有限的并且还在减少，我们的地球在空间上也是有限的。"[1]报告在系统分析的基础上，以振聋发聩的言辞宣布："在现有系统没有重大变化的假定下，人口和工业的增长，最迟在下一个世纪内一定会停止。"[2] 也就是说，如果人们按照西方现有的生活方式生存，资源环境承受不了人口增长的压力，经济的增长满足不了人们的需要；地球上的资源是有极限的，如处置不当，人类社会的发展将不可持续，前景堪忧！

《增长的极限》曾被指责为悲观主义的代表作，似乎不无道理，因为它一反近代以来尤其是 20 世纪中叶以来西方社会广为流行的乐观主义心态，将人们从对未来盲目自信的迷梦中唤醒，形象而深刻地描绘了一幅令人忧虑的未来图景。该书虽然被指为"悲观主义"而受到诘难，然而，从实质上说或以长远的眼光看，它的效果与其说是消极的，不如说是积极的，因为它直截了当地（虽然是矫枉过正地）指出了资源有限这一对于人类生存来说极为重要的事实。无独有偶，此后《只有一个地球》的作者以同样忧患的笔调，对这一可怕的前景作出了描述："在人口、能量和资源的消耗、城市化和消费的要求上以及由此引起的污染问题等，目前都在急剧增长。这样就使掌握技术的人类，正在经历着改变地球上自然体系的过程，而这种改变过程，却又是非常危险的，而且可能是无法挽救的。因为地球是人类和生物唯一赖以生存的地方。今天，只有 1/3 的人类进入了技术时代，这种压力已经显著地感觉到了。"[3] 这些著作的发表及后续的一系列研究，给人们敲响了警钟，使

---

① 丹尼斯·米都斯：《增长的极限》，吉林人民出版社 1997 年版，第 147 页。
② 丹尼斯·米都斯：《增长的极限》，吉林人民出版社 1997 年版，第 91 页。
③ 芭芭拉·沃德、勒内·杜博斯：《只有一个地球》，吉林人民出版社 1997 年版，第 14 页。

人们对生存环境产生了挥之不去的忧患意识，扭转了以往对生活盲目乐观的情绪和期望，为可持续发展观念的形成奠定了基础。此后，至少是发达国家的人们已经普遍感到，"60 年代初期那种无限富足的主题消失了，现在出现的 70 年代末的图景却是一个脆弱的地球，它的有限资源储藏正在很快消耗，高速发展的工业生产造成的废料正在污染空气和水"①。

对资源环境危机的警觉和反思，一方面，从生存态度和价值观层面拓展并深化了对人与自然关系的理解，使自然作为人的"无机的身体"的意义以及自然自身发展的要求得以凸显；另一方面，彻底改变了人们传统观念中的自然图景，在许多有识之士的眼中，地球变小了，成了一颗有限的小行星，自然的边际清晰了，取之不尽、用之不竭的无限的自然变成了有限的自然，资源和环境变得更加可贵了。与之相关，人对待自然的态度也更为宽容、更为谨慎，珍惜和保护资源环境，开始逐渐成为当代人类的共识乃至常识。

可持续发展所以被视为"人的问题"，既在于资源环境危机直接威胁着人类的生存和发展，又在于正是人的活动造成了这种危机，造成了自然从而人类不可持续发展的态势。

唐纳德·沃斯特在《自然的经济体系》中写道："1945 年 6 月 16 日，随着阿拉莫戈多镇附近新墨西哥州沙漠上一团令人炫目的亮火球，以及饱含放射性气体的不断膨胀的蘑菇云的出现，生态学时代就开始了。"② 这一情景性表述虽不无可议之处（因为如前所述，生态环境问题显然在此之前就已出现并为有识之士所指出），但却形象地指出了生态问题的起因，直接指明了问题的首要责任者，揭示了人的活动与资源环境危机的内在关联。诚然，资源环境问题并非完全由人的行为所致，我们迄今所面临的许多自然灾害（如地震、海啸、泥石流、洪涝、沙漠化、干旱等）并非尽皆人类的责任，许多灾害是地球自身变化所致，有的问题早在人类活动之前就已出现，但同样毋庸置疑的是，近代以来人类的活动大大加重了危机的程度，也加快了危机的速度，此外，在纯

---

① 丹尼尔·贝尔：《后工业社会的来临》，商务印书馆 1984 年版，第 512 页。
② 唐纳德·沃斯特：《自然的经济体系》，商务印书馆 1999 年版，第 397 页。

自然灾害之外，人类的活动又引发了许多自然界原本不存在的新问题（上述原子武器的制造和使用就是突出的一例）。更为重要的是，"人祸"对自然的破坏程度已开始超过"天灾"，逐渐成为制约可持续发展的首要因素。

人类改造世界的历程同其存在的历史一样悠久。但在以往时代，由于活动能力、深度和广度的限制，人对自然造成的影响极其有限，例如在资源的利用上，主要是消耗可再生资源；对环境的影响方面，尚未超出自然自我修复的承载力。在古代，虽然有"制天命而用之"等说法，但人总体上处于受制于自然的状态，对自然存有敬畏之心。与低下的生产力、认识水平以及改造自然程度和范围的限制相关，在人们的潜意识中，资源是无穷无尽的，自然环境的自我修复能力是毋庸置疑的。在近代以前，既不存在从根本上危及人生存的资源环境问题，人们也无须为其生存发展的环境和条件受到自己的破坏所忧虑。在这种情况下，人们既未萌生资源环境的危机感，更无环境自觉以及可持续发展的理念和行为。

资源环境问题是随着人类改造自然能力的增强而出现的。正如芭芭拉·沃德和勒内·杜博斯所言："人类改造自然界的规模和步伐，随着物质文明的每一发展和提高而加大。"[1] 近代以前，人活动的总体规模及其对资源环境的影响十分有限，"但是在 18 世纪，人类发展速度又一次开始加快。二百多年来，每项生长指标：人口、能量、食品供应、矿产消耗、人口从农村移居城市等等，都开始增加。"[2] 工业革命以来，人类的能力呈现加速发展趋势，人们改造自然的范围、程度和方式发生了巨大变化，迥然不同于以往，"人类及其生产技术对自然环境和资源的冲击之大，是人类历史上从未有过的。"[3] 生产和生活方式的深刻变化以及人口的迅猛增长，给资源环境带来了巨大的破坏，使人与自然的

---

[1] 芭芭拉·沃德、勒内·杜博斯：《只有一个地球》，吉林人民出版社 1997 年版，第 8 页。

[2] 芭芭拉·沃德、勒内·杜博斯：《只有一个地球》，吉林人民出版社 1997 年版，第 9 页。

[3] 芭芭拉·沃德、勒内·杜博斯：《只有一个地球》，吉林人民出版社 1997 年版，第 11 页。

矛盾愈趋尖锐。

人对自然影响的加深，首先表现为人们活动的范围及其影响逐渐扩大。工业革命之前，人类虽已经栖息于世界各地，但活动的范围却十分有限，一般仅限于居住地周围的地域，即使不同国家民族之间发生过一些跨地区的交往，也是偶然的、零星的。近代以来，由于社会发展带来的日益强劲的需求刺激，现代化大工业极大地提升了生产的规模，商品交换遍及全球，既消耗了越来越多的资源，更造成了大规模的环境污染和环境变迁。人类的活动逐渐超越了地域的限制，其足迹迄今已遍及地球的各个角落，几乎所有适于人生存的地方甚至一些不适于生存的地区都留下了人类活动的痕迹。在当代，经过人们移山填海、开河筑坝、围湖造田、架桥修路、建房筑城，地球上陆地的大部分地区已成为地地道道的"人化自然"区，完全未经人干预过的"纯自然"已难以寻觅，许多自然的"原生态"已经只存在于人们对往昔情景的回忆之中。如果说以往的环境资源问题还局限于一定的范围（城市、地区或国家），还是一些孤立的事件的话，那么随着经济全球化的深入，资源环境问题已然具有全球性，正在给整个人类的生存发展造成不可估量、难以挽回的损失。

人对自然影响的加深，又表现为介入自然方式的变更和程度的深化。在以往，人类的生产领域主要是农业、畜牧业和手工业，人对自然物的改造、变革通常只限于机械和宏观物理的层面，尚未更深刻地介入自然物内部，尚未引起自然物既有性质的根本变化。例如农耕经济和畜牧经济时代的生产，无论种植庄稼还是驯养动物，总体上都还属于在模仿自然变化的基础上顺应自然，并没有从根本上改变自然物原有的性质。工业社会以来，特别是随着科学技术的进步和现代化生产的发展，人类的活动已不限于按照自然本身的性质和规律来改变自然，而是演进为对自然物的深度介入，在真正的意义上"变革"、"改造"自然：不仅改变着自然物的形态或面貌，也改变着它的内在性质，创造了许多非"自然"的自然物；不仅改变了自然的运行过程，也改变了自然的运行方式和机理，使自然物按照人的意愿而不是其原有的规律变化、生长，生物领域克隆技术、转基因技术的使用就是突出的例证。特别严重的是，现代工业大量使用矿物质，包括大量金属和非金属无机物以及煤炭、石油等化石原料，给资源环境带来了难以承受的负担。因为一方面，现代工业在消耗物质原料的同时排放出大量的废弃物，包括许多有毒有害物质，对环境造成不可逆转的损害；另一方面，现代工业所使用的矿物质在地球上的存量非常有限，且多为不可再生物。由于运用不当，现代技术和生产正在或势将给自然造成难以弥补之损害。

人类改造自然范围的扩大和程度的加深，在给自然界带来了不堪承受之重负的同时，也给人类自身的发展前景抹上了阴影。"大自然虽然是极其富有而又慷慨的，但是它也是脆弱的，是精细地平衡的。自然界存在着不可逾越的界限，如果超越这些界限，自然系统的基本完整性就受到威胁。今天，我们已经接近许多这样的界限，我们必须重视危及地球上生命生存的危险性。"① 坦率地说，这里所谓的"界限"实在可以称为"极限"或"底线"——人的活动已经使自然的承受力逐渐接近临界点，如果再不采取有效的行动，人类赖以生存的自然系统的良性循环将不复存在，且这一毁坏将难以修复、不可逆反。

环境的脆弱性和资源的有限性从来没有像当今这样凸显，以至于《只有一个地球》的作者惊呼："人类生活的两个世界——他所继承的生物圈和他所创造的技术圈——业已失去了平衡，正处于潜在的深刻矛盾中。而人类正好生活在这种矛盾中间，这就是我们所面临的历史的转折点。这未来的危机，较之人类任何时期所曾遇到的都更具有全球性、突然性、不可避免性和困惑不可知性，而且这种危机就在我们孩子所生活的时代将会形成。"② 这一预测可能将问题看得过于严峻，但一些学者的下述断言绝非杞人忧天："对于下个世纪的世界来说，没有比人类同自然界的剩余部分的关系更为重要的了。没有什么事比改善这种关系更能影响人类幸福的了。"③ "自然界的剩余部分"这一称呼形象并准确地凸显了问题的严重性。完整的自然已经不复存在，面对其"剩余部分"，人们再也不能无动于衷了！从上述断言到今天，虽然人们作出了很大的努力，但危机并未得到根本扭转，其中的一些问题甚至正趋于严

---

① 世界环境与发展委员会：《我们共同的未来》，吉林人民出版社 1997 年版，第 39 页。

② 芭芭拉·沃德、勒内·杜博斯：《只有一个地球》，吉林人民出版社 1997 年版，第 16 页。

③ 唐纳德·沃斯特：《自然的经济体系》，商务印书馆 1999 年版，第 12 页。

重。例如，作为人生存基本条件的土地资源日趋递减，目前全球水土流失的速度约为土壤生成速度的 10～40 倍，农田退化面积约占总面积的 20%～80%，约有 40 亿公顷土地面临荒漠化威胁。至于水资源、矿产资源和能源的短缺，情势就更为严重，已经探明的石油的储量，将只够再开采几十年。又如，联合国政府间气候变化专业委员会（IPCC）2007 年 11 月 17 日公布的第四份气候变化评估报告，详细地预测了全球变暖的前景及恶果。报告指出，21 世纪全球气温可能上升 1.1～6.4 摄氏度，海平面上升 18～59 厘米。如果气温上升幅度超过 1.5 摄氏度，全球 20%～30% 的动植物将面临灭绝。如果气温上升幅度超过 3.5 摄氏度，全球 40%～70% 的物种将面临灭绝。

对以上论述加以概括和反思，至少可以得出两个明确的认识：

其一，资源环境的危机愈益深刻地威胁到人类的生存。资源环境危机虽然发生于自然领域，却深刻地危及人类的当下生存和未来发展。在当今，随着人活动范围的扩大和程度的加深，环境污染在范围上已超越国家和地区，成为名副其实的全球性问题，在程度上已达到触目惊心、积重难返的境地；现代消费主义的生活方式，使地球上主要的资源消耗成几何级数增长，可以利用的资源达到了捉襟见肘的地步。考虑到当前人口的增长趋势和人们的物质需要增长速度，人类要按照现有的生产方式和生活方式继续发展，显然难以为继。彻底改变对待自然的态度和方式、协调人与自然的关系，已成为人类维持生存发展的当务之急。

其二，就资源环境危机的根源而言，人为的因素已取代自然的因素而成为主因。虽然环境恶化并非始于今日且非完全由人的因素所致，但可以肯定的是，在当代，人类的生产和生活活动极大地加速且加重了这一进程，并带来了前所未有的新问题。几乎所有当代重大环境问题——大气污染、水源污染、气候变暖、土地荒漠化、有毒有害物质扩散——的背后，都可以看到人类活动的身影。因此，资源环境问题——无论是人为引起的还是自然自身存在的问题——的克服或缓解，都有赖于人的生产和生活方式的改变，有赖于人对他们与自然关系的调整以及对自然现状的调节。概言之，将可持续发展本质地归结为人的问题，既因为可持续发展问题由人的因素引起，亦因可持续发展直接关系到人类生存和发展的前景。即是说，"可持续发展"的直接"主语"是"自然"或

"资源环境"，间接"主语"则是人，可持续发展根本上是人的发展。

二、可持续发展的人学意蕴

可持续发展具有深刻的人学意蕴，这种意蕴随着可持续发展研究和实践的深入不断充实和扩展。

可持续发展的人学意蕴，首先在于可持续发展应以人的发展为旨归，与社会经济文化的发展相协调。

可持续发展理念和行动始于西方国家，由于现代化建设先行，西方国家经济比较发达，总体上已经满足了物质需要，进入了向享乐型生活方式发展的消费社会。在这种语境中理解和实施可持续发展，所关注的重点是自然的持续发展，是提升环境质量以满足高层次的生活需要，正因为如此，一些发达国家的政府和民众，往往特别甚至单方面地强调环境的重要性，一些环保主义者甚至在一定程度上将环境保护与经济发展对立起来，主张通过限制生产和消费来保护环境。这种理念和做法在西方社会无疑具有一定的合理性和可行性，但如果直接移植于理解发展中国家的可持续发展，就会暴露出明显的片面性。

由于历史和现实的原因，在许多发展中国家和地区，资源环境保护与发展往往存在着比较尖锐的矛盾，在很大程度上面临着非此即彼的二难选择。在当今世界，各个国家、地区的经济发展极不平衡，不合理的国际经济秩序造成了发展中国家畸形的产业分工并带来了巨额的国际债务，这些因素迫使许多发展中国家别无选择地依靠开发、出卖自然资源维持生存。在艰难挣扎的环境中，国家乃至民族生存的压力往往使他们不得不将发展（即使是不可持续的发展）置于首要地位，对他们来说，离开发展单纯地谈论环境资源保护，无异于自绝生路。可持续发展运动的进程及其效果表明，环境资源危机并不是孤立的现象，离开其他社会因素特别是经济社会发展来谈论环境保护，既不可能取得人们的共识，更不可能得到切实的实施。因此，对于大多数发展中国家来说，考虑资源环境保护问题不能离开大的社会经济背景，必须立足于寻求更有效的脱贫途径，生产更适当的替代产品。这些，都只能在经济社会全面发展的总思路下来实现，而且非常需要发达国家给予切实的经济、技术和道义的支持，更进一步说，需要改变和调整现存的国际经济秩序。"环境与发展"双重目标的确立，使可持续发展领域的认识和实践走出了抽象谈论环境保护而忽视发展的框架，更加趋于理性和务实。从单纯追求保护环境到主张保护环境与发展经济并重，将可持续发展引领到了更为广阔的社会进步和人的发展论域。

经过国际社会特别是发展中国家的努力，世界范围的环境保护运动经历了由单纯强调环境保护到强调环境保护与经济社会发展并重的转变过程。作为对资源环境危机的现实反映，联合国等世界性组织，以及许多国家政府、非政府组织和个人，展开了声势愈趋浩大的环境保护运动。联合国1972年6月在瑞典斯德哥尔摩召开了人类环境会议，通过了《人类环境宣言》；1990确定了世界"地球日"；1992年在巴西里约热内卢召开了环境与发展大会，通过了《关于环境与发展的里约热内卢宣言》、《21世纪议程》等5个文件；1997年在日本京都召开了"联合国气候变化框架公约"第三次缔约方大会，制定了《京都议定书》，2005年2月16日起正式生效；2007年12月在印度尼西亚巴厘岛召开了气候变化大会。在这一进程中最重要也是最有现实意义的转折，就是将环境保护与经济社会的发展联系起来，这是可持续发展认识和可持续发展运动一个重要的转向。在这一转向过程中，1992年在巴西里约热内卢召开的联合国环境与发展大会可视为主要的标志。

首先，会议的关键词从以往的"环境"转变为"环境与发展"，将环境保护与经济发展两个在现实中存在着对立的方面内在地联系起来理解，超越了以往单纯讨论环境问题、就环境论环境的窠臼。会议的一系列文件充分表达了以人为中心的理念，体现了重视人，特别是重视发展中国家人民改善生存条件的要求，确立了发展与环境保护相互支撑的原则。会议基于建立一种新的、公平的全球伙伴关系的目标，通过了《关于环境与发展的里约热内卢宣言》，宣告了27项原则，其中首要的原则或核心理念是：人类处于普遍受关注的可持续发展问题的中心，他们应享有以与自然相和谐的方式过健康而富有生产成果的生活的权利。这一原则表明，作为人类生存发展的手段，环境与发展内在关联而非相互排斥，环境保护必须与经济发展相协调。中国政府在大会上提出了关于加强国际合作和促进世界环境与发展事业的五点主张，第一条便是经济发展必须与环境保护相协调。这一主张真切地反映了发展中国家的现实情况和普遍要求。

其次，大会的宗旨是敦促各国政府和公众采取积极措施，协调合作，防止环境污染和生态恶化，为保护人类生存环境而共同作出努力。大会通过的《关于环境与发展的里约热内卢宣言》指出：和平、发展和保护环境是互相依存、不可分割的，世界各国应在环境与发展领域加强国际合作，为建立一种新的、公平的全球伙伴关系而努力。大会提出了人类"可持续发展"的新战略和新观念：人类应与自然和谐一致，可持续地发展并为后代提供良好的生存发展空间；人类应珍惜共有的资源环境，有偿地向大自然索取。人类为此应变革现有的生活和消费方式，与自然重修旧好，建立新的"全球伙伴关系"——人与自然和谐统一，人类之间和平共处。

可持续发展的人学意蕴还表现在可持续发展缘起于人的因素，可持续发展的实现有赖于人与人之间社会关系的合理化。

从理论演进的逻辑看，上一节所述对人与自然关系的反思已经从对自然状况的忧虑转向了对人与自然关系的关注，揭示了资源环境危机的人为因素，也指明了危机最终的受害者是人自身。这一反思丰富和深化了对人与自然关系的认识，唤醒了人们对其活动给自然造成的负面效应的警觉。然而，这并不是问题的全部，更不意味着问题已经解决。事实是，随着科学认识的进步及可持续发展知识的普及，虽然人们对资源的有限性、对人与自然关系的理解都有了根本性的进步，对环境问题的严重性以及对人的活动给自然造成的负面影响有了新的认识，但环境资源危机总的来说并未根本缓解，反而在一些地区和领域仍呈愈趋严重之势。对这一事实及其根源的追溯表明，资源环境问题不仅涉及人与自然的关系，实现可持续发展，仅具备科学认识、仅矫正人对自然的态度以及仅停留于协调人与自然的关系是不够的，人们在运用科学技术进一步认识自然、改善自然、调控人与自然关系的同时，还应关注自己的价值取向，关注人与人关系的合理化，因为从一定意义上说，人们的价值取向，人与人关系的合理化，对于可持续发展的实现具有更为根本的意义。正是在这一背景下，人与人的关系尤其是社会公平以及相关的制度安排等问题进入可持续发展论域及其议事日程，可持续发展开始在更为完整的意义上被理解为"人的问题"，受到愈益广泛和深入的关注。

《我们共同的未来》关于可持续发展的"布伦特兰定义"及相关研究，呈现了包括公平在内的价值选择、价值定位对于实现可持续发展的意义，与此同时，人们对可持续发展的探讨从关注人与自然的关系逐渐转向关注人与人的关系，凸显了可持续发展的人学意蕴。综观可持续发展运动的流变及其演进轨迹，贯穿着一个基本的历史和逻辑走向，就是从主要关注环境本身、关注人与自然的关系，逐步转向对人自身、人与人之间关系的探究，将人的因素置于可持续发展问题的中心。正是在这一背景下，可持续发展讨论逐渐走向纵深，价值、公平、制度安排等问题渐次进入讨论的视野，可持续发展开始从一种科技和经济领域的理论和行为转变为广泛而持久的社会运动。

20 世纪 60 年代以来，生态运动声势不断壮大，逐渐波及全球并愈益凸显其"人的问题"之实质，其中一个显著的标志，是生态、环境保护运动的社会化和政治化转向——绿色政治的兴起。绿色政治最为鲜明的符号，是绿党和绿色运动。绿党自 20 世纪 70 年代出现以来，迄今已在西方许多国家迅速发展，并相继进入地方和国家议会，成为参政党甚至执政党，进入了这些国家政治生活的主流。此外，绿色政治的一些理念开始被其他一些传统的主流执政党所采纳，其主张被写入这些政党的党纲及相关政策之中。绿党和绿色政治运动的直接目标是保护环境，但基于环境问题的社会原因，他们的政治诉求涉及社会生活的方方面面，从环境保护的理念延伸出一系列相关的社会批判和价值选择诉求，并具体化为比较系统的社会政策直至相应的制度安排。

尤其应当指出的是，随着绿色政治运动的深入，部分绿党开始由"浅绿色"的转向"深绿色"，其价值诉求也随之发生了新的变化。以往的"浅绿色"多直接关注自然、关注人对待自然的态度，"深绿色"同样致力于环境保护，关注人与自然特别是生态的关系，但同时，又将关注的重点转向了人与人的关系，转向了社会制度安排的变革，也就是说，从对人与自然关系的反思走向了对人与人关系的反思与批判。生态社会主义便是这一转向突出的代表。生态社会主义认为，生态环境问题不仅是人与自然的关系问题，更是人与人的关系问题。与一般绿色生态运动着眼于对生态问题进行科学技术视角的反思，以及主要限于对人们传统的自然观进行批判不同，在生态社会主义看来，科学技术只能解决表层的问题，不能彻底消除生态危机的病根，因为生态环境危机的根源是不合理的社会制度、社会政策和社会运行机制，只有根本改变现有的资本主义制度和价值观念，才能从根基上解决问题。有鉴于此，生态社会主义提出了改变价值观念和政治制度的一系列主张。

绿色运动的迅速发展及其社会影响的与日俱增，加强了人们对包括生态危机在内的资源环境问题根源的认识，越来越多的有识之士业已认识到，资源环境问题的根源之一是人与人之间关系的失调，是"人的问题"。随着资源环境讨论从话语边缘进入话语中心，可持续发展问题已广泛渗入到西方社会的政治生活中，为越来越多的社会人士包括一些政治家所关注。许多国家政府和政治家开始认识到：人类面临的最大挑战是保护地球，如果不在环境保护上采取行动，国家民族和意识形态之间的冲突无论多么深重，也只不过是自我沉醉而已。20 世纪末 21 世纪初以来，在世界政治经济和文化交往中，如何缓解资源环境危机并实现可持续发展，已然成为各国际组织、各国政府之间经常关注的主要议题。2003 年在许多国家执政的社会党国际成员党发表了《圣保罗宣言》，提出了新的发展观，认为环境问题和经济社会发展问题同等重要，主张将生态、经济和社会结合起来实现可持续发展。

资源环境危机归根到底是人的问题，因为这一危机既直接涉及人们的消费方式、生活方式和需要定位，并在根本上涉及人们的生存态度和价值取向，涉及社会经济政治上的制度安排。在实现可持续发展过程中，即使资源环境保护的技术实施，也与价值取向本质相关。以节能降耗和治理污染为例，科学家、政府和环保组织都提出了种种可行的对策，如调整产业结构、限制高耗能和重污染产业的发展、推广节能和环保技术，运用先进技术改造和提升传统产业等，且许多相关技术已经相当成熟有效，政府甚至制定了约束性指标，出台了一些强制性措施，但污染和浪费的现状并未得到有效遏制，原因显然就在于生产者狭隘的利益冲动，因为采用这些技术必然会在经济上付出"额外"的代价，不仅影响到生产效益，还要加大资金投入。明知危及社会和他人，一些利益集团也敢冒天下之大不韪，显然已经不是认识缺位的问题。在现实中，所有的利益主体在决定是否采取环保举措时，都会面临公共利益与群体经济效益的矛盾，面临对社会效益与个人或群体利益的权衡和取舍，从这个意义上说，在实现可持续发展过程中，技术的使用与技术的发明创造同样重要甚至更为不易，这一道理推而广之，在实现可持续发展过程中，态度（价值取向）和能力（科学认识和技术发明）同样是举足轻重的因素。实现可持续发展不仅有赖于认识或技术的进步，更有赖于人们的生存态度、价值取向、生活方式的变革。正是在这个意义上说，实现可持续发展必须以价值观念的变革为前提，以社会关系的合理化为保障。

以上叙述表明，自然的可持续发展之受到愈益深切的关注，成为当代社会的焦点话题，是因为资源环境危机已直接威胁到人类的生存和发展。这是"可持续发展本质上是人的发展"的第一层含义。另一层含义是，可持续发展理论与实践的深入，愈趋展示出资源环境问题的"人为性"，因人而起且须通过人的努力来解决。既然可持续发展具有人为性，应以人的发展为目的，又具有"人为性"，要通过人的发展来实现，那么结论就是：只有以人的生存发展为尺度，才能合理而科学地确定可持续发展的含义和目标，使对可持续发展的认识到位而不越位，使可持续发展实践沿着正确的轨道运行；只有推进人的发展、提高人的素质，才能从根本上解决环境资源问题，从而保障和促进可持续发展战略的实现。可持续发展的人学解读无疑是深度理解可持续发展问题的必然要求。

从不同学科背景出发、在不同领域或层次上，对可持续发展的宗旨和含义可以作出不同的理解，如可以有生态学的界定、经济学的界定、社会学的界定等等，各种界定都有自己的侧重点和特点，同时又可以互相补充和衔接，不必强求同一，也不存在唯一的、标准的答案。哲学——人学视域的可持续发展解读，则重在其本质含义，即可持续发展为人的意义。就是说，对可持续发展的人学——哲学解读的关键，是以人为尺度，以人的发展为视角。

三、两种发展在当代中国的交汇

可持续发展问题在我国受到广泛重视是近些年才有的事，由于理论和制度背景的特殊性以及对西方可持续发展理论的借鉴，我国的相关研究一开始便对该问题的人学内涵和本质有一定的自觉，一些论著曾论及可持续发展与人的发展的关系。尤其在确立了以人为本的全面、协调和可持续发展的科学发展观之后，人们对可持续发展与人生存发展关系的认识更趋清晰，越来越多的人认识到，可持续发展应以人的发展为目的，并且要通过推进人的发展来实现。

基于马克思主义人的发展理念、借鉴西方的相关理论并结合我国实际，许多学者在对可持续发展的研究中具有比较明显的人学意识，自觉地将人的生存和发展作为可持续发展的本质内涵或目标。据初步统计，截至 2005 年年初，我国关于可持续发展的论著已达数百部，论文的数量更多，在对可持续发展的界定中，许多论者都直接或间接地将其与人的生存发展联系起来。典型的认识有：认为可持续发展是"以人为中心的自然——社会——经济复合系统的可持续"①。"不断提高人群生活质量和环境承载能力的，满足当代人需求又不损害子孙后代满足其需求能力的，满足一个地区或一个国家人群需求又不损害别的地区或国家的人群满足其需求能力的发展。"②"可持续发展涉及可持续经济、可持续生态和可持续社会三方面的协调统一，要求人类在发展中讲求经济效率、关注生态和谐和追求社会公平，最终达到人的全面发展。"③"可持续发展是为使全人类能够在地球上永久生存和发展下去，而自觉形成的以人为主体，以人口、资源、生态、环境为基础，以经济发展为核心，以制度创新和科技进步为保证，以人的全面发展和社会全面进步为目标，实现代际之间和同代人之间相公平、人与自然相协调的人类发展道路和模式。"④"可持续发展概念的核心是人的全面发展"。⑤

社会主义现代化建设的性质和目标，决定了我国的可持续发展与人的发展应当具有高度的统一性。统一性在于，特定的制度背景和经济社会发展水平、激烈的综合国力竞争环境、人民日益增长的物质文化需要，从不同方面共同决定着我们对资源环境问题的反思以及可持续发展战略的确立，必须以人的生存发展为旨归，要通过推进人的发展、提高

---

① 冯华：《怎样实现可持续发展》，中国文史出版社 2005 年版，第 31 页。
② 冯华：《怎样实现可持续发展》，中国文史出版社 2005 年版，第 32 页。
③ 冯华：《怎样实现可持续发展》，中国文史出版社 2005 年版，第 34 页。
④ 冯华：《怎样实现可持续发展》，中国文史出版社 2005 年版，第 36—37 页。
⑤ 陈昌曙：《哲学视野中的可持续发展》，中国社会科学出版社 2000 年版，第 7 页。

人的素质来实现。统一性还在于，实现可持续发展必须改变人们的生存态度、价值观念和生活方式。人的发展、人的整体素质的提升，是保障可持续发展的根本途径。随着现实和时代的变化以及理论研究的进步，"人的全面自由发展"已被确定为社会主义新社会的本质要求。21世纪以来，我国确立了以人为本为核心的全面、协调、可持续发展的科学发展观。将以人为本这一新的发展理念作为科学发展观的实质，是社会发展观上的重大转变。

可持续发展是人类面临的共同任务，人的发展则是科学发展观的核心目标。两种发展在当代中国社会的交汇融合，不是偶然的，既是现代化建设发展到一定阶段的要求，也是未来社会进步趋势的反映。两种发展在当代中国的交汇是机遇也是挑战。以人的发展促进可持续发展，在实施可持续发展战略中推进人的发展，是现代化建设的必然选择。合理地确定并协调两种发展的关系，达至两种发展的视界融合，促进二者的良性互动，是当代现代化建设的应有的战略选择。实现两种发展的良性互动，既要在理论上合理定位它们之间的关系，又要充分意识到我国实现可持续发展的特殊性。

1992年联合国环境发展大会之后，我国同世界上许多国家一样，将可持续发展置于更加重要的战略地位。1994年制定了《中国21世纪议程》，阐述了中国可持续发展的背景、必要性、战略思想与指导原则，确定了中国可持续发展的战略与对策、主要目标和内容。《中国21世纪议程》郑重宣示：中国可持续发展建立在资源的可持续利用和良好的生态环境基础上。国家保护整个生命支撑系统和生态系统的完整性，保护生物多样性；解决水土流失和荒漠化等重大生态环境问题；保护自然资源，保持资源的可持续供给能力，避免侵害脆弱的生态系统；发展森林和改善城乡生态环境；预防和控制环境破坏和污染，积极治理和恢复已遭破坏和污染的环境；同时积极参与保护全球环境、生态方面的国际合作活动。到2000年，使环境污染基本得到控制，重点城市的环境质量有所提高，自然生态恶化的趋势有所减缓，逐步使资源、环境与经济、社会的发展相互协调。

《中国21世纪议程》确定了21世纪我国可持续发展的战略框架，进一步明确了实施可持续发展战略的目标、任务和途径，是我国政府为贯彻联合国环境与发展大会精神，在中国实现可持续发展的行动纲领。此后，从中央到地方，从政府部门到民间团体，从学术界到一些企业，加大了对可持续发展的研究、宣传教育和实施力度。制定了一系列实施可持续发展战略的政策法规，采取了建立"国家可持续发展实验区"等一系列举措。21世纪提出全面、协调、可持续发展的科学发展观以来，政府和社会各方进一步加强了对实施可持续发展战略的探索，包括对新型经济发展模式的探索，对可持续生活方式的探索，对建立经济社会协调机制的探索等。进一步明确了可持续发展的任务，将重点定位于改善生态环境质量，控制污染物排放，节约和保护资源，提高资源利用率和综合利用水平。

在国家"十一五"经济和社会发展规划中，明确提出了建设资源节约型、环境友好型社会的构想，对环境保护工作提出了新的更高的要求：十一五期间，在实现人均国内生产总值比2000年翻一番的同时，单位国内生产总值能源消耗降低20%左右，主要污染物二氧化硫和化学需氧量排放总量减少10%，生态恶化趋势基本遏制。在国民经济发展计划转变为规划、由指令性向指导性转变的大环境下，环境资源方面的目标却被定位为约束性指标。为了更好地应对气候变化问题，履行《联合国气候变化框架公约》的义务，中国政府制定并于2007年6月公布了《中国应对气候变化国家方案》。方案指出：中国作为一个负责任的发展中国家，对气候变化问题给予了高度重视，成立了国家气候变化对策协调机构，并根据国家可持续发展战略的要求，采取了一系列与应对气候变化相关的政策和措施，为减缓和适应气候变化作出了积极的贡献。方案明确了到2010年中国应对气候变化的具体目标、基本原则、重点领域及其政策措施。方案承诺，中国将按照科学发展观的要求，认真落实国家方案中提出的各项任务，努力建设资源节约型、环境友好型社会，提高减缓与适应气候变化的能力，为保护全球气候继续作出贡献。

人的发展和可持续发展已经成为我国社会主义建设的两大目标。两种发展本身存在着一个相互协调的问题。理解并处理二者之间的关系，既应客观地承认它们之间的区别甚至一定程度上的冲突，又必须充分认识二者间的内在联系。

在我国也像在其他发展中国家一样，可持续发展与人的发展存在着一定的矛盾。一方面，我国的经济文化还不够发达，与建设小康社会、实现现代化以及满足人们日益增长的物质文化需要的要求还有很大的距离，由于发展的不平衡性，一些地区和阶层的人们尚未达到温饱标准而亟待脱贫，就业等社会问题正日趋凸显，因此，我国的社会财富总量还有待持续增长，经济发展还必须保持较快的速度。另一方面，实行可持续发展战略，必须充分考虑生产和生活方式对资源环境的影响，也就是说，应该对经济发展有所选择和限制，例如对能耗和排放作出强制性限制和约束，对产业结构作出重新选择和调整等。这些举措显然会影响到经济增长的速度和效益，至少在一定时期内是如此。这两个方面因素决定了在一个较长的阶段中，可持续与经济发展必然会发生矛盾甚至冲突。应对这一矛盾可以有两种选择：或非此即彼，二者之中取其一；或亦此亦彼，二者兼顾。基于人的发展和可持续发展的对立统一关系，我们既不能孤立地谈论可持续发展而置经济发展及人的生存发展于不顾，又不能离开可持续发展来片面追求经济增长和当前需要的满足，而只能是以可持续规范发展，在发展中追求持续。

现实状况和未来趋势表明，两种发展在当代中国社会的交汇融合，决定了我们面临着人的发展与可持续发展的双重任务，也面临着协调两种发展的崭新课题。实现两种发展的统一和互动，既要注重问题的普遍性，遵循一般规律，借鉴别国的有益经验，更要充分意识到问题的特殊性，从具体环境、条件和社会发展所处的阶段出发。与西方发达国家相比较，在资源环境条件和实现可持续发展问题上，我们面临着一些特殊的问题，择其要者，主要有三点：

一是在可持续发展的观念上，认识缺位与价值缺失问题并存。

可持续发展中的"人的问题"，既包括人们对人与自然关系的误解和自然知识缺乏等认识方面的问题，又包括人们不合理的生存态度、需要定位和生活方式等价值选择方面的问题。这两方面问题在不同时代、不同的国家和地区所产生的影响是不同的。在西方社会，以往造成环境资源问题的人的因素主要是认识上的，人们既缺乏保护自然的意识，也缺乏保护自然的知识，在不自觉中造成了对自然的破坏，且改造自然能力越强，造成的破坏越大。近几十年来，随着资源环境危机的凸显，以及科学技术的进步和对人与自然关系认识的深入，人们的生态意识、环境意识、资源意识和相关知识有了显著的进步，政府和非政府组织为解决环境和资源问题采取了一系列举措，取得了一些显著的效果。然而，环境和资源问题并没有得到根本解决，可持续发展仍面临种种困境。显然，就国民的总体状况而言，虽然对人与自然关系的认识已比较到位，但观念问题并未彻底解决，价值取向上仍存在严重的缺陷。

与发达国家相比，除了价值取向上的缺陷相同之外，我们在可持续发展认识上还有很大距离，人们的环保意识和知识仍然相当欠缺，尚未形成普遍的、全社会的环境自觉和环保意识。虽然在社会显文化层面，可持续发展已成为主流话语，无论政府官员、专家学者还是媒体和教育部门，都在大力宣传可持续发展的意义、普及可持续发展知识，但在基层，在社会心理层面，可持续发展理念却并未真正普遍地转化为人们的自觉意识。许多人并不真正理解甚至还不了解环境保护的意义和价值，非常缺乏相关的知识和自觉。保护资源环境的理念主要还限于政府宣传、知识阶层的认知等显文化层面，尚未像发达国家那样成为流行的社会文化和群体意识，成为一种新的生活习惯和风俗。据《中国公众环保民生指数（2006）》公布，公众的环保意识总体得分为 57.05 分，环保行为得分 55.17 分，均未过及格线，现状堪忧。

在价值取向和选择方面，由于传统生活方式的遗存以及西方社会某些不合理生活方式的影响，亦由于某些政策调控的失当，存在着更多的问题，最为突出的，是拜金主义、消费主义盛行。在生产领域，一些地方、部门、企业和个人，为了追求自身的利益，肆意破坏环境和滥用资源。在生活方式上，一些人物欲膨胀，盲目追求高消费的甚至畸形的生活方式，这部分人的示范效应，又带动了更多人的消费欲望和攀比心理，造成了资源浪费和环境污染。

现实表明，实施可持续发展战略，既要从物质、技术方面入手，更要从人的因素入手。关注和解决人的问题，关键在于推进人的发展，提高人的素质。包括提高人们的思想道德素质，树立正确的人生观和价值观，确立合理的生存态度和需要定位，选择健康、文明、绿色的生活方式；提高人们的科学文化素质，普及科学知识，确立人与自然协调发展的观念，培养和发展人们改造自然、保护自然、与自然和谐相处的能力。

二是可持续发展行动的后发性和滞后性。

由于我国正式进入现代化进程较晚，从资源环境问题出现到对可持续发展问题的广泛关注，间隔着一个较长的时间差。资源环境问题首先产生于西方工业化过程中。西方工业化开始于 17、18 世纪，20 世纪中叶以后，其负面效应开始引起人们的警觉，从而有了环境保护意识和行动。与其他国家或地区一样，我国资源环境问题也产生于工业化过程中，并且，此时西方国家已出现相关的反思和行为，然而，由于意识形态等的原因，我们却错误地认为环境资源危机是资本主义特有的产物，断定此类问题仅仅与资本主义制度相关，是资本主义生产无政府状态的结果，是资本主义腐朽生活方式所致，因而片面并乐观地认定，环境资源危机与社会主义社会无关，似乎可以隔岸观火。我们未能认识到，资源环境问题既与社会制度相关，又是现代化生产和生活方式必然的"副产品"，具有一定的超制度性或普遍性。毋庸置疑，资源环境危机的确具有制度特征，与价值取向、生存态度和生活方式等相联系，例如无论一个国家或地区内部还是在世界范围内，资本运行的逻辑以及不合理的利益追求，往往是造成危机的主体性根源，或起到加深危机程度的推波助澜作用。但同时还应看到，任何社会中的工业化和现代化进程都存在着自发追求效益、张扬工具理性等特点，都会在不同程度上引发环境资源问题。遗憾的是，这种对问题根源的误判，使我们丧失了应有的警觉，错失了发现和解决问题的良机，重蹈了本来在一定程度上可以避免的"边污染边治理"或"先污染后治理"的覆辙，只是到了问题趋于严重时，我们才清醒地看到，资源环境危机不仅是别人的问题，也是我们自己的现实。当我们超越意识形态等藩篱时，才开始有了环境意识和自觉。虽然我们终于摆脱了在可持续发展认识上的种种桎梏，但毋庸讳言的是，这一曲折过程带来了严重的后患：当我们开始意识到这一点并开始采取行动时，在资源环境问题上已欠账太多，问题的严重性已非昔日可比，并且此时我们又面临着"后发展"以及弥补以往丧失机遇、发展不足的巨大压力。

三是面临着保护环境与发展经济的双重任务及由此带来的矛盾。

与可持续发展上的"后治理"相关的另一特点，是经济上的"后发展"，这是制约我国可持续发展诸因素中最明显和最重要的因素，也是我们面临的最基本的国情。"后发展"意味着我国经济社会发展相对不足，由此决定了我们同时面临着发展经济与保护资源环境的双重目标，面临着大力治理环境与加速发展经济的双重压力。

据统计，2005年，我国GDP达到22350亿美元，但是，一方面，人均GDP仅为1703美元，相当于美国的1/25，日本的1/21，全球排名第110位；另一方面，我国的GDP总量占世界的5%，但消费的原煤、铁矿石、钢材、氧化铝、水泥却占世界的25%～40%。近两年来GDP总量虽有较大增长，但人均数量在世界上仍然靠后，资源消耗和环境影响问题未有重大改观。另据报道："十五"时期，我国环境保护的两个主要指标没有完成：一是二氧化硫排放量不降反升。"十五"计划要求消减10%，2005年实际排放量达到2549万吨，比2000年增加了27%。二是化学需氧量排放量明显反弹。"十五"计划要求消减10%，2005年实际排放1414万吨，只比2000年减少了2%，比2004年又增加了5%。2007年《政府工作报告》指出，经济增长方式粗放是我国经济社会发展中仍然存在的矛盾，这突出表现在能源消耗高、环境污染重。虽然2006年节能和环保都取得了新的进展，但没有实现年初确定的单位国内生产总值能耗降低4%左右、主要污染物排放总量减少2%的目标。该《政府工作报告》还指出，"十一五"规划提出了节能降耗和污染减排目标，并作为约束性指标。一年来，各地区各部门做了大量工作，取得了积极进展。单位国内生产总值能耗由前三年分别上升4.9%、5.5%、0.2%转为下降1.2%；主要污染物排放总量增幅减缓，化学需氧量、二氧化硫排放量由上年分别增长5.6%和13.1%减为增长1.2%和1.8%。但是，全国没有实现年初确定的单位国内生产总值能耗降低4%左右、主要污染物排放总量减少2%的目标。虽然预计2007年节能减排成效较以往显著，但形势是严峻的，2008年《政府工作报告》又一次从总体上指出了"经济增长的资源环境代价仍然过大"的问题。经过长期的努力，我国的资源环境利用和治理虽有明显的进展和成效，但源环境压力仍然巨大，现状不容乐观，任务依然繁重。

这些数字表明，我国作为一个发展中大国，虽然经济总量已处于世界前列，但人均占有量则处于世界后列，经济文化发展总体水平不高，人均发展水平还很低；我国已经是世界上的一个经济大国，但还不是经济强国，在国际竞争日趋激烈的背景下，仍然面临着加速发展经济、迅速提高综合国力的压力，面临着增加物质文化产品、提升人民生活水平的重任。这一基本事实，决定了"发展"仍然是现时代的大语境，是硬道理，须臾不可停止。在此背景下，显然还没有资格也不可能离开发展来谈论持续，谈论资源环境保护，进一步说，不应该将可持续发展单纯地限定为保护自然。

这些数字还表明，虽然我们的发展速度是跨越式的，但质量和效益还不理想，尤其是资源环境方面的代价太大。资源环境利用率低加上使用的总量巨大，不仅造成本国的资源环境压力，也具有全球性的影响，正如人们所一再指出的，作为一个正在进行现代化建设的大国，我国在节约资源、保护环境问题上责任尤其重大。此外，作为发展中国家，除了总体发展水平不高和人均 GDP 处于世界后列之外，我们还面临着一些特殊的困难：人口众多，人口迅速膨胀并老化，就业矛盾突出；多项主要资源总量居世界前列，但人均占有量均低于世界水平，特别是水土资源明显紧缺，接近资源承载极限；自然环境多样复杂，自然灾害频繁，环境基础脆弱，污染严重，自然生态恶化；城乡二元结构，发展极不平衡；增长方式总体上比较粗放，产业结构水平较低且不够合理，低水平的重复建设屡见不鲜；多种经济形式和分配方式并存。这些困难是发展中的困难，是经济有所发展而又相对发展不足的表现。

以上几点，加上我国地域广阔、条件殊异、经济社会发展不平衡等原因，使我们同时面临着前现代发展不足问题、现代发展中的问题和后现代问题。也就是说，作为幅员辽阔、具有十几亿人口的发展中国家，我国只能在继续保持经济增长的巨大压力下从事可持续发展事业，因而在相当长的一个时期内会同时面临着发展经济与保护环境的双重任务。反观西方国家，通过几百年的社会现代化进程，已进入后工业社会，生产力的外延扩张和量的积累、产业结构的更新换代已经完成。由于率先进入社会现代化进程，由于先行发展的优势以及由于自然、人口等物质条件等方面的情况，其经济社会发展皆已跃上较高的平台，人均财富数倍于我国，整个社会开始进入以提升质量为主的内涵发展阶段，进入了享受型的发展时期，总体上解决了人们生活的需要或者说生存压力已得到根本缓解，在这一背景下，他们所面临的资源环境问题比较单一。此外由于国际产业分工，逐渐将劳动密集型的，高能耗、高污染的低端产业向发展中国家转移，发达国家环境问题的解决与经济的发展已不存在全面的、激烈的冲突。两相比较不难看出，我国实施可持续发展战略的社会背景与西方国家相比存在着显著的差异。

就资源保护和环境治理状况而言，我们与西方发达国家的差距也是显而易见的。在资源方面，西方国家政府和民众不仅形成了节约和保护的共识，而且从立法等方面采取了许多措施，例如，在能源开发利用上除了节能之外，还积极开发了许多替代性能源。更为重要的是，他们通过资本输出等方式，大量进口其他国家的资源。在环境方面，西方国家已经历了一个较完整的从污染到治理的过程。在那里，经济社会发展和环境保护的互动的格局基本形成，开始进入了良性互动的阶段。此外，同样是由于先行发展的优势，处于世界产业链条的高端甚至顶端的西方国家，通过资本的输出和产业的转移、调整，已经并将继续将环境资源的压力转向处于产业低端的发展中国家。概括起来说，一方面，由于西方国家社会发展已进入提升生活质量的阶段，环境状况逐渐成为生活质量必要的甚至首要的因素；另一方面，他们拥有足够的经费和物质技术条件从事环境保护。反观包括我国在内的发展中国家，与资源环境问题同样迫在眉睫的课题是发展，是困扰生存的经济发展不足。就需要的层次或迫切性来看，环境质量固然重要，但较之于基本的物质生活资料，却属于更高层次的、相对间接的需要。因此，不仅不能停止发展，而是要加速发展，要在加速经济发展的大环境下实现可持续发展。由此可见，发达国家谈论并实现环境保护的语境不是作为发展中国家的我国所具有的。

可持续发展领域也像其他许多领域一样，流行的是西方的话语和观念。诚然，不同国家和地区在可持续发展问题上存在着共同利益，因为资源环境危机中的许多问题，如大气污染、气温升高、沙尘暴等，往往超越国家和地区的影响，甚至具有全球性，因而需要所有国家的人们共同应对，作为全人类共同的事业，各国家和地区在实施可持续发展过程中当然应相互支持。同时，作为前车之鉴或他山之石，对西方的经验、理论、模式和技术有应当积极借鉴。但与此同时又须看到，由于国情的差异，各国家或地区面临的具体问题、挑战和条件等都不尽相同，解决问题的路径和方法当然也不可能完全一样。

就我国而言，实现可持续发展的前提，是正确理解和处理对经济发展与环境保护的关系。对经济发展与环境保护关系的认识不是一蹴而就的，往往要经历一个转变过程。就世界范围来说，"在 60 年代末，几乎人人都确信，在环境与发展这两者之间你只能取其一；就是说，如果你想要发展，其代价就是降低环境质量。这种当时差不多是最进步的看法，终于被新的认识所取代，那就是环境与发展是相互依存的：没有环境保护，就不可能有发展；没有发展，就不可能有环境保护。这是人类对于环境与发展关系理解的质的飞跃。"① 这种认识上的进步直接体现在《里约热内卢宣言》中。宣言在肯定人是可持续发展的中心的基础上特别指出：为了公平地满足今后时代在发展与环境方面的需求，拥有发展的权利必须实现；为了实现可持续的发展，环境保护工作应是发展进程的一个整体的组成部分，不能脱离这一进程来考虑；所有国家和所有人都应在根除贫穷这一基本任务上进行合作；发展中国家特别是最不发达国家的特殊情况和需要应受到优先考虑；各国应当提高本国能力的建设，以实现可持续发展。这些宣示，旨在认定发展的必要性和正当性，特别是肯定发展中国家发展经济、改善人民生活的权利，澄清在可持续发展问题上的一些片面性的误解，消除"可持续发展"与"经济发展"非此即彼的对立。

"可持续"与"发展"是一个问题的两个方面，对发展中国家来说尤其如此。我国作为发展中国家，实现可持续发展的路径必须是发展与保护并行和并重：在发展中注重保护，在保护中实现发展。从根本上说，发展不足和资源环境危机是互为因果的，超越发展不足与资源环境危机的恶性循环，归根到底要靠进一步的、更高水平的发展来解决。《中国 21 世纪议程》清醒地指出：为满足日益增长的人口和不断提高的消费水平需要，国家注重改善人民衣食住行条件，丰富文化生活，发展体育、卫生事业和发展第三产业和相应的社会服务体系，使全体人民得到充分、方便的服务。这方面的需求将随着中国经济发展水平的迅速

---

① 王伟：《生存与发展——地球伦理学》，人民出版社 1995 年版，第 243 页。

提高越来越迫切。可持续发展对于发达国家和发展中国家同样是必要的战略选择，但是对于像中国这样的发展中国家，可持续发展的前提是发展。为满足全体人民的基本需求和日益增长的物质文化需要，必须保持较快的经济增长速度，并逐步改善发展的质量，这是满足目前和将来中国人民需要和增强综合国力的一个主要途径。只有当经济增长率达到和保持一定的水平，才有可能不断消除贫困，人民的生活水平才会逐步提高，并且提供必要的能力和条件，支持可持续发展。在经济快速发展的同时，必须做到自然资源的合理开发利用与保护和环境保护相协调，即逐步走上可持续发展的轨道上来，在提高质量、优化结构、增进效益的基础上，保持国民生产总值以平均每年8%~9%的速度增长。

这一段论述，表达了我国作为发展中国家在实施可持续发展问题上应当采取的基本态度：在发展经济、改善人民生活的过程中实现保护资源和环境。须知，对于世界上众多的贫困人口来说，"贫穷是一种罪恶"绝不仅仅是写在纸上的推论，更是一种真切的现实和切肤之痛的感受。作为发展中国家，我国尚有几千万人亟待脱贫，加上已经达到温饱但向往小康和富裕的人口，数量更是十分巨大，这是我们研究可持续发展时必须考虑的国情。如果说可持续发展应以人为本，如果要真正使可持续发展从理想变为现实，就不仅要在哲学的层面上说明发展与可持续的统一，更要在制度安排和政策制定上切实贯彻之。

所有发展中国家，都面临着发展与环境保护的双重任务。"人类需求和欲望的满足是发展的主要目标。"① 可持续发展作为一个完整的概念，包含相互关联的两层意思：持续和发展。其中的主词是"发展"，"持续"是对发展的修饰和规定。可持续发展是诸种发展模式中的一种，是强调持续的发展，因而其要义是发展而绝不是停止，更不是倒退。离开发展这一宗旨，可持续发展便会陷于皮之不存毛将焉附的境地。按上述理解，可持续发展的实质是"人类需求和欲望"的持续满足。《中国21世纪议程》在确立上述目标后的直接推论是："发展中国家大多数人的基本需求——粮食、衣服、住房、就业——没有得到满足。除了他们的基本需求外，这些人民对提高生活质量有正当的愿望。

---

① 世界环境与发展委员会：《我们共同的未来》，吉林人民出版社1997年版，第53页。

一个充满贫困和不平等的世界将易发生生态和其他的危机。可持续的发展要求满足全体人民的基本需要和给全体人民机会以满足他们要求较好生活的愿望。"① 这一结论不仅在理论上承接上文对发展的理解，而且在现实上考虑到了发展中国家的实际情况和特殊要求。

贫穷（经济不发达）与资源环境问题互为因果。正如《只有一个地球》一书所分析的，"发展中国家如同发达国家一样，摆脱贫穷的唯一出路是提高生产力，但其后果常常是产生对环境的影响。"② 该书还认为，由于人口压力和极度贫困等原因，发展中国家对经济增长的要求普遍地更为迫切，从而更容易盲目追求经济增长，导致更为严重的环境资源危机，因为在脱贫的过程中往往会以牺牲环境资源为代价。"在经济增长同民族利益不是相互加强就是相互削弱的微妙而又紧要的关头，发展中国家面对着特有的挑战：一方面，只有满足人民热望的经济发展，才能进行有效的政治领导并取得民族独立，……另一方面，所有发展中国家都已卷入世界经济的国际交流之中，他们过去没有什么作为，而现在仍然是力量微薄的成员。……因此，致力于经济增长的努力，特别是为了采取有效的环境保护措施的经济发展，将把它们置于进退两难的境地。"③

"两难境地"是一个形象而贴切的表述，表明了后发展国家在资源环境保护问题上面临的特殊矛盾：发展与保护的悖论。从理论上说，发展经济与环境保护是可以统一甚至相互促进的，但这种良性互动只是在社会经济发展到较高阶段才会显现，如果具体地说，至少应在完成现代化（工业化）之后。西方国家和新兴工业国家的经验表明，在工业化进程中特别是开始的粗放型增长阶段，由于主要依靠扩展规模和大量消耗资源带动和支撑经济增长，经济发展与环境保护往往存在着比较尖锐的矛盾。也就是说，"两难境地"往往会造成"发展经济还是保护环境"的二难选择，导致环境保护与经济发展的对立。《只有一个地球》

---

① 世界环境与发展委员会：《我们共同的未来》，吉林人民出版社1997年版，第53页。
② 芭芭拉·沃德、勒内·杜博斯：《只有一个地球》，吉林人民出版社1997年版，第177页。
③ 芭芭拉·沃德、勒内·杜博斯：《只有一个地球》，吉林人民出版社1997年版，第178页。

一书写作于我国改革开放之前，因而所指"发展中国家"不包括中国在内，但所论及的问题却同样适用于我国。在发展问题上，我们不仅面对着所有发展中国家遭遇的挑战，还面临着特殊的制度竞争的压力。由于社会制度与西方国家的差异，又由于西方国家在经济、政治、文化上的强势地位及其影响，我们面临着综合国力竞争的严峻挑战，增强综合国力对于我国来说具有特殊的迫切性。在当代，无论是应对哪一种压力和挑战，都要以经济的发展为前提，以经济的快速增长为基础。

实际上，"两难境地"并不必然意味着二难选择。两难困境作为现实虽然不可回避，却并非不能超越。超越两难困境，必须直面并分析发展经济与保护环境的矛盾，进而协调经济发展与环境保护的关系，在二者之间保持合理的平衡。协调经济发展与环境保护的关系，可以分为两个层次：其一，实现经济发展与环境保护的平衡。前面已经指出，经济发展与环境保护在通常的情况下是相互制约乃至冲突的，发展经济会消耗资源并影响环境，保护环境资源则往往会要求限制生产和经济发展，破解此一难题的关键，是确立统摄两者的更高层面的目标或尺度，这就是人的生存发展及其需要。发展经济和保护环境虽然具体目标不尽相同甚至在一定条件下相互抵触，但从根本的目标上说，都是旨在满足人生存发展的需要。既然人的发展是经济建设和保护环境之间最大的公约数，那么就应在两者之间保持合理的张力，以不影响（或最小程度地影响）人的需要和发展为界限。

关联到现实特别要强调的是，对于地方政府或企业等利益主体来说，绝不能继续走边污染边治理甚至先污染后治理的老路，切忌以浪费资源、污染环境换取 GDP 的增长。即使仅仅从发展的角度看，这一做法也是不合理的，因为无数事实表明，治理污染远比防治污染要付出更大的代价，资源的浪费往往是难以甚至不可弥补的，更何况污染将给人们的生存健康造成直接危害。此外，国家和地方政府必须有效地利用经济手段和相关政策导向，破解"两难境地"的难题。《里约热内卢宣言》指出，考虑到污染者原则上应当承担污染费用的观点，国家当局应该努力促使内部负担环境费用，并且适当地照顾到公众利益。《中国21 世纪议程》也提出了将经济手段同法律手段和必要的行政手段相配合使用，提高处理环境与发展问题的综合能力的主张。并认为，应将环境成本纳入各项经济分析和决策过程，改变过去无偿使用环境并将环境成本转嫁给社会的做法，引导利益主体以面向市场的方法，利用高新科技手段提升产业结构，改变生产方式，改进工艺，建立产业化的环保事业，在追求效益的同时节约资源、保护环境，实现经济发展与环境保护的良性互动和双赢。值得欣慰的是，国际社会在这方面已有一些有益的尝试，例如环保学家在马来西亚开展了一场森林"以伐求保"的试验，将森林划分为不同的区域，一部分专门用于采伐，其余部分的森林则重点保护，从而维护了当地的生物多样性。这虽是一个个案，但将表明经济发展与环境保护是可以兼容的。

可持续发展作为一种发展观和发展模式，无论在任何国家和地区，总体目标是共同的，但具体的实现途径、模式和进程却可以多样。我们既迫切需要实施可持续发展战略，同时我们的可持续发展又应从既有的国情出发。作为后发展和后污染国家，我们在可持续发展问题上借鉴发达国家的相关理论、经验、对策和技术措施，可以在一个比较高的理念和技术平台上加以应对和处置。借鉴发达国家的经验和技术固然是捷径，是后发展优势在可持续发展问题上的一种具体体现，但借鉴不等于照搬，且我们的国情也不允许照搬。可持续发展也像一般的社会发展一样，既是一个总的过程，也会呈现出阶段性特征。我们应在充分借鉴西方的同时，结合我们的国情正确判断可持续发展所处的阶段。在可持续发展上我们还处于初级阶段，既要有高的标准又要兼顾现实，绝不能盲目攀比、超越阶段，而应从初级阶段的特征和实际出发，确立发展与环保要求并存的理念，协调发展与环境保护的关系，制定适合自身国情、地情的对策和思路。

总之，"可持续"与"发展"所以能够也应该统一起来，是因为二者有着共同的目标，这就是人的发展。在我国，实现可持续发展的基本路径是坚持"可持续"与"发展"的统一。

第二章 人的发展的理论与现实

人的发展是马克思主义创始人基本的、一以贯之的价值取向，是他们确立的人类历史活动及社会进步的根本目标。马克思恩格斯从实践出发，比较系统地提出了关于人的发展的理解，确立了人的发展的价值取向和科学认识，将对人的关注提升到了新的境界。马克思主义社会历史理论是合规律性与合目的性的统一，体现着认识、遵从历史规律和自觉促进人的发展的统一。

一、人的发展的价值取向

马克思主义创始人确立了人的发展的价值取向，首先表现为他们的社会历史研究一开始便紧紧地抓住了人这一"根本"，并且对人的解放和发展的追求从始至终地贯穿于他们的一生，是其理论与实践的价值起点和目标。

人对自身的关注源远流长。在中国，古代哲学始终注重人性特别是道德的完善，对以善恶为中心的人性问题和人的道德修养的意蕴及途径进行了持续的探索。在古希腊，苏格拉底以"认识你自己"为宗旨，开启了对人生的哲学思考，实现了哲学从"倾听自然的声音"到同时也关注人自身的转向。

此后，从古希腊罗马时代的幸福论到文艺复兴时期对人的重新发现、对人性的肯定和对人追求幸福欲望的呼唤，从启蒙思想家对人性的阐释，对生命、自由、平等、财产等人权的论证，到康德"人是目的"理念的确立，对人的思考和关注一直绵延不绝。

人的解放问题是资产阶级及其先驱在反宗教神学和封建专制制度斗争中提出的。文艺复兴时期人文主义思想家针对宗教神学对人的统治，提出了人应该追求现世生活幸福的要求，此后的资产阶级革命中，人的解放和权利包括人的个性和自由、财产等问题又一再被诉求，并逐渐形成为以人性论为基础、以人权为核心的人道主义理论。随着资本主义制度的确立，资产阶级将民主、平等、自由、财产等人权内容载入了各种政治和法律文件中，并宣布实现了人的解放。

这些理论和实践，特别是人道理念和传统的形成，扩展和深化了人对自身及其与外部世界关系的理解，从根基处提升了人的自我意识，增强了人对自身生存意义、状况、条件和前景的自觉和关注，确立了人之作为人最基本的理念和规则。然而，由于时代的制约，以往的思想家，即使对"人"倍加关注的近代人道主义，其视野也只限于人的问题的某些方面，如人性、人权、人的本质等，而未能确立人的发展的总体目标，以及实现人的彻底解放和发展的现实道路。

马克思主义创始人在批判继承前人的基础上，系统地提出了人的发展的价值目标。马克思在早期的文章中，极力主张人类的精神的多样性，抨击政府对思想和言论自由的限制，对专制制度进行了严厉的批判。他认为，专制制度的唯一原则是轻视人类，使人不成其为人，使世界不成其为人的世界，专制制度必然具有兽性，并且和人性是不相容的。他提出要对现存的一切进行无情的批判。这些文本虽尚未展开阐释人的解放内容，但其批判尺度已蕴涵着人的解放诉求。值得指出的是，他还使用了"自由的人，真正的人"[①] 的提法，萌发了人的发展思想。

在《论犹太人问题》和《〈黑格尔法哲学批判〉导言》等文本中，马克思针对资本主义解放了人的观点，区分了政治解放和人的解放，认为政治解放本身还不是人类解放，"任何一种解放都是把人的世界和人

_____

① 《马克思恩格斯全集》第 1 卷，人民出版社 1956 年版，第 412 页。

的关系还给人自己"①, "只有当人认识到自己的'原有力量'并把这种力量组织成为社会力量因而不再把社会力量当做政治力量跟自己分开的时候, 只有到了那个时候, 人类解放才能完成。"② 他还明确指出: "所谓彻底, 就是抓住事物的根本。但是, 人的根本就是人本身。……对宗教的批判最后归结为人是人的最高本质这样一个学说, 从而也归结为这样的绝对命令: 必须推翻那些使人成为被侮辱、被奴役、被遗弃和被蔑视的东西的一切关系。"③ 马克思把人的世界和人的关系还给人自己和必须推翻一切不合理社会关系的理解, 超越了人道主义者仅仅寻求人在政治上和法律上解放的要求, 确立了人的彻底解放的目标。

在《1844 年经济学哲学手稿》中, 马克思以复归人性、全面占有人的本质为尺度, 剖析了资本主义生产中劳动异化的成因及后果。他认为: "自由的有意识的活动恰恰就是人的类特性。……有意识的生命活动把人同动物的生命活动直接区别开来。正是由于这一点, 人才是类存在物。……仅仅由于这一点, 他的活动才是自由的活动。"④ "正是在改造对象世界中, 人才真正地证明自己是类存在物。"⑤ 而在私有制条件下, 由于生产对象被剥夺, 劳动处于异化状态, "异化劳动把自主活动、自由活动贬低为手段, 也就是把人的类生活变成维持人的肉体生存的手段"⑥。为此, 他指明了扬弃异化的途径和目标, 认为, 共产主义是私有财产即人的自我异化的积极的扬弃, 因而是通过人并且为了人而对人的本质的真正占有, 是人向自身、向社会的即合乎人性的人的复归。扬弃异化并复归人性, 是马克思追求的人的解放目标, 同时也包含着对人的发展的诉求, 虽然这种诉求还具有哲学的、抽象的特征。

从区分两种解放到揭示人类解放的含义, 拓展了社会批判的理论视域, 深化了对人的价值关怀; 从政治批判到经济学—哲学批判, 开启了对人的哲学层面思考, 包括对人性、人的本质、人的存在方式、人与自

---

① 《马克思恩格斯全集》第 1 卷, 人民出版社 1956 年版, 第 443 页。
② 《马克思恩格斯全集》第 1 卷, 人民出版社 1956 年版, 第 443 页。
③ 《马克思恩格斯选集》第 1 卷, 人民出版社 1995 年版, 第 9 页。
④ 马克思:《1844 年经济学哲学手稿》, 人民出版社 2000 年版, 第 57 页。
⑤ 马克思:《1844 年经济学哲学手稿》, 人民出版社 2000 年版, 第 58 页。
⑥ 马克思:《1844 年经济学哲学手稿》, 人民出版社 2000 年版, 第 58 页。

然的关系、人的本质的实现途径的思考，明确了人的解放和发展的本质
要求：从社会关系特别是经济关系中解放人，扬弃异化，还原人的自由
自主性。

在《德意志意识形态》中，马克思恩格斯全面确立了人的发展的
价值取向，揭示了人的发展的基本内涵。《德意志意识形态》明确提出
了"个人的全面发展"、"全面发展的个人"、"自由的生活活动"、"个
人的独创的和自由的发展"等概念；确定了"个人向完整的个人的发
展"，① "任何人的职责、使命、任务就是全面地发展自己的一切能
力"② 等人的发展要求；展望了未来共产主义社会中个人自由、全面发
展的情景；揭示了人的发展的社会制约性及个人发展与集体和社会的关
系；论述了人的发展社会条件。至《德意志意识形态》，马克思对人的
关注已从人类解放的诉求上升到人的发展理想，形成了比较完整的人的
发展价值取向，此后《共产党宣言》、《资本论》及其手稿等的阐述，
是其进一步的展开和补充。

在价值维度上，马克思恩格斯将人的自由、全面发展确立为社会生
活的理想目标和人类生存的理想状态。

其一，人的发展是自由全面的发展。他们认为，完整的具有自己个
性的个人，应是自由全面发展的。《德意志意识形态》中多有"全面发
展"和"自由发展"的提法。在他们的理解中，自由发展和全面发展
是相辅相成的，是一种状态的两种表现。或者说，对于人的发展而言，
全面意味着自由，自由才能全面。自由发展是全面发展的前提。他们把
"自由"理解为未来社会人的发展的根本特征之一，认为：共产主义社
会将是"个人的独创的和自由的发展不再是一句空话的唯一的社会"③。
"代替那存在着阶级和阶级对立的资产阶级旧社会的，将是这样一个联
合体，在那里，每个人的自由发展是一切人的自由发展的条件。"④ 他
们将未来理想社会称为"自由王国"，认为在那时，人的活动真正成了
自由的生活活动。"人终于成为自己的与社会结合的主人，从而也就成

---

① 《马克思恩格斯全集》第3卷，人民出版社1960年版，第77页。
② 《马克思恩格斯全集》第3卷，人民出版社1960年版，第330页。
③ 《马克思恩格斯全集》第3卷，人民出版社1960年版，第516页。
④ 《马克思恩格斯选集》第1卷，人民出版社1995年版，第294页。

为自然界的主人，成为自身的主人——自由的人。"① 自由发展，即人的活动超越了生存的需要，彻底摆脱了分工的限制，不再是谋生的手段，而成为自由自觉的活动，成为自我实现的方式和途径，成为实现自我、确认自身生存的需要；人们可以在任何领域中任意地培养和提升自己的兴趣和能力，发挥自己的创造性，展示自己的情趣、审美、实现自己的"本质力量"。

自由发展的另一种表述是全面发展，全面发展是自由发展的必然结果和表现。他们在展望未来社会人的发展情景时曾有如下描述："在共产主义社会里，任何人都没有特殊的活动范围，而是都可以在任何部门内发展，社会调节着整个生产，因而使我有可能随自己的兴趣今天干这事，明天干那事，上午打猎，下午捕鱼，傍晚从事畜牧，晚饭后从事批判，这样就不会使我老是一个猎人、渔夫、牧人或批判者。"② 他们还形象而精辟地指出："在共产主义社会里，没有单纯的画家，只有把绘画作为自己多种活动中的一项活动的人们。"③ 这里超越职业领域的具象的情景性描述，表征着明白无误的抽象含义：在共产主义社会中，人的活动决定于他的意愿和兴趣，而不是谋生所造成的职业分工，他的活动跨越多个领域，同时又不被限制于其中的某个或几个领域。人可以自由自由活动，从而其能力和兴趣可以在社会的各个领域中全面发展。

其二，人的发展是人的能力和创造性的充分展示与提升。与需要的层次性相关，人的发展具有多方面的体现。诚然，马克思恩格斯肯定社会发展对于满足人们物质需要的意义，将"物质财富极大丰富"视为共产主义社会的主要特征，但是，他们对人的发展的理解主要不是享受意义上的，而是创造或自我实现，认为这是人的发展最本质的意蕴。他们认为，人的发展的首要前提是劳动的解放，劳动的解放不仅意味着必要劳动时间的缩短和需要的充分满足，更意味着劳动成为自由自主的活动，成为发展和发挥人的本质力量的方式，成为人的本质的对象化（自我实现）的需要，也就是说，由于劳动者的地位并劳动条件的彻底

---

① 《马克思恩格斯选集》第 3 卷，人民出版社 1995 年版，第 760 页。
② 《马克思恩格斯选集》第 1 卷，人民出版社 1995 年版，第 85 页。
③ 《马克思恩格斯全集》第 3 卷，人民出版社 1960 年版，第 460 页。

改变和改善，劳动在创造财富的同时，成为人充分发挥创造性，充分展示个性从而使自己本质力量得到确证和发展的过程。在未来社会中，劳动将不仅是生存的手段而成为人的第一需要，因为它将成为自由、自主、充满创造性的活动。这种活动既创造财富又发展人自身，既发展人的体力更发展人的智力和个性，增强人的主体性，完善人格，满足人自我实现的需要。

其三，人的发展是个性的确立与完善。个性是指人类个体的独特性，表现在个体身心的各个方面，包括个人的能力、性格、人格、旨趣、情感、审美等方面。个性的确立和丰富不仅是个人自身发展的需要，也是社会进步的需要。一个没有个性的人不可能具有创造力。马克思恩格斯曾以个性发展要求为尺度，尖锐地指出："在资产阶级社会里，资本具有独立性和个性，而活动着的个人却没有独立性和个性。"①并提出了"无产者，为了保住自己的个性，就应当消灭它们至今所面临的生存条件。消灭这个同时也是整个旧社会生存的条件，即消灭劳动。……使自己作为个性的个人确立下来"②的任务。他们还认为，共产主义社会是个人的独创的和自由的发展不再是一句空话的唯一的社会。在他们看来，个性发展是人的自由全面发展的重要体现，甚至是其最显著的标志。为此，马克思曾以"建立在个人全面发展和他们共同的社会生产能力成为他们的社会财富这一基础上的自由个性"③来表征未来理想的社会形态。

其四，人的发展的主体是"每一个人"。他们多次使用"每一个人"一词，认为人的发展的主体是每一个个人。"每一个人"无论就词义还是实质而言，都可解析为两层含义：一是"个人"。《德意志意识形态》在论及人的发展时，多以"个人"为主词，此后的《共产党宣言》提出了"每个人的自由发展"的目标，《资本论》及其手稿又多次使用"个人全面发展"、"个人的全面性"等表达，并预测了未来社会人的状况：建立在个人全面发展和他们共同的社会生产能力成为他们的

① 《马克思恩格斯选集》第1卷，人民出版社1995年版，第287页。
② 《马克思恩格斯全集》第3卷，人民出版社1960年版，第87页。
③ 《马克思恩格斯全集》第46卷（上册），人民出版社1979年版，第104页。

社会财富这一基础上的自由个性。这样的用词当然不是偶然的,而是体现着对未来社会人的发展主体的基本理解。在他们特别是马克思看来,人的发展最终应落实到个体的人。人的发展是个人本位和社会本位的统一,社会进步是人的发展的环境和条件,但个人的生存和发展却是社会进步的目的。这一理解无疑是对近代欧洲人文传统的继承和发展。从个人本位到社会本位,是与人类从自然界分离过程一致的,既是这种分离的结果,又是进一步分离的条件,但人类结合成社会之目的,根本上在于促进个体的发展,虽然他们在很长的时期内并未意识到这一点。对此目的的自觉意识,始于近代。但问题在于,近代一些思想家虽然确立了个体本位和人是目的的理念,却走向了另一个极端:否认人的社会性,试图超越社会关系对人的制约。马克思扬弃了近代的个人本位观念,即将个人视为目的,又强调社会关系对人的制约。二是"每一个"个人。人的发展定位于"个人",但并非某一部分个人,而是每一个个人。肯定"每一个"个人的发展,是马克思人的发展理论与人道主义的又一重要分野。其中蕴涵着马克思政治哲学的核心内蕴:彻底的社会公平。这与他们反复强调的"全人类"解放是一致的。马克思人的彻底解放诉求,在价值取向上超越了近代资产阶级的公平观念。资产阶级在反封建斗争中,针对专制和等级制度,提出了公平和平等要求,促进了人的解放,然而,他们的要求存在着两方面缺陷:在适用范围上,局限于政治法律领域(下文将要讨论);在实现方式上,仅强调人的起点、机会和规则平等,而相对忽视人们之间最终的或结果的平等。

马克思人的发展价值取向,从根本上反映了人类活动的愿望和社会进步的目标,既是人类长期的生活实践反映,也是人的自觉意识新的觉醒。

人的发展要求是实践活动的结论,也是人的发展实际历程的理论表现。广义地说,人以人的方式生存,同时也就开始追求自身的发展,这种追求随着实践能力增强、生存条件改善和主体意识觉醒而逐渐从自发转为自觉。实践活动与主体自觉的互动构成为整个人类历史进程的动力。当这种互动发展到一定阶段,即一方面,实践创造了一定的物质、制度和文化条件;另一方面,人的主体意识达到相当程度时,便有了人的发展的自觉要求和理论。人的发展要求并非与生俱来,而是实践和历史的产物。

人的发展作为人自觉的价值取向，又是人的主体自觉意识，以人对自身的基本理解和价值预设为前提。人的自我理解和价值预设是在生活实践中逐渐形成的。现实的人的发展或人的现实的发展，是一个理解并处理人与自然和社会的关系的过程，这一过程要以客观条件为基础，又体现着人的理想意图，并必然超越客观条件的限制。人的主体性自觉、人的发展要求的每一次演进，从万物有灵观念到主体意识的形成，从客体中心到主体中心，从人类中心主义到人与自然、人与人和谐发展理念，从诉诸人的政治解放到追求人的全面发展，皆是人自身发展要求的深化和拓展。

以上叙述表明，马克思主义人的发展价值取向既是以往人类优秀价值的继承，又扬弃并超越了历史上人文主义、人道主义、人是目的等理念，具有价值诉求上的彻底性。

二、人的发展的科学认识

马克思主义人的发展理论所以超越了包括人道主义在内的历史上的人学思想，不仅在于其价值取向上的彻底性，还在于将价值取向奠立于科学认识的基础之上，抑或说，正由于以科学认识为基础，马克思主义人的发展理论才具有价值取向上的彻底性和现实性。

马克思恩格斯在全面制定唯物史观的基础上，科学地阐明了人的发展的主体、条件和途径等问题。

其一，科学地界定了人的发展的主体。理解人的发展，前提是确定"人"之所指。近代人道主义对人的理解，陷入了抽象人性论的泥淖。他们看到并强调人与动物的区别，认为人作为"类"具有共同的本性，这当然是正确的。但问题在于，混淆了表征人与动物之间区别的"人性"和表征人与人之间社会区别的"人的本质"，将人的类特性直接视为人的本质，从而得出了所有人具有共同的、不变的本质的结论，否定了人的本质的社会性、历史性。应该指出，马克思承认人的类特性及人性，并将这种自由自觉的活动作为人之为人而区别于其他动物的根据。在《1844 年经济学哲学手稿》中，论证了人的活动的自由自主性和超越现实性，论证了人的活动改造外物的对象化特征，认为，整个所谓世界历史不外是人通过人的劳动而诞生的过程，是自然界对人来说的生成过程。对人的类特性（人性）的界定，为确立人的发展目标设定了依据。"人的类特性"表征着人活动及生存的根本特征，是人区别于动物的特质。对人的活动自由自觉性的认定和分析，包含着对实践活动本质的理解。更为关键的事，在《关于费尔巴哈的提纲》中，马克思在确立科学实践观的基础上，揭示了人的社会性，提出了人的社会本质概念，"人的本质不是单个人所固有的抽象物，在其现实性上，它是一切社会关系的总和"①的论断。这一论断并非像通常理解的那样，否定了人的类特性及"人性"，而是在肯定人的类特性的前提下，进一步提出了表征人的社会性即人与人区分特质的"人的本质"概念。"人性"规定了抽象的人（这是必需的），"人的本质"则规定了具体的人。"人性"与"人的本质"的区分，正是马克思在对人的理解上的关键，尤其"人的本质"内涵的厘定，超越了对人的抽象理解，揭示了人的具体性、历史性，确定了在社会关系中把握人的基本路向。这一理解表明，人是社会的也是历史的存在，或者说，作为研究前提的人，是现实的、从事实际活动的人。"现实的人"是人的发展理论的前置性概念。

其二，注重个人发展与社会发展的统一。现实的人，是在特定历史环境和社会关系中生活并活动的具体的人，作为具体的人，其生存和发展必然要受到环境和关系的制约，与社会或群体的状况密切相关。以往的思想家论及人的权利、解放和发展时，由于只看到人的类特性，"至多也只能做到对'市民社会'的单个人的直观"②，忽视个人和他人及社会的关系及个人发展的社会条件。马克思恩格斯将发展的主体定位于个人，但同时认为，由于人的社会性，个人的发展有赖于他人的发展并基于一定的社会条件。他们明确指出，个人的发展只有在与他人的关系中、在共同体中才能实现，"只有在共同体中，个人才能获得全面发展其才能的手段，也就是说，只有在共同体中才可能有个人自由"③。在真正的共同体的条件下，个人才能在自己的联合中并通过这种联合获得

---

① 《马克思恩格斯选集》第 1 卷，人民出版社 1995 年版，第 60 页。
② 《马克思恩格斯选集》第 1 卷，人民出版社 1995 年版，第 60 页。
③ 《马克思恩格斯选集》第 1 卷，人民出版社 1995 年版，第 119 页。

自己的自由。人的发展与社会发展的统一，是他们对人的发展方式和途径的基本理解。下文将要指出，正是基于这一理解，他们以毕生精力致力于无产阶级的解放事业，致力于彻底变革现存的社会制度，致力于"揭露旧世界，并为建立一个新世界而积极工作"①。将人的发展的理想追求，转换成了社会制度的现实批判。

其三，认为人的发展要通过改造世界的实践活动来实现。在改造社会的同时也改造人自身并实现人的发展，是马克思人的发展思想的又一重要内容。以往的思想家论及人的修养，多从主观的、精神文化的层面入手。马克思在讨论人与环境的关系时，提出了环境的改变和人的活动的一致，只能被看做是并合理地理解为变革的实践的论断，认为人在改造环境的同时，也改造自身，环境的改造和自身的改造都只能在实践中实现。他和恩格斯在论述共产主义革命必要性时又进一步指出，革命之所以必要，不仅是因为非此不能改变旧制度，而且只有在革命中无产阶级才能得到改造和洗礼。他们认为，人的发展，人们素质的提高，不仅仅是一个认识问题，更是一个实践的问题。人们的社会实践具有改变环境与改变人自身的双重意义，客观世界的改造和人的自我改造是一个统一的过程，人只有在改造世界的过程中，才能改造自己、完善自己、提高自己的素质。在改造社会中也改造人自身，是人的发展的现实途径。

其四，强调生产力发展是人的发展的前提条件和基本途径。

一是认为人们所达到的生产力的总和决定着社会状况。在马克思恩格斯看来，虽然社会发展是多种因素相互作用的结果，但"历史过程中的决定性因素归根到底是现实生活的生产和再生产"，② 在社会生活的诸因素中，经济的前提和条件归根到底是决定性的。"物质生活的生产方式制约着整个社会生活、政治生活和精神生活的过程。"③ 物质资料的生产和再生产是人的个体生命存在的基础，是历史的前提，生产力的发展是推动整个社会进步最根本的动力。

二是认为生产力发展将缩短劳动时间，拓展人的自主活动的空间。

---

① 《马克思恩格斯全集》第 1 卷，人民出版社 1956 年版，第 414 页。
② 《马克思恩格斯选集》第 4 卷，人民出版社 1995 年版，第 695 页。
③ 《马克思恩格斯选集》第 2 卷，人民出版社 1995 年版，第 32 页。

生产力不发达、劳动率低下，意味着必要劳动时间的漫长，人们为了维持生存，往往要花费一生中的绝大部分时间和精力，日出而作，日落而息，终日为生计奔波，几乎没有自由支配的时间，即无闲暇和休闲，更谈不上发展，实现自己的能力和个性。马克思认为，劳动时间是制约人的活动乃至于生存质量的重要因素。他深刻地指出："时间是人类发展的空间。一个人如果没有自己处置的自由时间，一生中除睡眠饮食等纯生理上必需的间断以外，都是替资本家服务，那么，他就还不如一头载重的牲畜。他不过是一架为别人生产财富的机器，身体垮了，心智也犷野了。"① "所有自由时间都是供自由发展的时间。"② "自由王国只是在由必需和外在目的的规定要做的劳动终止的地方才开始；因而按照事物的本性来说，他存在于真正物质生产领域的彼岸。……在这个必然王国的彼岸，作为目的本身的人类能力的发展，真正的自由王国，就开始了。"③ 人们为维持生存所需要的必要劳动时间越少，其活动的自由度就越大，越能够充分享受闲暇并发展自己的能力、爱好和个性。"个性得到自由发展，因此，并不是为了获得剩余劳动而缩短必要劳动时间，而是直接把社会必要劳动时间缩减到最低限度，那时，与此相适应，由于给所有的人腾出了时间和创造了手段，个人会在艺术、科学等方面得到发展。"④

三是认为生产力发展将消除旧式分工，改善劳动环境，将人从繁重的生产劳动中解放出来。在生产力低下的时代，劳动异常艰辛，劳动过程对人是一种严酷的折磨和损伤。资本主义的分工推动了生产进步，却又使人从属于机器，使工作中缺乏一切对工人来说能使生产过程合乎人性、舒适或至少可以忍受的装置，导致了人的活动片面化、被动化，丧失自由自主性，以另一种方式束缚着人。生产力的发展将改变这种状况："劳动生产力向前发展，而达到这样的程度，以至一方面整个社会只需用较少的劳动时间就能占有并保持普遍财富，另一方面劳动的社会将科学地对待自己的不断发展的再生产过程，对待自己的越来越丰富的

---

① 《马克思恩格斯选集》第 2 卷，人民出版社 1995 年版，第 90 页。
② 《马克思恩格斯全集》第 46 卷（下册），人民出版社 1980 年版，第 139 页。
③ 马克思：《资本论》第 3 卷，人民出版社 1975 年版，第 926—927 页。
④ 《马克思恩格斯全集》第 46 卷（下册），人民出版社 1980 年版，第 218—219 页。

再生产过程，从而，人不再从事那种可以让物来替人从事的劳动。"①
也就是说，生产力发展，不仅将提高劳动效率，也将改变劳动的方式和
性质，改善劳动的条件，降低劳动的强度。当生产力发展到消灭了旧式
分工、极大地缩短必要劳动时间、优化劳动环境并根本上改善了劳动条
件时，劳动才能真正成为人自由自主的活动，人充分发展和展示自己的
能力才能成为现实，劳动才真正成为人的第一需要和享受。

其五，他们强调个人的发展依赖于社会关系的合理化和交往的普
遍化。

一是强调人的发展依赖于社会关系的合理化。在马克思看来，"社
会关系实际上决定着一个人能够发展到什么程度。"② 社会关系变革是
人的发展的制度前提。基于对人的社会性及人与社会关系的辩证理解，
基于实现自由人的联合体的理想，他们深刻地认识到，人的发展的前提
是人的解放，从而特别强调通过社会关系（制度）的变革，消灭私有
制，消除现存经济关系对人的束缚，使社会自觉地调节生产，实现按劳
分配和最终实现按需分配，将人从异化的社会关系中解放出来。为此，
马克思曾满怀信心地预言：在共产主义社会高级阶段，在迫使个人奴隶
般地服从分工的情形已经消失，从而脑力劳动和体力劳动的对立也随之
消失之后；在劳动已经不仅仅是谋生的手段，而且本身成了生活的第一
需要之后；在随着个人的全面发展，他们的生产力也增长起来，而集体
财富的一切源泉都充分涌流之后，——只有在那个时候，才能完全超出
资产阶级权利的狭隘眼界，社会才能在自己的旗帜上写上：各尽所能，
按需分配！恩格斯在《反杜林论》中又进一步展开了这一思想："一旦
社会占有了生产资料，商品生产就将被消除，而产品对于生产者的统治
也将随之消除。社会生产内部的无政府状态将为有计划的自觉的组织所
代替。个体生存斗争停止了。于是，人在一定意义上才最终地脱离了动
物界，从动物的生存条件进入真正人的生存条件。人们周围的、至今统
治着人们的生活条件，现在受人们的支配和控制，人们第一次成为自然
界的自觉的和真正的主人，因为他们已经成为自身的社会结合的主人

---

① 《马克思恩格斯全集》第 46 卷（上册），人民出版社 1979 年版，第 287 页。
② 《马克思恩格斯全集》第 3 卷，人民出版社 1960 年版，第 295 页。

了。……只是从这时起，人们才完全自觉地自己创造自己的历史；只是从这时起，由人们使之起作用的社会原因才大部分并且越来越多地达到他们所预期的结果。这是人们从必然王国进入自由王国的飞跃。"①

二是强调人的发展依赖于交往的普遍化。人的发展与交往的范围和程度密切相关，交往的普遍性是个人全面发展的可能性的基础。马克思恩格斯曾指出："每一个单个人的解放的程度是与历史完全转变为世界历史的程度一致的。……只有这样，单个人才能摆脱种种民族局限和地域局限而同整个世界的生产（也同精神的生产）发生实际联系，才能获得利用全球的这种全面的生产（人们的创造）的能力。"② 交往的普遍性是个人全面发展的前提，因为"个人的全面性不是想象的或设想的全面性，而是他的现实关系和观念关系的全面性。"③ 关系的全面性不仅意味着关系的合理性，也意味着交往的全面性，在很大程度上依赖于交往范围的扩大、内涵的丰富和程度的加深。全面发展的人，应自觉接受人类文明成果的滋养，立足于人类文明的制高点，具备世界意识和眼光，具有全面的社会关系和普遍的交往。历史向世界历史的转变、全球化从而普遍交往的形成，将不同国家民族内在地联系起来，极大地拓宽了人们的活动领域。其结果是，一方面，交往已成为当代人的基本活动形式，成为其他活动的中介条件；另一方面，交往又改变了人们的生存方式，丰富了人们的生活内容和意义，既拓展人自由发展的空间，也为人的发展注入了新的、更为全面的内涵。全球化加快了交往的频率，加深了交往的程度，使不同国家和地区在社会生活各个领域的相互学习、相互借鉴成为可能，拓展了人的视野和发展空间。人类文明具有多样性，人类文明的多样性意味着不同国家和民族在经济、社会和文化方面各具特点和优势；意味着人们只有通过相互学习、相互借鉴、取长补短，才能超越地域和视阈的限制；意味着人们在保存本民族特色的同时，应广泛吸收其他民族的优秀文化资源，才能充实发展自身，成为当代意义上的更为全面发展的人。

---

① 《马克思恩格斯选集》第 3 卷，人民出版社 1995 年版，第 633—634 页。
② 《马克思恩格斯选集》第 1 卷，人民出版社 1995 年版，第 89 页。
③ 《马克思恩格斯全集》第 46 卷（下册），人民出版社 1980 年版，第 36 页。

在马克思人的发展理论中，价值取向与科学认识两个维度是内在统一的。价值取向引着领科学认识的深化，科学认识支撑着价值取向的发展。两个维度的确立和互动，特别是将价值取向置于科学认识的基础之上，是马克思人的发展理论超越以往人学理论的优势所在，也是当代人的发展理论建构的基本路向。

三、人的发展的当代特征

上述梳理从理论生成的角度表明：人的发展理论的提出不是偶然的，对人的发展的关注一以贯之地贯穿于马克思的理论和实践活动中，是其社会历史理论研究的起点和目标；马克思人的发展理论的形成和发展并非一蹴而就，而是随着对社会历史认识的深入不断展开，它引导着社会历史的探讨，又随着社会历史认识的深入而发展。

然而，需要追问的是，人的发展理念既然始终贯穿于马克思社会历史理论中，构成唯物史观乃至整个马克思主义的基本价值维度，为何在后来相当长的一个历史时期内未引起人们的重视，曾一度在马克思哲学特别是唯物史观中丧失了应有的价值中心的地位，即或在后来被重新提及，也只是处于边缘的位置？为何人们在论及唯物史观的核心内容、价值和意义时，往往强调甚至仅仅提及其科学认识的方面，而置人的发展这一根本价值取向于不顾，或只是附带地提及？很显然，在以往对马克思哲学的解读中，以人的发展为核心的价值取向被淡化甚至一定程度上被遮蔽了。这种状况，当然与后人在理解上的误读相关，如由于时间间距或时代境遇变迁而导致的意义遗漏或意义添加等，但同时还应看到，这种淡化和遮蔽又不能完全归结于此。事实上，在马克思主义创始人那里，在他们原初的文本中，就开始了研究主题的转向，从而为人的发展理论在马克思主义理论研究中的漏读埋下了伏笔。追溯经典作家的创作史可见，人的发展理念之最初被淡化，似与以下几点因素相关：

其一，与唯物史观在社会历史认识领域的开创性相关。如恩格斯所说，正像达尔文发现了有机界的发展规律一样，马克思发现了人类历史的发展规律。这一发现超越了以往一切社会历史理论，确立了全新的社会历史观，一种前无古人的、科学的社会历史解释框架，为科学社会主义理论提供了坚实的哲学基础，在认识史上具有破天荒的意义。这一认识上的独创性及其巨大的理论和实践意义是如此突出，以至于经典作家及其同时代的人们，无论是拥护者还是反对者，在理解唯物史观时，往往更注意其科学认识的方面，马克思的《〈政治经济学批判〉序言》、恩格斯的《反杜林论》等便是正面的代表，至于马克思主义的反对者，在非难唯物史观时，也主要将注意力集中于科学认识的方面，如将唯物史观贬低为"经济决定论"、否定社会历史规律的客观性等。

其二，与历史任务的转向相关。马克思的社会历史研究经历了一个转向的过程，从关心人本身转为对社会历史及其规律的认识。唯物史观的创立始于对人的关注，在早期，马克思从人的解放和人的本质复归等出发批判当时的社会制度，这种批判着重于人的解放的观念性诉求，因而是抽象的。实践观的确立、对人的本质的科学理解、"现实的人"概念的形成特别是对人与社会关系的把握，使马克思认识到，个人的解放有赖于阶级的解放，个人的发展有赖于社会的进步，认识到人的解放和发展必须通过改变现有的社会关系和社会制度来实现，进而从关注人本身，着力于探讨人的解放及发展的要求、含义和目的等，转向探求人的解放及发展的途径和条件，转向对社会制度的批判和研究。这种转向是马克思的研究逻辑本身使然，是必然的和必须的，它并不意味着马克思放弃了对人的发展的关注或离开了人的发展目标，而只是表明他将人的发展追求置于了现实的合规律性的基础之上。抑或说，它表面上似乎离开了人的发展主题，离开了对人的发展问题本身的理论探讨，实质上是使问题的探讨和解决进一步具体化了。

其三，与马克思主义创始人特别强调其理论的科学意义相关。马克思恩格斯在论及他们所创立的理论特别是唯物史观的意义时，总是特别强调其科学认识的方面。这首先是因为，无论出于研究还是宣传的需要，对于唯物史观独创性的社会历史认识，都需花极大的精力进行反复、周详的阐释和说明，以使人们准确全面地把握其实质，避免引起歧义或误解。此外，就是出于回应论敌非难和攻击的需要。唯物史观因其彻底性和革命性，从诞生之日就受到种种非难，这些非难主要集中于科学认识的方面。为了应对和反驳这些非难，马克思和恩格斯不得不经常在论战中为自己的科学认识辩护，再三从正反两方面论证唯物史观科学认识的开创性和正确性。正如恩格斯所说："我们在反驳我们的论敌时，常常不得不强调被他们否认的主要原则。"①

由于上述原因，人的发展理念在唯物史观创始人那里经历了一个由显在转为潜在的过程。然而，我们不能据此认定马克思放弃了原有的追求，亦难以责怪恩格斯误解了马克思的思想。此种情况的出现，主要应归咎于时代的制约。从本质上看，人的发展的价值取向和人的发展的科学认识，始终如一条基线贯穿于马克思理论尤其是其哲学的发展过程中，只是在不同时期，其显现程度有所不同而已。

人的发展在马克思的研究中并未"退场"，而是以某种潜在的方式一直"在场"，因为就他们而言，对社会历史的认识、对资本主义的批判、对无产阶级解放的追求，正是人的发展要求的展开和体现，是应对时代赋予的任务——为人的发展创造前提性条件。在马克思和恩格斯看来，人的发展与人的解放是一个过程的两个阶段，发展是解放的目的，解放是发展的前提和途径。在理论逻辑上，他们的出发点是人的自由全面发展，在历史进程中，他们一生中大部分时间和精力则放在追求人类的解放之上——致力于探讨社会发展的客观规律和机制，揭示资本主义制度发展和灭亡的趋势，剖析资本家剥削工人的秘密，分析无产阶级和整个人类解放的条件，实际地投入工人阶级的解放运动，以至于恩格斯在评价马克思时，特别强调其革命者的一面，认为："马克思首先是一个革命家。他毕生的真正使命，就是以这种或那种方式参加推翻资本主义社会及其所建立的国家设施的事业，参加现代无产阶级的解放事业。"②

马克思恩格斯做了也只能做那个时代能够做的工作。更何况，他们，特别是马克思，在中晚期亦曾数次谈及人的发展，并多有新的思想闪光，虽然这种涉及是跳跃性的，但却表明人的发展的确是其不变的理念和追求。至于对人的发展本身深入展开的认识和实践，则并非历史赋予他的任务。完成这一任务，应是具备人的发展前提性条件的后人的使命，惟其如此，在当代，对人的发展问题才需要作进一步展开的探讨，对人的发展理论才需要进行系统的理论建构。

----

① 《马克思恩格斯选集》第 4 卷，人民出版社 1995 年版，第 698 页。
② 《马克思恩格斯选集》第 3 卷，人民出版社 1995 年版，第 777 页。

以上原因，加之后人在理解、阐发、运用唯物史观时的误读，马克思的社会历史理论逐渐被注释为一维的社会历史认识理论，其应有的价值取向被淡化甚至湮没了。对以人的发展为核心的价值取向被淡化的原因分析表明，一方面，此种状况事出有因，在一定意义上是可以理解的，甚至是合理的；另一方面，此种状况只是在一定时期中、一定历史条件下具有合理性或可理解性，更为重要的是，并不能因在一定条件下受到淡化而否认人的发展理论在马克思主义理论中应有的重要地位。在制度背景已发生根本性变化、人的生存发展问题日趋突出的当代，创造性地重续马克思人的发展理想，结合实践需要和时代特征给予充分的展开和发挥，不仅是可能的，更是必要的。

近些年来，人的发展问题开始进入我国的哲学研究和社会生活视野，成为学术界关注的热点。人和人的发展问题所以引起前所未有的重视，原因主要在两个方面。

首先是现实和时代的变化。比之于马克思时代，当代社会发生了全方位的、深刻的变化，就人的发展而言，现实和时代的变化主要表现在三个方面。

一是社会制度的变化。在马克思时代，资产阶级实现了人的政治解放而没有实现人的彻底解放，特别是经济领域的解放，由于制度条件的制约，人的发展首先取决于人的解放，其本身还不能进入现实的议事日程。在我国当代，不仅确立了以人的发展为本质特征的社会主义制度，而且通过改革，这一制度及其相应的体制得到进一步完善，人的发展的制度前提已基本具备。

二是社会经济文化条件的改善。在以往，由于生产力欠发达，经济文化发展水平较低，物质产品比较匮乏，人们的主要注意力集中于获取满足生存的基本条件，由于劳动仅仅是谋生的手段且必要劳动时间漫长，人们终日为生存而奔波，没有多少自由时间享受闲暇并按自己的意愿发展个性和爱好展现自己的能力。在这样的情形下，提高生活质量、提升人的素质、推进人的发展等无从谈起，即一些有识之士憧憬、追求人的发展，也理所当然地将其视为未来理想。经过 30 年改革开放和现代化建设，我国经济文化水平上了一个新的台阶，人们的生存环境有了重大改善，从总体上说，推进人的发展的基本的、前提性的物质条件业已具备，人的发展追求开始从理论层面的价值设定转向现实的关注和行动，质言之，整个社会开始摆脱了长期以来获取基本生存条件乃至求生存的困扰，开始具备现实地谈论并逐步实现人的发展的资格。经济文化的发展和人的发展相互促进，正在成为当代社会发展的良性模式。

三是"现代化问题"的凸显。抽象地说，现代化进程与人的发展应是良性互动、相互促进的关系，但在现实中，二者却常常发生矛盾，造成所谓的"现代化问题"。像世界上其他国家一样，我国的现代化进程在推进社会发展特别是科技进步和物质财富增长的同时，也导致了一系列影响人的发展的现实问题，对社会进步和人的发展提出了新的挑战。我国当前的"现代化问题"表现在社会生活的各个领域和方面，如 GDP 至上，贫富差距拉大，以及一些领域道德失范，拜金主义滋长，人文精神失落，生活方式畸形、腐败现象屡禁不止，黄赌毒恶习沉渣泛起，资源环境遭到破坏，等等。这些问题虽然产生的原因及对人和社会发展的影响各不相同，却都直接制约着人的全面发展，也危及着人类的未来。

其次是理论探讨的深化，特别是对马克思主义人的发展思想的重新发掘、梳理和阐释，以及对西方有关人学理论的介绍和借鉴。

改革开放以来，学术界通过重新阐释马克思主义理论特别是马克思哲学，发掘和阐释出丰富的人的发展思想，并在系统梳理的基础上，结合时代特征和实践需要，作出了新的阐发，揭示了马克思人的发展理论的主要思想内涵，阐释了马克思人的发展理论的当代价值和意义。在一系列理论与实践相结合的专题研究的基础上，开始初步构建马克思人的发展理论的当代形态。与此同时，学术界系统地译介了西方有关的人学理论，进一步深化了对现代化背景下人的生存境遇和发展问题的分析，特别是对现代化境遇中人的生存面临的困扰和危机的反思。这种借鉴所以必要，是因为人的问题进入现代哲学的话语中心始于西方。20 世纪以来，在对"现代化问题"反思过程中，一些西方哲学家因深感现代性对人性的挤压，对工具理性、技术统治、文化专制以及现代性的其他负面影响进行了系统的批判，提出了现代人的生存境遇问题，拓展和加深了对人生存状态的体认，揭示了人的现代存在之困境及其因由。虽然此类思考因回避制度性因素而较少正面提及人的发展，但却从问题而非目标的角度显现了现时代人的发展之必要。

制度背景的置换、社会经济文化水平的提高和"现代化问题"的彰显，为人的发展提供了现实条件，也使关注人自身的发展成为必要。当前"以人为本"的科学发展观的确立，正是对上述变化的积极回应。着眼于社会转型及人生存境遇和条件的变化，人的发展理应成为社会发展的核心理念和目标，成为衡量社会运行、制度安排、行为规范以及人的实践的现实尺度。

在当代，人的问题表现在许多方面，但总起看来，似应以"人的发展"加以统摄并表述，相应地，对人的研究也集中体现于人的发展理论中。如果说在以往，人的发展未能成为社会关注的重点，是因为这一问题在其现实性上表现为人的解放以及制度变革等诉求，或者说还只是论证社会制度变革的终极目标或"潜台词"，那么，在制度等前提性问题正趋于解决的当代，该问题便理所当然地成为人们关注的热点或焦点。推进人的发展已成为人们的共识，问题只在于切合实践特点和时代特征，确定人的发展的本质要求、总体目标、主要内容和基本途径。解读当代人的发展问题，既要结合时代语境和实践特征，又要以问题为导向，在价值取向与科学认识统一、认识维度与价值维度视界融合的基础上，建构当代马克思主义人的发展理论，在理想与现实、理论与实践的结合上引领人的发展。

建构人的发展理论，要有问题意识，直面社会生活中各种现实问题，也要有理论意识，注重对现实问题的理论分析和对人的发展基本理论的探讨。两个方面的探讨相辅相成，构成人的发展理论的整体，而无论是对问题的研究还是对理论的探讨，皆有赖于历史观的支撑，要求将人的发展问题提升至历史观的层面来理解，在哲学历史观的框架内建构人的发展理论。对人的发展现实问题的研究，要针对性地分析具体问题，又要进行哲学层面的理论的剖析。近些年来人的发展问题研究已涉及诸多方面，既涉及对现实问题的分析，也涉及对基本理论的思考。两个层面的探讨既有联系又有区别，反映了人的发展问题及其理论的层次性。

在以往，制约和束缚人的主要因素，在人与人方面，是私有制的社会制度并社会关系；在人与自然的方面，是生产力发展不足，人们创造财富的能力不能满足其生存发展的需要。这两方面原因决定了长期以来所强调的是通过社会制度和关系的变革解放和发展生产力，满足人的生活需要并为社会由低级向高级发展提供物质基础。同时，由于尚处于工业化开端时期，人与自然关系的紧张程度较低，资源环境危机尚未构成人的发展的主要障碍，因而在马克思那里以及在相当长的时期内，对人的解放和发展的理解总体上是社会关系意义上的，人与自然和谐的问题虽有提及，却并不是关注的重点。

在资源环境危机直接制约人的发展并可持续发展成为时代主题的当代，推进人的发展不仅要求社会关系的合理化，而且有赖于人与自然关系的合理化，有赖于自然的持续发展。并且，人与自然的关系与人与人的关系之间相互关联：人与自然关系的和谐有赖于人与人关系的和谐，而人与自然的协调发展又将促进人与人关系的合理化。诚如《1844年经济学哲学手稿》中所指出的，社会进步（从而人的发展）的目标应是"人和自然界之间、人和人之间的矛盾的真正解决"①。

---

① 马克思：《1844年经济学哲学手稿》，人民出版社2000年版，第81页。

第三章　主客体二分辨析

可持续发展哲学反思的一个重要议题，是对"主客体二分"的质疑。一些生态主义者在论及可持续发展问题时，断定主客体二分是资源环境危机的根本原因，认为正是由于主体和客体的区分，人以主体自居，视自然界为被动的客体并将其设定为对立面，才会对之进行随心所欲的改造和征服，导致资源环境危机，因而缓解危机的前提，是取消主客体二分，使人完全地融入自然。这一看法具有启示性，但其立论基础及主要结论却有待于深入的辨析。合理地解读主客体二分问题，是从哲学层面正确认识人与自然关系、正确理解可持续发展的前提。

一、主客体二分历史考察

质疑主客体二分的理由之一，是认为主客体二分是近代哲学的产物，仅仅同人类活动的一定历史阶段相联系。一些论者正是从这种观点出发，得出了三个相互关联的判断：其一，主客体二分是一种偶然的现象，甚至是对人与自然关系定位中的一种失误；其二，主客体二分在一定条件下是可以超越也应该扬弃的；其三，只有超越主客体二分和对立，才能真正实现人与自然的平等，达致人与自然的和谐。

主客体二分是必然的还是偶然的？人的主体性自觉和主体地位确立是否合理？这是回应上述三个问题时必须予以澄清的关键性问题。主客体二分的实质是人的主体地位确立。历史地看，主客体的分野以及人的主体性形成和主体地位确立，并非从来就如此，也不是哪一个人的发明，更不是人类对自身地位、对其与自然关系的错觉或误判。从发生和发展的客观根据看，主客体二分是人生存发展的内在要求，是人的能力进化及其与外部世界互动的必然结果，也是人的发展的内在动因。从发生和发展的表现方式看，主客体分化的历程体现为人类主体意识和能力的形成和发展，是人自我意识、自我觉醒的过程。

主客体二分是基于人生存发展的需要，是由人的生存方式所决定的。

人与其他动物共存于一个世界，都要同自然界进行物质和能量交换才能生存，但是二者的交换方式及生存方式则截然不同：动物的生存方式是顺应自然界的状况和变化而改变自身，因而本质上是被动的、适应性的；人的生存方式则是在适应自然状况的前提下，还根据自己的需要以实践的方式改变自然，使自然适应于人，因而本质上是主动的。生存方式的特点，决定了人对待自然的态度根本不同于动物，这就是：人是自然的产物，却不会满足于自然的现状，与之相关，人的生存方式具有超越现实性，永远要追求更高层次的生活，追求自身和周围外部世界不断地发展。也就是说，人是设定并追求理想的动物，是在观念和实践上创造理想世界的动物。改变世界的需要和欲望，是人的主体性形成最为深刻的基础。

主客体二分是人改造世界及其能力进化的必然结果。从发生学的角度看，主体地位的确立从而主客体二分，是人类长期实践的结果，是人改造自然能力提升的确证，是人的主体意识自觉的表征。马克思在论及人与环境的关系时深刻地指出："环境的改变和人的活动的一致，只能被合理地理解为变革的实践。"[①] 依据这一理解，实践具有对外和对内的双向效应，在改变外部世界、改变人与世界关系的同时，也改变着人

---

① 《马克思恩格斯选集》第 1 卷，人民出版社 1995 年版，第 59 页。

自身。主客体二分的外在表征是人所引起的外部世界的改变，内在表征则是人自身主体性的确立：一方面，客体的变化映射着主体的变化，正如马克思所言："工业的历史和工业的已经生成的对象性的存在，是一本打开了的关于人的本质力量的书。"① 我们从对象的变化可以反观人的本质，读出人的知、情、意，他的认识和实践能力，他的感受和追求，他的审美和情趣。另一方面，人的主体性演进集中体现着他所引起的对象的变化，这就意味着，从主体的演进过程，也可以透视主客体关系的变化。逻辑是历史的浓缩。为了叙述方便，下文重在回溯人的主体性生成发展的实然过程，通过以历史为观照的逻辑的回溯，映射并展现出主客体分化的机制及其基本的演进轨迹。

从逻辑和历史相统一的视角看，人类主体性的确立集中表现为互为因果又相互促进的两个方面，一是人认识和改造世界能力的增强，二是人对自己的价值自觉与肯定。

主体性的确立集中表现为人认识和改造世界能力的增强。

从认识发展角度看，即从人在观念上对外部世界把握的深入和拓展角度看，人类历史是人改造自身与改造外部世界并行的过程，也是人的认识和实践能力不断进化的过程。"人的思维的最本质的和最切近的基础，正是人所引起的自然界的变化，而不仅仅是自然界本身；人在怎样的程度上学会改变自然界，人的智力就在怎样的程度上发展起来。"② 人改造外部世界活动的深入，不仅表现在活动对象的改变，也表现在手段（如工具）的更新。从"几个石头磨过"的石器时代到青铜器时代，从铁器时代到蒸汽机时代，从电气化时代到当今的信息化时代，人类不仅创造了越来越多的物质和精神财富，其改造世界的手段和能力也不断得到新的提升。近代以来特别是从 19 世纪到当代，人类的活动带来了自然界翻天覆地的变化，创造了以往任何时代闻所未闻甚至难以想象的巨大成就乃至人间奇迹，极大地改变了周围世界的面貌，改变了人类的生活方式，改善了人们的生活质量，也改变了自身，改变了人的主观世界，提升了他们的能力，增强了他们的主体性。

---

① 马克思：《1844 年经济学哲学手稿》，人民出版社 2000 年版，第 88 页。
② 《马克思恩格斯选集》第 4 卷，人民出版社 1995 年版，第 329 页。

实践是人变革外部对象的过程，也是人的主体性形成的过程。不仅人的思维能力随着实践活动的深入而发展，人的整个意识系统，人的主体性的确立和扩张，也是在实践中、在人与自然互动的过程中实现的。

人的能力可区分为体力和智力，比较而言，体力取决于生理结构，主要是自然长期进化的结果，是相对稳定的，智力则具有极大的变动性和发展空间。无论人的认识能力还是人的行为（操作）能力的提升，如技能的改进等，都渗透了高层次的智力因素。总体上说，人的能力的变化发展集中表现为智力的进化，而智力的进化则是长期实践中主客体互动的结果。皮亚杰在《发生认识论原理》中指出，认识起源于主体和客体的相互作用。人脑对于外界事物的刺激具有同化和顺应两种功能，同化就是将对象纳入原有的意识结构加以整合，使对象与主体意识相符合；顺应即主体意识结构与客体相适应，即当主体不能有效地同化对象时，便作出自我调节，改变自身以适应对象。顺应使人的主体意识系统（思维结构）不断充实和完善，并在一定条件下发生变化或转换，从而思维能力得到提升。

现代认识论研究表明，人的思维本质上是实践性思维。一方面，实践是主体与客体相互作用最直接的形式，起着向人脑传递客体信息的中介、桥梁作用；另一方面，实践本身又是人脑的外在性思维活动，即直观动作思维。任何实践活动总是在相关思维结构支配下进行的，当主体作用于客体时，就可能有两种情形：一是该客体曾纳入过以往的实践——认识过程，因而主体之思维结构能较好地适应客体。二是该客体未曾纳入或未曾顺利纳入主体的实践——认识过程，因而主体的思维结构不能适应客体。在此情形下，为达到实践之目的，主体就必须顺应对象而不断作出自我调整。这种自我调整反复进行，其结果既是知识的增长也是原有思维结构的改变，即认识能力由低级向高级发展。

主体意识的确立经历了一个由自发到自觉、由朦胧到清晰的历史过程。广义的人的主体性，是人在从物种的意义上到从自然界中提升出来的过程中萌发的。恩格斯在《劳动在从猿到人的转变中的作用》一文中，阐述了劳动在促进手脚分工、思维发展以及语言的产生过程中的决定性作用，得出了"劳动创造了人本身"的结论。劳动创造了人，也确立了人的主体性，因为正是在劳动中出现了手脚分工、产生最初的语言和思维。可以说，劳动是人的主体性形成的条件，是人与自然主客体二分的过程，也是主客体二分最集中的表现。手脚分工使人学会运用工具，从而延长了人的肢体器官，扩大了人肢体活动的范围，增强了人的活动能力，放大了人的活动的效应。思维能力的形成，首先意味着人有了自我意识，将自己与其他自然物相区别，同时提升了人的理解力，使人对外部事物不仅能知其然，而且可以知其所以然，从根本上提高了人应对环境和变革自然物的能力，也正因为如此，人们往往将思维作为人的主体能动性的根据，甚至作为人之为人的根据；至于语言的产生，提供了表达思想最为有效且不可或缺的工具，使人能自觉地运用抽象的符号更便捷、更深刻地表达思想，加速了个体意识社会化和社会意识个体化的进程，有效地拓展了思想和行为交流的空间与深度，扩大了人们之间的交往范围，加深了人们之间的交往程度，从根本上促进了人的社会化过程，使人类的经验和文化乃至整个文明的代际传承成为可能。海德格尔曾有"语言是存在的家"之说，虽不无夸张，却也深刻地点明了语言对于人生存的重要意义。

人认识和改造世界能力的增强源于其生存方式的超越现实性。

人的生存方式之根本特性，在于具有内在的能动性和超越性，亦即主体性。"劳动创造了人本身"除了上述意义之外，还意味着它彻底改变了人的生存方式——从被动地适应自然逐渐转变为主动地利用和改造自然；从局限于本能的需要发展为不断超越现状并产生新的需要；从仅仅按自己的尺度进行生产演进为能够按任何一种尺度生产。从这个意义上说，劳动创造了人，也塑造了人的主体性。

人生存方式的超越现实性不是一蹴而就形成的，而是人类在长期应对自然的实践与认识中不断深化的结果。从崇拜自然到主体性意识萌芽再到主体性的自觉，经历了一个漫长的过程。

在从猿转变到人的一个相当长的时期内，由于应对自然能力极其低下，人类完全被动地受到自然力的控制，几乎谈不上有什么主体意识，正相反，在这一时期，人们盲目地崇拜自然物和自然力，匍匐在自然的脚下。原因很简单，远古时期，人们经常受到各种自然灾害的侵害，为盲目的自然力所摆布，自然力对人而言显得既神秘又强大，人们既不了解自然界事物及其变化的真实原因，又缺乏应对自然变化的能力，从而形成了"万物有灵"观念和自然崇拜倾向，神灵观念广为流行，迷信和神话充斥人间。"万物有灵"和自然崇拜观念是远古时期人的主体性缺乏最集中的表现。由于受到自然力量的控制以及认识水平低下，人们只能由己及物，赋予自然万物以"灵魂"这一本来仅为人所具有的禀赋和能力，认为世间万物皆有灵魂，每一自然事件的出现都是有目的、有意识的，如打雷是雷神的作用、刮风为风神的作用等等，将自己或本部落的盛衰兴亡、祸福得失统统归结为某种或某些自然物有意识的行为；由于无力控制和制约自然力量，在此基础上出现了形形色色的自然崇拜，每一原始人群如氏族、部落等都有特定的图腾。

意识论研究表明，万物有灵论是一种幻想形式的理解。一方面是对无理解性的原始意识的超越，另一方面又具有幻想的特征。这种意识之所以是幻想的，是由于当时的人们尚无能力确认某些事物或事件的真正原因，因而只能在想象中杜撰出"原因"来，所以这还是一种粗陋的认识。然而，幻想形式的理解终究已经进入了一种新的认识阶段，标志着人的认识开始出现了"理解"的因素，即人对对象或自然物不仅欲知其然，而且想知其所以然，这意味着人第一次以自己的眼光和尺度（人的整个意识特征）来看待他物（世界）。从认识论的意义上说，幻想形式的理解，超越了"物我不分"的动物状态，初步区分了"我"和他物，开启了"物我两分"之门，这是人自我意识的关键性进化，是人的主体性确立过程中的一次历史性的进步。

自我意识的出现以及将外物置于对象地位，是人的主体性确立的根本表征。然而，主体性的形成并非一蹴而就、一劳永逸，主体性从萌芽到自觉又经历了一个长期的进化历程。"意识起初只是对直接的可感知的环境的一种意识，是对处于开始意识到自身的个人之外的其他人和其他物的狭隘联系的一种意识。同时，它也是对自然界的一种意识，自然界起初是作为一种完全异己的、有无限威力的和不可制服的力量与人们对立的，人们同自然界的关系完全像动物同自然界的关系一样，人们就像其他动物一样慑服于自然界，因而这是对自然界的一种纯粹动物式的意识（自然宗教）；但是，另一方面，意识到必须和周围的人来往，也就是开始意识到人总是生活在社会中的。这个开始，同这一阶段的社会生活本身一样，带有动物的性质；这是纯粹的畜群意识，这里，人和绵羊不同的地方只是在于，他的意识代替了他的本能，或者说他的本能是意识到了的本能。"①

当然，幻想形式的理解毕竟只是理解之初步，人的认识不能永远停留于此。随着需要和生产特别是分工的进一步发展，提出了正确认识自然的要求，也提供了相应的条件，这时，从自然自身而不是从想象和杜撰出发理解自然就逐渐成为认识的主流，进而产生了最早的自然科学和自然哲学。由于早期生存的需要引导并由于生存环境的险恶，人类自确立物我两分的主体意识后，首先注意到的是外部自然事物，只是在认识发展到一定阶段时，才开始了对自身的观照和肯定，这种由仅仅关注自然到同时也关注人自身的转换及其过程，此后曾以浓缩的方式体现在早期哲学研究主题的演变过程中。

哲学的第一个对象是自然。在古代一个相当长的时期内，哲学和科学是合二而一的，中西方哲学概莫能外。中国先秦时就有"五行"说，认为，金、木、水、火、土"五行"为万物本原，"以土与金木水火，杂以成百物"。与东方（特别是中国）相比，西方哲学更重视对外物的探求。在早期希腊，哲学家多致力于对自然的思考和研究。"在希腊人看来，哲学和科学是一个东西。"② "在近代历史以前，很少有什么不同于哲学家传统，又不同于工匠传统的科学传统可言。"③ 在西方，古希腊第一位哲学家泰勒斯就具有天文知识和数学知识，他曾指出小熊星是航海的指针，并利用几何学测量海上船只的距离。他还对尼罗河季节性的泛滥作出预测。此后，阿拉克西美尼第一次指出月亮自己并不发光，被马克思称为"宇宙统计学家"的毕达哥拉斯发现了"毕达哥拉斯定理"，德谟克利特提出了原子论，被誉为"百科全书式的人物"的亚里士多德则在《物理学》一书中，广泛探讨了涉及整个自然科学领域的物理、化学、天文、生物、地质等方面的问题。赫拉克利特"倾听自然的声音"一语，正是早期哲学特征和使命的生动写照。

正如恩格斯所言，由于能力所限（主要是依赖于经验和直觉），古

---

① 《马克思恩格斯选集》第 1 卷，人民出版社 1995 年版，第 81—82 页。
② 丹皮尔：《科学史》，商务印书馆 1957 年版，第 1 页。
③ 梅森：《自然科学史》，上海译文出版社 1980 年版，第 1 页。

代人对外部世界的认识具有总体上的正确性，把握了世界联系和发展的一般性质和总的画面，但却未能认识其具体细节，因而认识还停留于表面。近代以来，由于生产和生活的需要，由于科学摆脱了神学的束缚，出现了真正的自然科学，科学逐渐建立自己独立的实验基础，开始具体而深入地认识世界特别是自然的性质和规律。此后，科学走上了独立的、迅速发展的路程。17世纪末18世纪初，自然科学实现了由"搜集材料的科学"向"整理材料的科学"的转变，19世纪末20世纪初，又开始了由主要是"经验的自然科学"向"理论的自然科学"的嬗变。人类认识世界的能力在科学发展的进程中获得了极大的提升。其结果是，一方面，创造了以往人类闻所未闻的巨大成就，引起了世界翻天覆地的变化；另一方面，人们的主体性和主体意识相应地得到了极大的增强。康德的"人的理性为自然立法"以及爱因斯坦的"科学是概念的自由创造"等说法，就是这一态势的深刻反映和形象而生动的表达。

人的主体性确立还表现为人对自己价值的认识和肯定。

在古代西方哲学中，古希腊哲学家苏格拉底开始了哲学的人学转向，从关注自然转向关注人自身，开启了人对自身的认识过程。他以德尔斐神庙的箴言"认识你自己"作为哲学的宗旨，一反前人注重自然知识的传统，主张"美德即知识"，认识的中心任务是"照顾自己的心灵"，认为只有以正确的心灵指导，人才能具有勇敢、节制等优良品德。客观地说，苏格拉底的人学转向虽然将认识的对象指向人，但并未充分体现人的主体意识，因为"认识你自己"的要旨，是认识自己的无知，但同时又应肯定的是，这一转向毕竟开始使哲学家们的眼光从自然转移到了人自身。此后，伊壁鸠鲁为代表的幸福论主张人生应当快乐和幸福，认为"每种快乐都是善"，追求快乐和幸福是人生的最高目的。斯多葛主义为代表的禁欲主义则反对追求幸福，认为命运决定一切。欧洲中世纪，基督教独占统治地位。它认为，上帝是万物的创造者，人性是神性的分有；人类始有原罪，必须受苦受难以赎罪，因此，人越是否定自己，就越是皈依上帝，人只有否定现实生活，做上帝的仆人，才能获得来世的永恒幸福。

西方思想史上人的重新发现和主体性的重新觉醒，始于文艺复兴时期的人文主义。人文主义者反对封建禁欲主义，要求将人们的注意力从神转向人，从天堂转向尘世。文艺复兴就其表层含义看，是指不同于神学研究的对世俗文化的研究，但深层含义，则反映了一种基本的精神：追求人的现世生活的幸福，尊重人的价值和个性，提倡与神道相对立的人道精神。作为"人文主义之父"的佩德拉克认为，"不认识自己绝不能认识上帝"。薄伽丘一针见血地指出：人的全部生活的目的就是幸福，幸福是发乎人性的崇高欲望！蒙田认为，享乐是人生的最高目的。达·芬奇、米开朗琪罗等的绘画，也反映出对人的赞扬，闪烁着人性的光辉。

此后至18世纪，在人文主义的基础上逐渐形成了人道主义精神。人道主义尊重人性、倡导博爱，具体表现为生存、平等、自由、财产等人权诉求。他们认为：生存权是人的首要权利，它来源于人的自我保存本性。自我保存是自然律的第一条，"谁都不能把多于自己所有的权利给予他人，凡是不能剥夺自己生命的人，就不能把支配自己生命的权利给予别人。"① "人性的首要法则，是要维护自身的生存，人性的首要关怀，是对其自身所应有的关怀。"② 他们强调人类天生都是自由和独立的，自由是人类主要的天然禀赋，是人一切能力中最高的能力。"一个人抛弃了自由，便贬低了自己的存在，抛弃了生命，便完全消灭了自己的存在。"③ 他们主张每个人都生而平等，权利平等是出自人的天性。认为一切享有各种天然能力的人都是平等的，"一个人绝不可能役使另一个人。"④

在人道主义从政治法律的层面对人作出肯定的基础上，康德对人作出了哲学上的肯定，提出了"人是目的"原则（这一点将在第六章详述），在历史观和认识论领域真正确立了人的主体性。

近代科学技术的发展和人道主义、人是目的等原则的确定，标志着人的主体性上升到了一个新的层面，是人的能力和自我意识具有历史意义的进步，但是，这并未使人对自然的态度达到趾高气扬、无所顾忌、

---

① 洛克：《政府论》（下篇），商务印书馆1964年版，第17页。
② 卢梭：《社会契约论》，商务印书馆1980年版，第9页。
③ 卢梭：《论人类不平等的起源和基础》，商务印书馆1962年版，第137页。
④ 北京大学哲学系外国哲学史教研室：《18世纪法国哲学》，商务印书馆1963年版，第89页。

随心所欲的境地。相反，即使到了科技和工业大发展的近代，人对外部世界包括自然和社会，总体上仍持一种敬畏或依赖的态度，以至于近代的许多思想家，并未特别强调人的主体能动性，反而更强调自然对人的制约性。旧唯物主义正是秉持这样的立场。正如恩格斯所说："自然主义的历史观，……是片面的，它认为只是自然界作用于人，只是自然条件到处决定人的历史发展，它忘记了人也反作用于自然界，改变自然界，为自己创造新的生存条件。"① 至少在近代的开端时期，上述"自然主义历史观"的看法并非仅为自然科学家或旧唯物主义者持有，而是当时社会的普遍认识，即使是以倡导人是目的、人的主体性和意志自由著称的康德，也不例外。

康德在对人与社会历史的理解中，不仅确立了人作为最终目的的地位，肯定并倡导人的自由意志及其作用，同时还明确肯定历史运行的必然性。在康德之前或同时代，虽然一些先觉者曾指出历史存在着某种必然性（规律），但他们总是在某种神秘的东西中去寻找，例如维科就认为历史规律是"天意"使然。康德深受牛顿自然法则观念影响，坚信社会历史同自然史一样，遵循着某种客观的法则，他称之为"大自然隐蔽的计划"。他认为："无论人们根据形而上学的观点，对于意志自由可以形成怎么样的一种概念，然而它那表现，即人类的行为，却正如任何别的自然事件一样，总是为普遍的自然规律所决定的。……他们有一种合乎规律的进程。"② "人类的历史大体上可以看做是大自然的一项隐蔽计划的实现，为的是要奠定一种对内的并且为此目的同时也就是对外的完美的国家宪法，作为大自然得以在人类的身上充分发展其全部禀赋的唯一状态。"③ 这里值得注意的是，在康德的理解中，在"自然"（在康德那里即宇宙）这一宏观层面，主体性相对于自然法则来说还是第二位的，服从于自然法则和"大自然的隐蔽计划"，虽然二者属于不同的论域。

从目的论以及其认识论来看，康德哲学无疑是"主客体二分"的

---

① 《马克思恩格斯选集》第4卷，人民出版社1995年版，第329页。
② 康德：《历史理性批判文集》，商务印书馆1990年版，第1页。
③ 康德：《历史理性批判文集》，商务印书馆1990年版，第15页。

代表。但有趣的是，在康德那里，肯定人的主体性和主客体二分，与承认外部世界对人的制约却是可以兼容和并存的：同一个康德，在肯定"人的理性为自然立法"的同时，也可以敬畏"头上的星空"。这一个案分析表明，肯定主体性并不必然意味着否定自然的意义和价值，更不必然意味着轻视甚至蔑视自然。

上述历史考察表明，主客体分化虽然经历了一个漫长的过程，但却是人的实践从而认识过程的必然结果而非事出偶然；主客体二分并非近代工业社会的产物，更不是人对自身与自然关系误判所致。下面将要进一步指出：主客体二分虽然可能引发实践的反主体效应，但却并非必然导致人与自然的对立，或者更进一步说，主客体二分既不可能超越也不应当超越；反之，实现人与自然的和谐，只能以承认人的主体性或以主客体二分为前提。取消主客体二分，放弃对外部世界（包括自然界）的改造，也就放弃了人的生存和发展方式，当然也就取消了人之为人的资格。

二、主客体二分缺陷剖析

主客体二分是人的生存方式使然，是人类能力和意识发展的必然结果，亦为人类生存发展所必需，当然具有历史的必然性及现实合理性。但毋庸讳言的是，主客体二分特别是主体性的过度张扬也会造成一些负面效应，即通常所说的实践的反主体效应。由于近代以来人的能力迅速增长以及人们的认识和价值观未能相应地跟上其能力的发展，主客体二分特别是主体性的张扬也带来了一些问题，人对自然的过度开发、利用或随心所欲的"改造"，就是突出的一例。因此，对主客体二分缺陷的分析，对实践反主体效应的重视和强调，在可持续发展研究中无疑是十分必要的。

所谓实践的反主体效应，是指人类的实践在一定条件下会违背其初衷，适得其反地制约或有碍于自己的生存和发展。早在古代，一些先觉者就意识到人的能力增强（技术和生产发展）的负面效应。中国先秦时期，老子就指出了人的智慧和能力的提升必然导致道德的丧失。他认为：民多利器，国家滋昏；人多伎巧，奇物滋起；智慧出，有大伪。视生产的发展和认识水平的提高为万恶之源。为此，他提出了"小国寡民"的社会理想，竭力主张人们退回到"结绳记事"的原始状态中去。无独有偶，在 18 世纪的法国，启蒙思想家卢梭也敏感地察觉到科技和艺术发展对人及社会的负面效应。他断言，"随着科学与艺术的光芒在我们的地平线上升起，德行也就消逝了"①，"科学与艺术都是从我们的罪恶诞生的"②，"奢侈很少是不伴随着科学与艺术的，而科学与艺术则永远不会不伴随着奢侈"③。并认为："使人文明起来，而使人类没落下去的东西，在诗人看来是金和银，而在哲学家看来是铁和谷物。"④ 卢梭所谓的"人文明起来"，即科技发展改善了人们的物质生活，而所谓的"人类没落下去"，则是指人们精神的堕落、道德的沦丧和社会风俗的恶化。虽然卢梭夸大了科技和艺术进步的负面效应，将科技和艺术与精神、道德等因素截然对立了起来，但值得注意的是，他在资本主义生产方式刚刚确立、近代工业生产和生活方式初露端倪之时，已洞察到科技和经济发展的负面性，或曰在一定程度上敏锐察觉到实践的反主体效应，实属难能可贵。

当然，老子或卢梭所提及的实践的反主体效应，主要是就人们的精神生活尤其是道德生活而言的，至于对实践在自然环境方面负面影响的认识，恩格斯则无疑是先觉者。前文已经提到，早在 19 世纪，恩格斯在《自然辩证法》中曾深刻地揭示和分析了实践反主体性在人与自然关系上的表现，并列举了自然对人的报复的大量事例给人们提出了警示。然而遗憾的是，这一预见和警示在相当长的时期内并未真正引起应有的重视，人们依然一如既往、无所顾忌地征服和改造自然。追究起来，显然事出有因。原因主要在于，其一，实践的反主体效应是随着人们改造世界能力的增长而逐渐显露的，对它的认识和切身体验有一个过程。其二，在改造自然的过程中，实践正面效应的受惠者往往只是一部分人，其反主体效应则要由更多的人来承受，由于利益的驱使，因而受惠者总是对实践的负面影响视而不见、忽略不计甚至刻意加以掩饰。

实践的反主体效应突出地体现为科技和生产发展加深了人对技术的

---

① 卢梭：《论科学与艺术》，商务印书馆 1963 年版，第 11 页。
② 卢梭：《论科学与艺术》，商务印书馆 1963 年版，第 21 页。
③ 卢梭：《论科学与艺术》，商务印书馆 1963 年版，第 23 页。
④ 卢梭：《论人类不平等的起源和基础》，商务印书馆 1962 年版，第 121 页。

依赖，使人陷入了自我膨胀和自我迷失的悖论之中。科技和生产发展提高了人改造自然的能力，改变了人在自然界的地位，为人类创造了以往难以想象的巨大财富和优越生活条件，同时也放大了实践的反主体效应。近代以来，人类的实践活动改变了世界的面貌，更改变了他们对自身及其与外部世界关系的看法，特别是增强了他们的自信。这无疑具有积极的意义，但与此同时，也使人类因盲目自信而产生了新的迷茫，特别是使人产生了某种错觉或者矛盾的心理：他们在技术、机器面前失落了自我，却又在自然面前变成了无所不能的神。

现代科技极大地提升了人改造自然的能力，引起了人们对技术的崇拜，使其在机器和技术面前丧失了自我，又在自然面前无限膨胀，对自己改变自然能力和行为盲目乐观。正如弗洛姆所指出的："自进入工业时代以来，几代人一直把他们的信念和希望建立在无止境的进步这一伟大允诺的基石之上。他们期望在不久的将来能够征服自然界、让物质财富涌流、获得尽可能多的幸福和无拘无束的个人自由。人通过自身的积极活动来统治自然界从而也开始了人类文明。但是，在工业时代到来以前，这种统治一直是有限的。人用机械能和核能取代了人力和兽力，又用计算机代替了人脑，工业上的进步使我们更为坚信，生产的发展是无止境的，消费是无止境的，技术可以使我们无所不能，科学可以使我们无所不知。于是，我们都成了神，成了能够创造第二个世界的人。"①人"成了神"或自视为神，似乎自己无所不知也无所不能，可以按照自己的意愿随心所欲地安排自然，改造世界。这种心理无疑会激发人的优越感和征服欲，使其丧失对自己行为后果的反思和批判意识，从而随心所欲甚至肆无忌惮地对待自然。

实践的负面效应还突出表现为人类活动对自然物的性质和自然界的运行造成了不可逆转的影响。人类活动对自然的影响经历了一个由弱到强的过程。《寂静的春天》的作者蕾切尔·卡逊曾写道："地球上生命的历史一直是生物及其周围环境相互作用的历史。……就地球时间的整个阶段而言，生命改造环境的反作用实际上一直是相对微小的。仅仅在出现了生命新种——人类之后，生命才具有了改造其周围大自然的异常

---

① 弗洛姆：《占有还是生存》，三联书店1989年版，第3页。

能力。在过去四分之一世纪里，这种力量不仅在数量上增长到产生骚扰的程度，而且发生了质的变化。在人对环境的所有袭击中最令人震惊的是空气、土地、河流以及大海受到了危险的甚至致命物质的污染。"①这一论述宏观地表达了自然史和自然科学史的研究结论：在很长时间里，包括人类出现后几百万年的时间中，地球上的生命曾与所处的自然环境和谐相处。生态失衡只是人类需要和能力发展到一定阶段的结果。

虽然主客体二分并不必然导致人与自然对立，但人与自然的对立又的确与主客体的对立、与人类主体性的过度张扬有关。总起看来，主客体二分只是在一定条件下才会造成对人与自然关系的错误理解，导致人与自然的对立进而对自然的破坏，具体分析，这"一定条件"既包括客观条件也包括主观因素。

客观因素当然是社会的大背景。主客体二分对资源环境的负面影响有着深刻的社会原因。这里的社会原因，主要是指近代以来的机械化生产方式和科技的运用，以及以占有和享乐为追求的生活方式。人类实践对自然的负面效应是在一定阶段才凸显的。在以往的农耕时代，人对自然的改造基本上属于顺应性的，人们依从自然自身的性质和规律，男耕女织，春种秋收，驯养动物，架屋造田，日出而作，日落而息。虽然在一定程度上改变了自然和环境，但由于对不可再生物的利用极其有限以及在对生态环境的改变总体上没有达到不可逆转的程度，未超越其能够自我修复的范围，因而既未引发生态危机，也未出现资源短缺问题。

资源环境的危机是与近代以来人改变自然能力的增长密切相关的。科学技术的发展，机器的制造和使用，不仅极大地增强了人改造自然的能力，也迅速放大了人的活动的负面效应，当这种效应达到并超出了一个"度"——自然的自我修复能力时，便导致了对自然环境的威胁，造成了自然不可持续发展的态势。"最近几十年来科技革命得到了发展，它不仅给人类带来了生产力的空前进步，而且使得问题（特别是生态问题）空前尖锐。这迫使人们去认真思考自然资源枯竭的极限问题，以及恢复自然过程以对抗人类活动的自然后果的可能性问题。"②

---

① 蕾切尔·卡逊：《寂静的春天》，吉林人民出版社 1997 年版，第 4 页。
② 弗罗洛夫：《人的前景》，中国社会科学出版社 1989 年版，第 151 页。

在自然经济时代乃至工业革命的前期，人对自然干预的前提是顺应自然。无论大禹治水还是李冰父子修筑都江堰工程，无论古埃及金字塔的修建还是罗马水稻和哥特式教堂的建造，无论河川的通航还是新大陆的开垦，虽然规模宏大、令人叹为观止，却并为根本上改变自然本身的性质，总体上看，皆属于顺应自然前提下对自然的改变。近代科技发展显著加深了对自然介入的程度，不仅改变了人干预自然的方式，也改变了自然本身的性质和运行机理，给自然界带来了预想不到的影响。霍克海默和阿多诺曾尖锐地指出："自然界的衰退就在于自然界的受支配。"①这一说法或许比较极端并不无片面性，但却发人深省。在科技高度发达的当代，深度介入自然的结果——无论是正面的还是负面的结果——往往具有不可逆转性。其效应到底是利大于弊还是弊大于利一时尚难以判定，有些效应一开始或许是正面的，但却潜藏着更大的负面性，有的效应利弊共存，利弊的对比取决于人们对科技的运用。尤其值得担忧的是，科学技术发展带来的某些负面效应犹如打开了的潘多拉的盒子，一旦释放便会后患无穷。

主观原因包括认识上的局限和价值取向的失当。价值取向问题后面将会详述，这里先谈谈认识问题。恩格斯曾精辟地指出："人离开狭义的动物越远，就越是有意识地自己创造自己的历史，未能预见的作用、未能控制的力量对这一历史的影响就越小，历史的结果和预定的目的就越加符合。但是，如果用这个尺度来衡量人类的历史，甚至衡量现代最发达的民族的历史，我们就会发现：在这里，预定的目的和达到的结果之间还总是存在着极大的出入。未能预见的作用占据优势，未能控制的力量比有计划运用的力量强大得多。"② 这段话虽然是就人们的社会活动说的，但同样适应于人改造自然的活动。这一论述表明，即使经过精心思考、精密策划，人对自然的改造仍然可能带来始料未及的、事与愿违的负面影响。更为可忧的是，这种负面影响的程度往往与人们的能力成正比，人们改造自然的成就越显著，他们可能给自然带来的负面影响就越深刻。诚如卡逊所言："我们冒着极大的危险竭力把大自然改造得

---

① 霍克海默、阿多诺：《启蒙的辩证法》，重庆出版社1989年版，第35页。
② 《马克思恩格斯选集》第4卷，人民出版社1995年版，第274页。

适合我们的心意，但却未能达到目的，这确实是一个令人痛心的讽刺。"① "令人痛心的"一语至为恰当，因为效果适得其反，因为受到危害的既是自然更是人，因为痛心的只能是有意识、有情感、有怜悯心的人类——即使有所谓大自然或某种动物"在流泪"一类的说法，实质上也只是拟人化的表述而已。

平心而论，人并非天生就是地球的破坏者，就整个人类而言，他们改造自然的本意是出于善意，是为了更好地生存和发展，诚如亚里士多德所说："所有人类的每一种作为，在他们自己看来，其本意总是在求取某一善果。"② 从主观动机上说，人们殚精竭虑、艰苦卓绝地探索世界、改造自然，目的当然是使自然朝着有利于人的方向变化，变得更加适于人的生存和发展。从客观效果上看，人的活动所引起的大自然的变化，总体上来说符合上述目标，是有利于人生存发展的。然而，在许多情况下，结果与动机又往往会背道而驰。虽然"人离开动物越远，他们对自然界的影响就越带有经过事先思考的、有计划的、以事先知道的一定目标为取向的行为的特征"③。但由于主客观条件的限制，他们往往并不能预见到自己行为的所有结果，尤其是其长远的、间接的后果。混沌学研究表明，与近代以来人们的机械论看法截然相反，自然是一个极为复杂的系统。"在整个近代时期，科学界都认为大自然是一个有着简单、直线型和合理秩序的完全可控制的系统，……不管出于什么理由，是因为经验主义的资料所体现的，还是超科学的文化趋势所表明的人们周围的世界出现的如此转瞬即逝、无法预测、令人惊慌的变化经历，科学家们正开始注意他们长期以来一直设法回避的现实。大自然远比他们曾经意识到的，或者正像有人开始暗示的，实际上比科学能够意识到的要复杂得多。"④ 自然的复杂性决定了人们任何时候都不可能完全预料到其活动的结果，更不可能完全达到预期的结果，加之价值取向和选择方面的问题，对人的活动必须有所制约。因此，对主客体二分的双重效应持谨慎甚至批判的态度是十分必要的。

---

① 蕾切尔·卡逊：《寂静的春天》，吉林人民出版社1997年版，第214页。
② 亚里士多德：《政治学》，商务印书馆1965年版，第3页。
③ 《马克思恩格斯选集》第4卷，人民出版社1995年版，第382页。
④ 唐纳德·沃斯特：《自然的经济体系》，商务印书馆1999年版，第468页。

对实践负面效应原因的分析表明，只要消除其产生的根源，实践的负面效应是可以减缓的。在实现可持续发展过程中不应对人的能力盲目乐观，应特别关注主客体二分的双重影响，但绝对没有理由因噎废食，取消主客体二分，否定人的主体性和主体行为。人类实践的拓展和深入，是经济增长和社会进步的基石，同样的道理，也是实施可持续发展战略的基础。放弃对客观世界的改造，离开科技和经济的支撑，自然、社会和人的持续发展只能是一句空话。在当代，经济发展和可持续发展，都要通过人类的自觉活动来实现。马克思向来重视实践特别是劳动对社会发展的推动作用。主客体二分和主体性增强固然对人和社会具有双重影响，但并非必然如此，而是与人类对其活动社会效果和自然效果认识的缺位相关，更是与人们价值定位的适当相关。只要弥补缺位和纠正失当，就能真正克服和消解实践的反主体效应，扩大和提升实践的为主体效应。这是我们反思主客体二分缺陷时所应采取的态度。

三、主客体尺度的统一

人的生存发展要求主客体二分，但"分"的目的是"合"，是在人的自觉活动中达致主体尺度和客体尺度的统一，使自然既能充分满足人的需要又能最大限度地合乎其自身的性质和运行规律。从这个目的出发，主客体二分基础上的人对自然的改造，既要遵循物的尺度也要依照人的尺度。

生存发展的本能和需要，决定着人不能被动地适应自然，在自然面前无所作为，决定了人要按照自己的内在尺度、自己生存发展的要求去规范和变革自然，这是人与自然关系最基本的方面，也是人在处理与自然关系中最原始的出发点。人应当或者说不得不按照自己的内在尺度规范自然，但内在尺度的确定和选择却不是任意的，必须考虑到自然的状况。人们不能随心所欲地要求和对待自然，人的内在尺度的实现必须符合自然的外在尺度——自然自有的性质、运行机制、内在联系和规律。仅仅从人的尺度出发，背离物的尺度，必然危及自然的良性循环和发展，最终又将危及人自身。因此，人类改造自然应遵循的最基本的原则就是实现人的尺度与自然尺度的有机统一。

人的尺度与物的尺度相统一的过程，就是人化自然的生成过程。

　　根据马克思的理解，依照与人的活动关联的疏密程度，可以将自然分为潜在的客体、纳入认识范围的客体和纳入实践范围的客体。第一类是潜在的自然客体，即尚未进入人类实践和认识领域的天然自然物，这是真正意义上的"自在之物"。"在我们的视野的范围之外，存在甚至完全是一个悬而未决的问题。"① 这里的"存在"是指事物的具体状况，而"悬而未决"则是指尚未被人们所认识的。由于人的认识的非至上性，由于自然的无限广大及其性质的无限多样，在任何时代，都存在着人们尚未认识的事物及其性质，即自在的自然物。而由于人的实践无限拓展、深化的趋势从而认识的至上性，人们周围的自然界又会逐渐被纳入认识和实践的范围，因而自在自然是人可能的和潜在的对象。第二类是观察到的自然客体，即已经进入人们认识视野而又未经人改造过的自然事物。这类自然物已经进入人们认识的视野，甚至成为科学研究观察或观测的对象，但又尚未打上人的意识的烙印。潜在的自然对象一旦纳入人们认识的范围，就在不同程度上进入了与人的关联之中，成为认识意义上的"为我之物"。这一类自然物既源于潜在的自然对象，又可能进一步纳入人们实践的范围。第三类是人化自然，即人们加工改造过的自然事物，这是真正意义上的"为我之物"。从与人的关系来看，人化自然是自然物的最高层次，它已经具有为人的属性，凝聚了人的本质力量。人化自然作为人类活动的结果，既是人生存的现实条件，又是未来认识和实践的对象。

　　从主体尺度与客体尺度统一之角度看，天然的自然和人化自然对人来说具有截然不同的性质和意义。天然自然是尚未经过人改造的原始自然物，是先在的，在历史和逻辑上对于人类保持着优先地位的自然。② 广义的自然先于人而存在，这是常识。然而，自然界总体上的先在性并不表明每一种自然物或者人周围的自然环境的现状都先在于人，并不意味着它一成不变、一如既往。在马克思看来，人类生存于其中的自然环境并非从来如此、始终不变的，而是经人改变过了的人化了的自然。人化的自然与人相关，是人活动的产物，因而并非在人类之前就已经存

① 《马克思恩格斯选集》第 3 卷，人民出版社 1995 年版，第 383 页。
② 《马克思恩格斯选集》第 1 卷，人民出版社 1995 年版，第 77 页。

在。与天然的自然相比，人化自然的特殊性就在于它的"为人"的性质，既经过了人的加工改造，更加符合人类生存发展的需要，又聚集着人的知、情、意，表征着人的认识能力、审美旨趣乃至情感好恶，是人的本质力量的物化或对象化。

从自然与人类生存发展的关系看，自然由天然转变为人化是必然的。在大千世界中，有一些天然自然物如水、空气等可以自然地满足人的需要，直接为人所利用，但此类自然物的种类相当有限，更多的自然物并不能直接为人在有用的形式上所利用。试想，如果所有或大多数天然的自然物都可以直接满足人的需要，那么物质资料的生产和再生产将是多此一举，或者生产的内容将会大大减少，这不仅会免去人类无穷无尽的劳作，也最为符合极端生态主义者关于人必须完全顺应自然、保持自然现状的理想。然而遗憾的是，自然并不是按照人的主观意愿形成和进化的，从古至今，人们在无数次与大自然打交道的过程中深深地体会到，绝大多数天然自然物不可能完全满足人的需要，因而人类不得不按照自己的内在尺度殚精竭虑、日复一日地改造自然，使之由"天然"转变为"人化"，由"自在"转变成"为我"。随着人们需要的演变和能力的提高，一方面，整个自然的人化范围将逐渐扩大；另一方面，自然物的人化程度将朝着更加"人化"的方向不断加深。因此，只要人类改造自然的活动不停止，自然由"自在"向"为我"（人化）的转变就将是一个永无止境的过程。

只承认自然的先在性而忽视人化自然的特殊意义，是旧唯物主义自然观的认识误区，是其否定人的主体能动性的主要表现之一。旧唯物主义无视人们周围自然界的人为性，是与其社会历史观的滞后相联系的。恩格斯曾批判道，费尔巴哈"紧紧地抓住自然界和人；但是，在他那里，自然界和人都只是空话。无论关于现实的自然界或关于现实的人，他都不能对我们说出任何确定的东西"①。与费尔巴哈等旧唯物主义者不同，马克思认为："只有在社会中，自然界才是人自己的人的存在的基础，才是人的现实的生活要素。只有在社会中，人的自然的存在对他

---

① 《马克思恩格斯选集》第4卷，人民出版社1995年版，第240页。

来说才是自己的人的存在，并且自然界对他来说才成为人。"① 在马克思看来，虽然自然先于人存在，人是自然界的一部分，但人与自然的联系却不是单向的被决定的关系，不是一成不变的，而是在社会关系中、在实践的基础上不断生成的。这无疑是对旧唯物主义自然观的根本颠覆和超越。正如施密特所指出的，马克思"批评费尔巴哈和以往的唯物主义者把自然看成是始终如一地给定的，把认识看成是反映自然的镜子。这在经济学上，意味着唯物主义并不考虑从农业生产向工业生产的历史转变，而立足于把土地仍然'看做是不依赖于人的自然存在'这样的社会关系上。"② 这里的经济学，实质上就是社会发展观。根据马克思的理解，在工业时代之前，人生存于其中的自然主要是"给定的"、既有的，其时人的活动对自然界的影响比较微弱，在大尺度上几乎可以忽略不计。工业时代以来，科技和机器的使用放大了人的能力，生产的性质从"适应"自然转变为同时也改变自然，包括改变自然物的性质（物理的、化学的或生物的性质）和运行方式。这时的自然，就不仅是"给定的"，也是"生成的"；不仅是自然演化包括生物进化的结果，也是人活动的结果，不仅是"先在"于人的；也是依赖于人的。

自然从"给定"到"生成"，经历了一个转变过程。人化自然自有人类活动就开始出现，但在长期内，自然由天然到人化的转变非常缓慢，只是到了近代以后，自然才开始普遍地分化为天然的自然和人化的自然。由于天然自然和人化自然的转化关系，由于天然自然物是人生存的前提，是人的活动可能和潜在的对象，随着人类活动范围的扩展和程度的加深，其中越来越多的部分将逐渐转变成人化的自然。诚如施密特所言："在历史的经济过程中，客体的自然的因素在工业以前的环境下占据优先地位，相反，主体干涉的因素在工业社会的条件下，则越来越对自然给予的物质发挥自己强大的作用。"③

自然人化的范围和深度标志着自然满足于人的程度。

---

① 马克思：《1844年经济学哲学手稿》，人民出版社2000年版，第83页。
② 施密特：《马克思的自然概念》，商务印书馆1988年版，第128页。
③ 施密特：《马克思的自然概念》，商务印书馆1988年版，第128页。

人化自然的形成实质是自然的人化过程，也是人的尺度与自然尺度相互契合趋向统一的过程。人的自然生理特性和特殊的生存方式既决定着人须臾不能离开与自然的物质、能量和信息交换，永远不可能摆脱自然的制约，又决定了人要以自己的行为变革自然，将周围的自然界从天然的自然转变为人化的自然，从自在之物转变为为人之物，使之能在有用的形式上加以利用，满足人的需要。通常所谓人与自然的关系，实际上可以区分为两个方面，一方面是人与整个自然界即广义自然的关系，对这种关系的探讨主要是自然科学的任务；另一方面是人与人化自然的关系，这种探讨既是自然科学的任务，也是哲学的任务。近代旧唯物主义哲学家不能从实践上理解人与自然的关系，因而看不到两种自然的区别。费尔巴哈正是由于陷入了这种认识误区，所以只看到自然对于人的先在性，而没有看到人对自然的改造，没有理解自然的人化程度。马克思恩格斯在批判费尔巴哈自然观时指出："先于人类历史而存在的那个自然界，不是费尔巴哈生活其中的自然界。"① 在马克思恩格斯看来，先在的、纯粹的自然界固然重要，但只是人活动的潜在对象及人生存的环境背景，相对而言，人类生活于其中的自然界即人化了的自然与人的生存发展具有更为密切的关系，直接构成了人生存发展的条件。从这个意义上说，人与人化自然的关系是人与自然关系中最重要、最现实也是最值得关注的内容。

从整个宇宙的视野看，人化自然只是浩瀚宇宙中极其有限甚至微不足道的一部分，但从满足人生存发展需要的视角看，随着人类活动范围的扩大和程度的加深，人化自然已经构成现当代人类生存的基本环境，对人的生存发展具有愈益重要的意义。无论承认与否，当今人们生存于其中的、作为人类生活家园和生存条件的自然界，早已不是本来意义上的"自然"（natuer），而是经人改造过的、深深地打上了人的意识和意志烙印的、作为人本质力量对象化的人化自然。自然的"人化"是实践的结果，人化了的"自然"则集中体现着人改造自然的价值和意义。马克思在他身处的工业时代的初期即已指出："自然界没有制造出任何机器，没有制造出机车、铁路、电报、走锭精纺机等等。它们是人类劳

① 《马克思恩格斯选集》第 1 卷，人民出版社 1995 年版，第 77 页。

动的产物，是变成了人类意志驾驭自然的器官或人类在自然界活动的器官的自然物质。它们是人类的手创造出来的人类头脑的器官；是物化的知识力量。"① 可见，人化自然不仅具有自在性和客观性，而且具有对象性：纳入了人的认识和实践的范围，打上了人的认识、情感、审美等的烙印。经过千百年来人类辛勤的劳动，人们周围的自然界已经在很大程度上变成了人化自然。我们今天生存于其中的自然环境，且不说与古代相比有了多么的不同，就是与马克思的时代相比，也发生了翻天覆地的变化。近一个多世纪以来，人类开山改河、围海造田、绿化荒山，架桥修路、盖楼造房，创造了更为先进的汽车、火车、轮船，发明了飞机、火箭、塑料、化纤、计算机等不可胜数的人工产品。在当代，各式各类的人造自然物已成为人类生存须臾不可或缺的物质资料。这些人化自然物的增长，满足了人日益增长的需要，不断提升着人类生活的质量和品质。

人化自然的范围和深度标志着人的本质力量、人改造自然能力的程度。

人化自然是为人的存在，也是属人的存在，是人及其活动的物化形态，表征着人的价值和能力，体现着的人活动的意义。马克思指出："对象如何对他来说成为他的对象，这取决于对象的性质以及与之相适应的本质力量的性质。"② "当物按人的方式同人发生关系时，我们才能在实践上按人的方式同物发生关系。"③ 对象的人化实质上意味着人的对象化，意味着人的本质力量——他的知、情、意，他的需要、审美和能力等的确证。他还形象地指出："从主体的方面看：只有音乐才能激起人的音乐感；对于没有音乐感的耳朵来说，最美的音乐毫无疑义，不是对象，因为我的对象只能是我的一种本质力量的确证，……因为，不仅五官感觉，而且连所谓精神感觉、实践感觉（意志、爱等等），一句话，人的感觉、感觉的人性，都是由于它的对象的存在，由于人化的自然界，才产生出来。"④ 从这个意义上说，人化自然即人的能力等的对

---

① 《马克思恩格斯全集》第46卷（下册），人民出版社1979年版，第219页。
② 马克思：《1844年经济学哲学手稿》，人民出版社2000年版，第86页。
③ 马克思：《1844年经济学哲学手稿》，人民出版社2000年版，第86页。
④ 马克思：《1844年经济学哲学手稿》，人民出版社2000年版，第87页。

象化，不仅具有外在的价值——以物的形态满足人的生存需要——也具有内在的价值，标志着人自身本质力量的增强，他的知、情、意的丰富，他的认识和实践能力的水平及其实现程度，约言之，标志着人的发展。实践的发展与自然人化程度的加深及范围的扩大是一个过程的两种结果，借用通常的说法，人在改造客观世界的同时，也改造着主观世界，塑造着人自身。实践的深入导致人化自然范围的扩大，人化自然的拓展又表征着人的能力的增强。对实践的这一层意义，马克思曾有精辟的论述："劳动首先是人和自然之间的过程，是人以自身的活动来中介、调整和控制人和自然之间的物质变换的过程。人自身作为一种自然力与自然物质相对立。为了在对自身生活有用的形式上占有自然物质，人就使他身上的自然力——臂和腿、头和手运动起来。当他通过这种运动作用于他身外的自然并改变自然时，也就同时改变他自身的自然。"①对象的人化表征着人的对象化，因而人化自然的范围和深度体现着人在各方面进化的程度。以认识（亦即思维）能力的进化为例："发展着自己的物质生产和物质交往的人们，在改变自己的这个现实的同时也改变着自己的思维和思维的产物。"② 马克思恩格斯这一看法已为现代心理学所充分证实。

本章第一部分曾经谈到，人的思维具有实践性。实践是人脑外在性的直观动作思维，当思维支配的行为作用于对象时，如果该对象曾被纳入主体以往的认识——实践活动，那么主体的直观动作就必须顺应新的对象而作出调整，创造出适应对象的新的动作，长此以往，就可能从一次次具体的动作中抽象出某种普遍性的程序性动作，个别的动作就会上升为动作之一般，动作的抽象又会反馈于大脑而形成新的认识内容及思维结构。正如列宁所说，人的实践经过千百万次的重复，他在人的意识中以逻辑的格固定下来。瑞士心理学家皮亚杰把认识看做是一种继续不断的建构，认为"活动的内化就是概念化"③，肯定了"从活动到思维或从感知运动格局到概念的过渡"④。对自然的改造当然不仅仅促进了

---

① 《马克思恩格斯选集》第 2 卷，人民出版社 1995 年版，第 177 页。
② 《马克思恩格斯选集》第 1 卷，人民出版社 1995 年版，第 73 页。
③ 皮亚杰：《发生认识论原理》，商务印书馆 1981 年版，第 28—29 页。
④ 皮亚杰：《发生认识论原理》，商务印书馆 1981 年版，第 31 页。

人思维能力的进化，而且从整体上提升了人的能力、发展了人的潜力或天赋。

近代以来工业和科技的进步，尤为突出地体现了这一点，所以马克思才有如下深刻的论断："工业是自然界对人，因而也是自然科学对人的现实的历史关系。因此，如果把工业看成人的本质力量的公开的展示，那么自然界的人的本质，或者人的自然的本质，也就可以理解了。"① 人的生存方式所以是"人的"，根本上在于它的超越现实的趋向，在于它不停留于任何一种现状而欲改变之。马克思指出："动物只是按照它所属的那个种的尺度和需要来构造，而人懂得按照任何一个种的尺度来进行生产，并且懂得处处都把内在的尺度运用于对象。"② 恩格斯曾在与动物的对比中，揭示了人的生存活动的特点："动物仅仅利用外部自然界，简单地通过自身的存在在自然界中引起变化；而人则通过他所作出的改变来使自然界为自己的目的服务，来支配自然界。这便是人同其他动物的最终的本质的差别，而造成这一差别的又是劳动。"③ 这些论述从不同视角揭示了人的活动不同于动物活动的能动性特质，当然也就指明了二者在生存方式上的根本区别。

上述人与动物活动特征的对比是就结果而言的，如果加以追溯，人与动物活动本质差别的原因主要在两个方面：一方面是需要的差别。动物的需要是既定的、确定的，来源或禀赋于自然的遗传和进化，人的需要则既是既定的，又具有超越"既定"的本性，在任何需要满足后都会形成新的、更高层次的需要。另一方面是能力的差别。动物的能力源于获得性遗传，子代与亲代的机能和能力具有根本上的同质性。人的能力则不仅源于生理遗传，更来自于社会实践活动中的经验（以往时代）和知识（现时代）的传授。正如马克思所言："蜘蛛的活动与织工的活动相似，蜜蜂建筑蜂房的本领使人间的许多建筑师感到惭愧。但是，最蹩脚的建筑师从一开始就比最灵巧的蜜蜂高明的地方，是他在用蜂蜡建筑蜂房以前，已经在自己的头脑中把它建成了。劳动过程结束时得到的

---

① 马克思：《1844 年经济学哲学手稿》，人民出版社 2000 年版，第 89 页。
② 马克思：《1844 年经济学哲学手稿》，人民出版社 2000 年版，第 58 页。
③ 《马克思恩格斯选集》第 4 卷，人民出版社 1995 年版，第 383 页。

结果，在这个过程开始时就已经在劳动者的想象中存在着，即已经观念地存在着。"① 认识、观念先行，是人的实践迥异于动物本能活动之所在。上述两方面的特征，决定了人的活动既具有超越对象现状的本性，又具有超越自我现状的本性，决定着人的实践是一种对象化的、创造理想世界的活动。

"凡是有某种关系存在的地方，这种关系都是为我而存在的；动物不对什么东西发生'关系'，而且根本没有'关系'；对于动物来说，它对他物的关系不是作为关系存在的。"② 自然人化、主体化的过程是主体本质对象化的过程，人化自然表征着人改造自然的意向和能力，表征着人的需要的超越和发展，是人自我认识和确证最为重要的中介，正是在此意义上，自然不仅是人生活的条件，也成为了展现和发展自我的条件，成为了"人化"的自然，也正因为如此，从人化自然这本打开着的人的心理学之"书"上，可以了解该时代人的需要，可以确认人的本质力量，他的智力和体力，可以"读"出前人的思想，他的所欲所想，他的情感取向和审美旨趣，可以了解该时代的社会关系和社会面貌，获取该时代的信息。这也就表明，人化自然的范围和深度标志着人的本质力量、人改造自然能力的发展程度。

归结起来说，由于体现着主体尺度与客体尺度的有机统一，人化自然的价值充分体现并展示着主客体二分之意义。取消主客体二分，就取消了人化自然，也就取消了人赖以生存的条件乃至人的生存方式。

四、主客体二分合理性辩护

上文对主客体二分的历史考察和对主客体尺度统一的分析，已经表明了主客体二分的必然性及必要性。这里将进一步从人类实践与其生存方式互动的关系上为主客体二分的合理性作一些辨析和辩护。

上一节分析表明，实践的二重性及其造成的资源环境危机与主客体二分固然有一定的关系，但是却并不能由此断言主客体二分必然导致实践的反主体效应，更不能因主客体二分可能的负面效应而主张取消主客

---

① 《马克思恩格斯选集》第 2 卷，人民出版社 1995 年版，第 178 页。
② 《马克思恩格斯选集》第 1 卷，人民出版社 1995 年版，第 81 页。

体二分，重新回到主客体不分、人与自然混沌一体的时代。其所以如此，不仅是因为主客体二分是人类生存发展的必然要求，还因为资源环境问题的解决并实现可持续发展有赖于人的主体性自觉行动。因此，对主客体二分的取舍、废立不应观其一点而不计其余，对主客体二分之利弊应在是否有利于人的发展层面上作出全面的判定。

对于主客体二分的得失问题，学术界已有一些合理的理解，如认为：虽然西方近代的"主—客"思维方式是造成生态危机、环境污染的重要原因之一，但问题的症结并非主客体二分，而是将其不恰当地强调到极端，将主客体绝对对立起来，对于主客体二分不能片面理解，因见其弊端而全盘否定。应该肯定，这种看法是比较公允的。下面将要指出，主客体二分对于社会进步和人的发展乃至生存不仅是必然的，也是必需的；就人的生存发展而言，主客体二分在总体上是利大于弊，因而对此应取的态度是趋其利而避其害。

马克思向来重视实践对于人类发展和社会进步的基础性意义，断定社会生活在本质上是实践的。他在《关于费尔巴哈提纲》的第一条中即开宗明义地指出："从前的一切唯物主义——包括费尔巴哈的唯物主义——的主要缺点是：对对象、现实、感性，只是从客体的或者直观的形式去理解，而不是把它们当作人的感性活动，当作实践去理解，不是从主体方面去理解。"① 在马克思看来，旧唯物主义在人与对象关系上的失误，是只肯定对象的先在性及其对人的制约性，而没有看到人的能动性，原因在于他们仅仅看到人与对象之间反映与被反映的认识关系，而未能充分理解人与对象之间最本质的关系是实践，未能理解实践的革命的、批判的意义。根据马克思的观点，认识关系只是人与对象实践关系的一个环节，实践关系表明人不满足于世界从而要实际地改变事物的现状，本质地体现着人对于客体的能动性。从认识论根源上看，否定主客体二分的观点，正是陷入了旧唯物主义忽视人的主体能动性的窠臼，特别是片面夸大了实践的负面效应，更进一步说，是否定了人类改造自然的必然性和必要性。

实践具有为主体和反主体的双重效应，但总体看来，为主体效应是

① 《马克思恩格斯选集》第1卷，人民出版社1995年版，第58页。

主流的方面，贯穿于人类实践过程的始终；反之，反主体效应只是社会发展到一定阶段的产物，并且是可以克服或缓解的。纵观历史，主客体分化自人猿揖别始经历了一个相当长的时期，但实践反主体效应的凸显，却是近代以来才有的事。前述分析表明，主客体问题在不同时期的凸显有着迥然不同的意蕴。近代以来主客体分化乃至对峙、对立的特点，是主体地位的空前强化，主体被夸大至凌驾于一切的程度，相应地，完全否定了客观对象对人的制约。这种主体地位的强势，与主体能力的显著提升密切相关。近现代科技和机械化大工业的出现，前所未有地改变了人在自然面前的被动地位，人们在享受实践成果的同时，更是明显地感受到实践之正面的、为主体的效应。只是在这时，当人的能动性被无限夸大并不当运用后，主客体二分才引发了实践的反主体效应。平心而论，从更高的层面看，实践反主体效应的出现本身就表明了人的能力的局限性，因为这一事实表明：人类既错误地判定了与自然的关系，未能实现主体尺度与客体尺度的有机统一——使自然适应于人而变化又符合其自身的发展要求。因此，实践的反主体效应的出现是与人类发展的一定历史阶段相联系的，随着社会的进步，现今人类已进一步发展到这样的阶段：开始对自身活动效应的双重性有了清醒的认识，并力图纠正以往的失误。

且不说主客体二分并不必然导致实践的反主体效应，仅就其效应具有双重性而言且鉴于总体上正面效应大于负面效应的事实，主客体的分化就是合理的。

主客体二分问题争论的焦点之一，是人的主体地位的合法性问题，即人应否成为主体，成为与自然关系中主动的一方。判定人的主体地位的合法性，首先的问题是合法性由谁来确定？上帝，自然，还是人？答案显然是后者。人的主体地位的合法性对于自然来说并不是问题，因为自然既没有意愿更不可能有意望的表达，提问或质疑人主体地位合法性的，不是自然也不是上帝，而正是人自身。从问题的由来和提问的方式看，该合法性问题与自然无涉，而是人自身的问题。

上文已指出，人的生存方式最本质的特征是超越现实性，因而确立主体性是人生存方式的内在要求，或者说主体性根源于生存方式。鉴于此，人的主体地位的"合法性"取决于人生存方式的合理性，也就是说，人的主体地位的合法性问题可以等价于并置换为人生存方式的合法性问题。从生存方式的合理性分析切入，是解读主体性"合法性"问题最有效的途径。生存方式的合理性即：人应否按照现有的方式生存？既有的生存方式对于人的生存发展来说是否具有必然性和必要性？实现可持续发展应否彻底颠覆原有的生活方式，使人类完全顺应自然，成为自然物中平等的一部分？

生存方式的"合法性"问题可以从历史与逻辑两个方面来理解。生存方式的历史趋势，意味着它形成的实然性和必然性，生存方式的逻辑机理，则意味着它形成的应然性和必要性。

首先是人的生存方式是否具有历史必然性的问题，必然性决定着人是否会从根本上改变既有的对待自然的态度和方式，以及人能否在人与自然的关系上超越主客体二分。其次是人的生存方式的生成和演进逻辑的合理性问题。人生存方式的生成和演进逻辑，关系到人应否以自己的内在尺度规范物的尺度，应否按照自己生存发展的需要改造自然，从而关系到主客体二分的必要性。

人的生存方式是自然进化的结果，是人作为人的生存之必然要求。

个体生命的存在是人从事其他活动的基础，也是整个社会生活的前提。"活的个人要维持自己，需要有一定量的生活资料。"① 人由动物进化而来，作为生物性的自然物，永远不会完全丧失自然属性，不可能摆脱生理需要以及自然的制约。人要生存和繁衍，就必须满足各种生理性需要，必须与自然界进行物质和能量的交流，这是人与其他动物的共性所在。然而，劳动中形成的生存方式，决定了人与自然交流的方式与其他生物又是截然不同的。动物仅仅从自然界中获取现成的产品，人则必须对现有的自然物进行改造，这是人与自然交流方式和途径上最为独特之处。由于对自然的改造亦即劳动，人就从自然界动物中将自己提升出来，确立了自己的主体性，从而有了主客体的区分。达尔文的进化论从宏观上揭示了人类产生的过程。恩格斯曾对这一过程作出如下概括："从最初的动物中，主要由于进一步的分化而发展出了动物的无数的纲、目、科、属、种，最后发展出神经系统获得最充分发展的那种形

---

① 《马克思恩格斯选集》第2卷，人民出版社1995年版，第173页。

态，即脊椎动物的形态，而在这些脊椎动物中，最后又发展出这样一种脊椎动物，在他身上自然界获得了自我意识，这就是人。"①　人从其他动物中脱颖而出，最后站在了生物链的顶端，首先是自然选择和进化的结果。生物进化经历了一个由低级到高级的演进过程，这是众所周知的科学常识。人从其他动物中脱颖而出，又是劳动使然，正是在这个意义上，恩格斯断定"劳动创造了人本身"②。

人的生存方式又是社会进化的结果，是社会实践和社会关系的产物。

人的存在方式是在劳动实践中形成的。实践与人的生存方式的双向互动，是人的存在方式的现实依据。全部社会生活在本质上是实践的。社会生活本质上的实践性，首先在于实践是人的生命存在的前提。《德意志意识形态》以极为清晰的语言指出："全部人类历史的第一个前提无疑是有生命的个人的存在。因此，第一个需要确认的事实就是这些个人的肉体组织以及由此产生的个人对其他自然的关系。"③　"一切人类生存的第一个前提，也就是一切历史的第一个前提，这个前提是：人们为了能够'创造历史'，必须能够生活。但是为了生活，首先就需要吃喝住穿以及其他一些东西。因此第一个历史活动就是生产满足这些需要的资料，即生产物质生活本身。"④　这段论述蕴涵一个反向推论的逻辑：社会历史是人的活动史，人需要获得一定的物资生活资料才能生存并从事其他活动，物质生活资料来源于生产活动，因此物质资料的生产和再生产是人的生命存在以及整个社会历史的基础。这就是马克思"第一个伟大发现"的逻辑表述。恩格斯在论及这一伟大发现时指出："正像达尔文发现有机界的发展规律一样，马克思发现了人类历史的发展规律，即历来为繁芜丛杂的意识形态所掩盖着的一个简单事实：人们首先必须吃、喝、住、穿，然后才能从事政治、科学、艺术、宗教等等；所以，直接的物质的生活资料的生产，从而一个民族或一个时代的一定的

---

① 《马克思恩格斯选集》第 4 卷，人民出版社 1995 年版，第 273 页。
② 《马克思恩格斯选集》第 4 卷，人民出版社 1995 年版，第 374 页。
③ 《马克思恩格斯选集》第 1 卷，人民出版社 1995 年版，第 67 页。
④ 《马克思恩格斯选集》第 1 卷，人民出版社 1995 年版，第 78—79 页。

经济发展阶段，便构成基础。"① 只要人们以人的方式生存，物质资料的生产就是必然的和必要的。基于这一显而易见的道理，马克思曾尖锐地指出："任何一个民族，如果停止劳动，不用说一年，就是几个星期，也要灭亡，这是每一个小孩都知道的。"② 人只有从事物质资料生产才能生存，才能从事其他社会关系和精神文化活动，这既是由于人的生存方式不同于他物，也是由于人作为生物体，必须服从于自然的规律。"自然规律是根本不能取消的。在不同的历史条件下能够发生变化的，只是这些规律借以实现的形式。"③ 承认并遵循自然规律，不仅在于肯定客观事物运动变化和发展的必然性，还在于承认人自身作为物质（生物）存在的事实。人具有物质性需要，这理应是承认并遵循自然规律最基本的要义。

社会生活本质上是实践的，又体现为整个社会体系或社会有机体是在实践基础上形成的。物质资料的生产不仅体现着人与自然的关系，也涉及人与人的关系。"生命的生产，无论是通过劳动而达到的自己生命的生产，或是通过生育而达到的他人生命的生产，就立即表现为双重关系：一方面是自然关系，另一方面是社会关系。"④ 以生产关系为核心的社会关系是整个社会生活的起点，全部社会生活，人们之间的政治、法律、文化、宗教等交往，都直接或间接地体现着一定的生产关系，以一定的物质或经济关系为基础。人生物性意义上的个体生命存在依赖于实践，人的社会性意义上的存在同样以实践为基础，物质生产对于人的生存论意义，既在于非此便无从在有用的形式上占有和利用自然物，获取维持生存所需要的生活资料，还因为非此便没有整个社会生活。人是自然的更是社会的存在物。作为社会存在的人，生存的意义不仅在于生命的延续和繁衍，更表现为社会关系的交往和精神生活的满足。与此相联系，人类文明包括物质文明、制度（社会关系）文明和精神（文化）文明。在三大文明中，物质文明及其所标志的生产实践的水平决定着整个社会文明的程度。

---

① 《马克思恩格斯选集》第 3 卷，人民出版社 1995 年版，第 776 页。
② 《马克思恩格斯选集》第 4 卷，人民出版社 1995 年版，第 580 页。
③ 《马克思恩格斯选集》第 4 卷，人民出版社 1995 年版，第 580 页。
④ 《马克思恩格斯选集》第 1 卷，人民出版社 1995 年版，第 80 页。

　　实践是人的活动方式，也是人的存在方式。"个人怎样表现自己的生活，他们自己就是怎样。因此，他们是什么样的，这同他们的生产是一致的——既和他们生产什么一致，又和他们怎样生产一致。因而，个人是什么样的，这取决于他们进行生产的物质条件。"① 在马克思看来，个人表现自己生活的方式主要是生产，生产方式从根本上决定着人的存在方式。诚然，社会生活是丰富多彩的，除了创造，还有享受和休闲，除了物质方面，还有精神方面（例如在当代，生产的内涵有了很大的变化，精神生产逐渐成为生产的又一主体部分，精神生活也成为人们生活的又一重要方面），但无论社会生活领域如何分化，内容如何丰富多彩，物质资料的生产总是其最为基本、须臾不可或缺的部分。正是在这个意义上说，物质资料的生产既是人生命存在的基础，也是人们的社会关系和社会生活的基础。

　　自然进化和社会实践表明，生存方式的合理性根植于人与自然的基本矛盾之中。人与自然的基本矛盾，就在于天然的自然物不能完全满足于人，人要在有用的形式上利用自然，就必须对之进行改造。也就是说，人要以人的方式生存发展，就必须要通过自己的活动改变自然。列宁曾以十分简洁的论断指明了人类改造自然的理由，其必要性和必然性："世界不会满足人，人决心以自己的行动来改变世界"。② 所谓世界不会满足人，是指自然界本然的状况、自然物天然的性质和存在形式等，不可能自动适应和满足人的需要。在通常情况下，大多数天然自然物不能直接被人在有用的形式上所占有，不能直接地为人所使用。因此，人要在有用的形式上占有自然物，就必须改变它的性质或形式，就必须进行物质资料的生产和再生产。正是基于这一理解，"马克思孜孜不倦地强调：人为着再生产自己的生命，必须置于和自然不断变换的过程中。人使'自然物质的形态'发生变化"③。

　　自然进化和社会实践还表明，生存方式的合理性根植于人的需要的超越现实性之中。关于需要，最后一章将会有较为详细的分析，此处只

---

① 《马克思恩格斯选集》第 1 卷，人民出版社 1995 年版，第 67—68 页。
② 列宁：《黑格尔〈逻辑学〉一书摘要》，人民出版社 1965 年版，第 149 页。
③ 施密特：《马克思的自然概念》，商务印书馆 1988 年版，第 96 页。

涉及需要的超越现实性问题。哲学和社会心理学的研究表明，人的需要本质上具有超越现实性，每一种或每一层次的需要满足之后，又会产生新的、更高层次的需要。需要的超越性是由需要与生产的互动决定的。满足需要是人改造自然活动的动机之源，但需要本身又是社会实践首先是生产劳动的产物。一定的需要决定于一定的社会条件，同时又内含着一种超越该社会条件所能满足的需要的趋势。人的需要本质上具有不满足现实性，具有一种"为我"从而超越现状并以之把握和规范客观对象的指向性。需要和实践是互为因果的。人改造对象满足了原有的需要，同时又必然引发新的更高层次的需要。因此，需要的满足绝非一劳永逸，不是一蹴而就的一次性的过程，而只是相对的，"已经得到满足的第一个需要本身、满足需要的活动和已经获得的为满足需要而用的工具又引起新的需要"①。原有需要的满足又会引起新的需要，从而提出改造对象的新的要求，需要的不断形成和满足必然造成需要由低级向高级进化的不可逆转性。"需要——动机——实践——新的需要"这一过程没有终端。这意味着需要具有永无止境的超越性，超越现实、超越现有，指向未来，趋向更好。需要的永不满足性是其超越现实性最为突出的表现。在主客体关系中，主体的需要始终是一种新的、要求实现的尺度，是人改造对象永恒的动机之源。需要的超越现实性，决定着人的活动具有无限扩展和深化的趋势。

基于需要及与此相关的心理动机，人类生活方式的进化趋向具有不可逆性。研究表明，生物界物种的情况千差万别，进化却是每一个物种的基本趋势，任何动植物都天然地具有趋利避害的本性，这是进化最深层次的动力。这一本性在其他动物那里是无意识的，是本能，但在人而言却是有意识的、自觉的追求。人是理想世界的创造者，也是理想生活的追求者。追求更舒适、更美好、更高质量的生活，是人的本性，当然也是社会进步的终极动力之一。与动物的适应性生存方式和永远重复的活动方式不同，人具有趋真、趋善、趋美的本性，这种本性使人总是欲达致更好的生存状态，使人们总是处于永远的不安定和变动之中，不断地改变现有的环境和条件。

———————

① 《马克思恩格斯选集》第1卷，人民出版社1995年版，第79页。

　　唯物史观认为，人们不能自由地选择所处的社会环境，他们所遭遇的生产力、社会关系、文化等社会条件都是一种既定的力量，是其生存的现实基础，也是其活动所能依凭的前提，但同时又认为，历史是人与物质条件和社会关系交互作用的结果，是物质条件和关系制约人与人对物质条件和关系超越的统一。物质条件和社会关系相对于某一特定时代的人而言具有"既成"性，但是，这既定的力量不是从来就有的，是人类世世代代活动的产物，因而也绝不会一如既往、永远不变。客观条件对主体活动的制约是相对的，不能理解成为主体活动设定了绝对不可逾越的界限，而应理解为某种既有的基础。没有一定的基础，人的活动便不能进行，但是活动本身之所以必要，就在于要超越原有的基础。人作为主体总是在特定的客观条件和环境中活动，但活动的结果却不仅仅是现有条件的简单复制，相反，每一次活动的目标都试图超越现实，每一次活动的结果又都可能创造出新的条件和新的活动平台。需要与实践的互动，决定着人对理想生活的追求永无止境。

　　人的生存方式与其活动方式是互为因果的，人一旦从其他动物中提升出来，其生存方式与活动方式便不可逆转地相互刺激并相互促进。人的生存方式的超越现实性是在劳动、实践中形成的，又必然驱使人类不断地从事新的、更高层次的实践。永远不满足于现状的超越性的生存方式，决定了人只有更深入、更广泛地改造自然，才能以人的方式继续生存下去，获得进一步的发展，也就是说，如果他们不想动物似的回到自然中去，就必须像西西弗斯推动石头似的一刻也不停地改造自然。由于人对自然的改造不仅取决于他的主观意愿，更是迫于他生存和发展的需要，他们对自然的关系就不可能是被动地适应而只能是主动地改造自然，因此，与动物不同，人与自然的关系中一开始便存在着一种主从的关系：虽然人的活动要以自然条件为基础，受到自然界事物性质和规律的制约，但人相对于自然来说始终是主体，是关系中主动的、能动的方面。只要人以人的方式生存，这一基本格局就将持续下去。

　　以上论述表明，以人的生存发展尺度衡量，主客体二分是必然的也是必要的。接下来的问题是：主客体二分对于可持续发展究竟有何影响。

　　对主客体二分合理性的质疑，实质是将资源环境问题归结于人的主体性,认为人主体意识和能力的提升是导致资源环境危机的根源。在这种观点看来,正是主客体二分使人萌生了与自然对立的意识,驱使人们对自然进行改造;正是由于人的主体性膨胀和理性及科学技术的迅速发展使人类毫无顾忌地、疯狂地向自然索取,向自然宣战,对地球倾泻,滥用资源并任意挥霍,造成了对自然的破坏。类似的质疑虽然从单纯道义的角度来看值得赞许,但在道理上却走向了极端而站不住脚,因为这种质疑不加区分地将"主体性膨胀"与理性、科技发展等同了起来,对主体性的双重效应作出了单向度的解释和夸张。理性和科技的发展无疑表明了人主体性的增强,但主体性增强并非直接地等同于主体性膨胀。所谓主体性膨胀,特指主体性的片面发展和对主体性的无限夸大。主体性增强不一定导致膨胀,从正面的意义上说,主体性增强不仅表现在人的能力和感觉上,更表现为自觉性和反思意识的提升。在这个意义上说,人类毫无顾忌地、疯狂地向自然索取,滥用并挥霍资源等,并非主体性增强的必然结果,反倒是主体自觉性不够造成的,是由于人的理智和德行与他的能力不相称所致,因为人对自己行为后果缺乏正确的估量,对自己能力和行为的界限缺乏自知之明,正是主体性自觉性和反思能力不足的一种表现。

　　主客体二分对于可持续发展的影响是双重的,承认主客体二分的合法性,并不必然意味着割断人与自然的内在联系,更非主张人完全独立于甚至凌驾于自然之上,任意地支配和征服自然,正相反,主客体二分明确了人作为与自然关系中主动的一方的责任。环境保护同人的其他实践活动一样,正是也必须是以主客体二分为前提,很显然,这里的"保护"不是环境的自我保护,保护的要求既不是自然本身提出的,更不能由其自身来实施,而只能是人的要求和行为,保护的动机和行为主体是人,最终的受益者也是人。保护自然、协调人与自然的关系,根本上就是人自觉的主体性行为。如果否定主客体二分,抹杀主客体之间的界限,消解人的主体性,所谓的可持续发展便无从谈起,因为不仅协调人与自然关系之意义和必要不复存在,协调人与自然关系之意愿和行为主体亦不复存在,这种逻辑显然难以自圆其说。

　　诚然,正如前文所说,应该肯定对主客体二分质疑的启示性,因为这一质疑提醒人们,即使必须确立主客体二分的格局,对主客体之间的关系也应作出合理的理解。主客体二分当然意味着"明于天（自然）人之分"，承认人与自然的区别，特别是肯定人相对于自然的主体地位，但是，承认甚至强调主体和客体之间的对立并不意味着将其绝对化。从人类与自然关系演变的整个历史过程来看，一方面，强调主客体对立只是主客体二分的一个阶段，是主体能力和意识有所发展而又相对发展不足的产物；另一方面，主客体二分本身并不是目的，而是在更高层次上统一、和谐的前提或必经环节。

追溯主客体二分的历史，在其初始阶段，人并未感到自己可以脱离自然而独立存在，更没有征服自然的欲望和意识，反而对自然崇拜和敬畏，形成了基于万物有灵意识的图腾崇拜和多神观念。万物有灵的逻辑结论，至少是主张"万物"与人等同，而自然崇拜则显然是认定某些自然物的能力和地位高于人自身。在这一时期，并非人不愿意与自然对立，而是应对自然能力的缺乏决定了人根本没有与自然"对立"的资格，不可能产生与自然对立的意识，更谈不上征服或改造自然。"天人合一"等观念的出现正是此种状况的反映。只是当人的能力和意识有所发展而又相对发展不足时，才有了人对自然大规模的征服，才出现了否定意义上的人与自然的"对立"。近代以来科技和经济的进步，提升了人认识和改变自然的能力，人在按照自己愿望和尺度重新塑造自然的过程中极大地增强了自信并使其膨胀到了极点，只是在这一阶段，人才真正在现实和意识中与自然对立起来，甚至产生了可以凌驾于自然之上，随心所欲控制和摆布自然的"超人"的幻觉。这是主客体二分的第二个阶段，即二者截然对立的阶段。随着人的主体能力和意识发展到更高的层面，随着实践负面效应的凸显以及科技进步和人文精神的弘扬，人对自己与自然关系的认识在当代发生了新的改变，主客体关系开始从对立走向新的统一，从而进入主客体二分的第三个阶段，即寻求二者在对立中统一的阶段，可持续发展的提出正是这一发展阶段的重要标志。我们现今正处于这一阶段的开端。当今及未来追求的主客体统一，完全不同于以往的主客体混沌不分、浑然一体，而是在明晰主客体之别基础上的、由人自觉追求和实现的更高基础上的新的统一。从人与自然主客体混沌不分到截然二分和对立，再到人与自然自觉的统一，反映了主客体之间从"合"到"分"再到更高层次上的"合"的基本规律。

主客体分化是人发展的结果，又是人继续发展的动力和机制。在当代，主客体分化程度以及人的主体性程度已经成为衡量人的发展水平的显著标志，成为衡量社会进步的内在尺度。人的主体性意识和能力越强，越能正确定位和处理与自然的关系，就越是脱离动物的本能，就越是丰富自己作为人的本质（自由自觉的活动）；反之，否定人的主体性，改变人们的生存方式，放弃物质资料的生产，作为人的个体生命便不复存在，更不可能有人们的社会生活和历史。如果主客体不分而回到自然中去，人便只能退化为动物，或至多是"人"形的动物。这显然不符合生态主义者的初衷，也不是包括生态主义者在内的人类所期望的。

当年卢梭曾提出"回到自然中去"的口号。伏尔泰在给他的回信中尖锐地指出：读到你的反对人类的新书，真叫人想要四只脚爬行，可惜我两只脚走路已经几十年了，不可能再回到原来的状态。借用伏尔泰的说法，人类主体地位的确立及主客体二分已经很久远了，已习惯于人的生活和生产方式，不可能再退回到主客不分的混沌状态中去了！令人忧虑的是，类似复古的看法在当代又一次被提起。有的论者在对中国和西方古代自然哲学作出比较，得出了中国古代天人合一观念高于西方物我两分、主客对立的结论。这显然难以站住脚。从上文分析可见，人的与自然关系经历了主客体不分、主客体二分、主客体统一三个阶段。第三个阶段表面上看相似于第一个阶段，但实质并非如此。主客体统一本质上区别于主客体不分，因为主客体统一的前提正是主客体二分，而主客体二分和统一，正是人与自然关系中相辅相成的一个问题的两个方面。主客体统一是包含着对立的、在实践基础上的人与自然更高层面的统一。

第四章　人类中心主义辩正

　　"走出人类中心主义"是可持续发展哲学讨论中一个鲜明的口号。然而，何谓人类中心主义，人类中心主义在何种意义上是必需的，在何种意义上又应摒弃，以及人类中心主义与可持续发展的关系等问题，在上述呼声中却并不清晰。因此，应否"走出"或如何"走出"人类中心主义，有待于仔细辩正。

一、人类中心主义问题的由来

　　对于人类中心主义的由来众说纷纭、见仁见智。有人认为，人类中心主义的文化观念萌芽于人类自我意识觉醒之际，有人认为人类中心主义起源于文艺复兴时期人文主义的兴起和自然科学的萌芽，有人认为人类中心主义起源于近代大工业的出现，还有人认为人类中心主义源于宗教传统的神学目的论。例如罗尔斯顿就认为："在近代的世俗化过程中，一神论是逐渐消失了，但是有关人类宰治自然的原则却被继承下来。"[1] 指认人类中心主义是古代神学原则和观念的延续。

---

[1]　霍尔姆斯·罗尔斯顿三世：《哲学走向荒野》，吉林人民出版社 2000 年版，第 90 页。

对人类中心主义始于何时所以存在着分歧和争议，原因在于对人类中心主义含义的界定不尽相同甚至截然不同。从最一般意义上的"人"的自我意识和自我认同，到真正意义上的"人类"意识和"人类"认同，人类中心主义经历了一个漫长的形成及演变过程。

广义地说，自人类在物种的意义上从自然界中提升出来，就有了人类中心主义，因为人之作为人而存在，就意味着自我意识的形成，意味着主体性的确立。然而，严格地说，人们一开始形成的只是个人中心主义或群体中心主义，因为远古时期，当人开始从自然界提升出来时，首先意识到的并不是"人类"，而是"我"以及血缘群体中的"我们"。当然，就在物种或"类"的层面上意识到自身与自然界其他事物的区别和对立而言，"我"或"我们"的自觉已经具有类意识的初步萌芽，但这还不能等同于当今所指的人类。由于地域以及交往范围和程度的限制，由于个体、群体、阶级、民族、国家等在利益上的分离，在近代以前，并无真正意义上的"人类"概念，人的类意识主要限于群体认同、家族认同、民族认同或国家认同，而并非真正意义上的人类认同。在以整个人类为主体的人类意识形成之前，人们利益认同和行为的主体总是定位于群体或个人，虽然长期以来不乏人类（或"天下"）及人类利益的提法，但真实的人类或人类利益却往往被虚置着，甚至成为一些群体在论证自身利益诉求合法性时的幌子。现实中，人们往往为了个人、群体、家庭、民族以及国家的利益而相互博弈甚至争斗。在当今全球化时代，这一状况也未根本改观，虽然全球化正逐渐将人类前所未有地连为一体，正在催生真正意义上的人类意识。

逻辑地看，从个体的"我"和群体的"我们"到现代语义上的"人类"再到未来完全社会化的人类，已经并将继续经历一个漫长的阶段。这一过程大致是：个体的"我"——血缘上的群体——地域上的群体（原始的民族、国家）——近现代意义上阶级、阶层、国家（统一的政府、统一的关税、统一的法律、确定的疆界以及国家主权）——当代全球化过程中正在形成的由普遍利益和价值联系在一起的人类整体——未来作为自由人联合体成员的、根本利益一致的社会化的人类。

从人类意识的形成与演进过程看，以整体的"类"意识为基点的

"人类中心主义"并非从来就存在。在此情形下，当然也就不会有以整个人类利益为旨归的、追求人类利益的"人类中心主义"。

真正意义上的人类意识是世界历史进程的产物。马克思恩格斯在《德意志意识形态》中提出了"历史向世界历史转变"的著名论断。他们认为，作为整体的"世界历史"并非从来就存在，而是社会发展到一定阶段的产物。根据他们的理解，在资本主义社会之前，虽然世界各地区人们之间曾经有过一些交往，但这总体上只是偶然的现象，正是也只能是资本主义的生产和交换、资本主义世界市场的开拓，以及随之而来的广泛的政治、文化及其他社会交往，将世界各地区人们内在地联系在一起，从而开创了"世界历史"，实现了历史向世界历史的转变。他们在《共产党宣言》中更加清晰地指出："资产阶级，由于开拓了世界市场，使一切国家的生产和消费都成为世界性的了。……过去那种地方的和民族的自给自足和闭关自守状态，被各民族的各方面的互相往来和各方面的互相依赖所代替了。物质的生产是如此，精神的生产也是如此。各民族的精神产品成了公共的财产。民族的片面性和局限性日益成为不可能，于是由许多民族的和地方的文学形成了一种世界的文学。……资产阶级，由于一切生产工具的迅速改进，由于交通的极其便利，把一切民族甚至最野蛮的民族都卷到文明中来了。……一句话，它按照自己的面貌为自己创造出一个世界。"① 这一论述表明，世界历史形成于资本主义时代，是资产阶级开拓世界市场的结果。

从工业革命到今天，资产阶级通过奔走于全球各地的交往（包括经济掠夺、文化交往、政治和军事扩张），开拓了世界市场，将工业化和现代化推向全世界，改变了整个人类社会的面貌。历史向世界历史转变过程是一段用血与火的文字记载的历史，自然有其非人道并应予谴责的一面，然而就其历史合理性而言，这一转变，尤其是近几十年来世界性的普遍交往或曰全球化进程，极大地促进了经济发展、科技进步和文化的交流，推进了社会的迅速变化和深度转型。

世界历史的形成，给各民族国家物质生产和精神生活带来了深刻的影响，为人的活动提供了更为广阔的范围、更大的平台和更多的机遇。

---

① 《马克思恩格斯选集》第 1 卷，人民出版社 1995 年版，第 276 页。

以经济为主要载体和平台的全球交往，内在地密切了人们之间的利益关系，使各民族国家愈益成为利益攸关者，在当今，任何国家地区发生的重大事件，无论经济的、政治的、安全的、文化的、科技的还是环境的，都可能影响到其他国家和地区，从而具有全球性的意义。

世界历史进程以及全球化，虽然始于经济领域并以工业化和市场化为引领，其影响却又不仅限于经济生活，而必然地会波及社会生活的各个方面，包括思想意识和文化领域，因而其结果之一，便是真正意义上的人类意识的形成。

全球化拓展了人的视野和眼光，增强了人们的类认同和类意识。有的学者认为，人类正走向类本位时代，无论此说法是否恰当，至少表达了这样一个事实，随着现代化特别是全球化进程的深入，人类面临的共性问题日趋增多：经济发展、文化交流、和平期望、可持续发展……有史以来，还没有哪个时代有如此之多共同的问题、共同的挑战、共同的利益受到人们如此一致的关注，需要通过全人类共同的努力来解决、来实现。在以往人们囿于狭小的活动范围和狭隘利益诉求的时代，既无确立人类共同利益之需要，也难以在整体价值取向上形成共识。当代共性问题的凸显，既意味着人们之间利益博弈的日趋频繁和激烈，也在一定程度上反映了人们共同利益的增加，从而要求确立具有普遍性的合理的生存态度、价值取向和行为规则，要求在维护和扩大国家民族利益并维系和发展传统文化的同时，增强人们的类意识和类认同。类意识的增强不仅会加深人们之间超越地域性的普遍交往，增强人类应对共同面临的问题（如安全、可持续发展等）的能力，推进和谐世界的建构，也是人自身发展的内在要求，是提升人的社会性、丰富人的时代感、开阔人的历史视野的重要途径。一言以蔽之，全球化加深了国家民族间的交往和联系，使人类意识和世界眼光的确立成为必要并成为可能。

与自然相对立、以征服自然为宗旨的"人类中心主义"形成于近代，是与人类意识的形成相联系的。现代化进程推进了人类科技和经济的进步，加深和扩展了人们之间的交往，从而强化了人的自我意识和类认同，使人对自己与自然的关系的定位发生了根本的转变，出现了受到广泛非难的现代意义上的"人类中心主义"问题，即单向地以人为尺度，仅仅从人的需要和利益出发征服和改造自然。其结果是，一方面极大地促进了社会进步并"使人文明起来",另一方面也带来了种种社会问题以及环境资源危机。对人类中心主义的质疑和批评正是在这一背景下展开的。

值得深思的是,当代对"人类中心主义"的反思并"走出",也正是以人类意识的确立和增强为前提的。人类意识的形成,在加深国家民族间共性的认同的同时,也拓展了人们的生存视野,加深了人们对于整个地球"家园"资源环境状况的忧患意识,促进了人们对人类与自然关系的反思。

生态主义者"走出人类中心主义"的呼声始于 20 世纪中叶。对于"人类中心主义",西方学者曾有多方面的诘难,但比较系统的批评还是集中于生态环境问题上。罗尔斯顿认为:"现在地球生态系统的形势要求伦理学起一个重要的作用,但当前的各种伦理学体系都适应不了这一要求。如果处于支配地位的智人所持的伦理原则,是在几百万物种中仅将一个物种的福祉作为其义务的对象的话,这种伦理原则就太特殊化了。……与这些伦理学理论联系密切的人类中心论本来也是一种虚构,表现的是一个物种以自己为绝对,而以对自己的功用作为评价其他一切事物的尺度。"[1] "极端的人本主义者会说,只有人类的生命才有价值,而其他所有的生命形式都得从属于人类的利益。但敏感的自然主义者认为这是在以理性化遮饰同情心的缺乏,是自称为'客观硬科学'的人类中心主义的自私。"[2] 与走出人类中心主义相呼应,一些生态主义者还提出了与之相对立的生态中心主义。麦茜特认为:"利奥波德的'土地伦理'、生态行动组织的'相互依存宣言'以及卡伦巴赫的生态乌托邦的自然宗教,提供了共同体导向的生态中心主义,以替代生态系统管理的人类中心主义伦理。"[3] 戴维·佩珀也指出:"生态中心主义把人类视为一个全球生态系统的一部分,并且必须服从于生态规律。这些规律以及以生态为基础的道德要求限制着人类行动,尤其是通过加强对经济

---

[1] 霍尔姆斯·罗尔斯顿三世:《哲学走向荒野》,吉林人民出版社 2000 年版,第 396—397 页。

[2] 霍尔姆斯·罗尔斯顿三世:《哲学走向荒野》,吉林人民出版社 2000 年版,第 136 页。

[3] 卡洛林·麦茜特:《自然之死》,吉林人民出版社 1999 年版,第 277 页。

和人口增长的限制。生态中心主义还包含一种对自然基于其内在权利以及现实的'系统'原因的尊敬感。"① 生态中心主义主张生态本位，将人作自然的一部分，置于整个生态体系之中，要求人类平等地对待自然，看待自己，特别是"改变我们的哲学观点，放弃我们认为人类优越的态度"②。

对人类中心主义的反省，无疑给近代以来过于自信和乐观的人们注射了一针清醒剂。所谓过分的自信，突出地表现在脱离现实的自我认同和自我优越感，表现在人对自己操控自然能力的夸大。近代以来科技和生产的进步引发了人与自然关系的角色转换，根本性地改变了人对自然的态度：似乎可以随心所欲地创造一切需要的财富，可以随心所欲地安排和征服自然。在一些人潜在的意识中，自然物仅仅是一些量上无限而质上单一的质料，可以任人分割、组合和变换。基于自然进化和社会进化之原因，人在价值和能力上的确优越于其他自然物，但问题在于，人的优越性并不意味着他们可以超越自然，更不意味着他们可以随心所欲地操控自然。

在现代科学和哲学研究的基础上，可持续发展理论强调，在人类赖以生存的地球上，自然资源是极其有限的。可持续发展理论还强调，自然界事物是一个有机的整体，不仅每一事物皆有其存在条件和演化规律，而且各事物之间相互依存、相互作用、相互影响。自然事物的相互依存在有机界特别是生物界表现得尤为明显。限于认识水平，人们曾经相信自然万物的变化和生成是永无止境的，"生生不息"曾经是古代人对生物界运行状态的形象描述，然而事实上，这并不是无条件的。科学研究表明，在自然物的演变过程中，有许多物种都随着环境的变迁而被淘汰，曾经称雄动物界的巨兽恐龙的消失便是一例。"生生不息"只是在一定条件下才是可能的，破坏了这一条件，斩断了生物界的链条，便无从谈起。

从这个意义上说，生态中心主义将人类视为全球生态系统的一部

---

① 戴维·佩珀：《生态社会主义：从深生态学到社会正义》，山东大学出版社2005年版，第48页。

② 蕾切尔·卡逊：《寂静的春天》，吉林人民出版社1997年版，第230页。

分，强调人类服从于生态规律，认为这些规律以及以生态为基础的道德要求限制着人类行动的看法，加强对经济增长方式和人口增长的限制的要求，以及尊重自然而放弃人类盲目的优越性的主张等，无疑是可取的。但是，生态中心主义毕竟只是在一定语境中具有合理性，关注自然并不应排斥人在自己的价值、认知和行为中的中心地位。克服人类中心主义缺陷并不等于无保留地放弃或走出人类中心主义，对人类中心主义问题必须作出合理的辨析。

二、认知和价值的人类中心主义

有的学者在关于人类中心主义的讨论中，曾作出了所谓"强人类中心主义"和"弱人类中心主义"的区分，认为"强人类中心主义"主张只从人的需要和利益出发，全然不顾自然发展要求而征服和主宰自然，"弱人类中心主义"则是在追求人的利益、满足人的需要并改造自然的同时，也考虑自然自身的发展要求，结论是：应走出"强人类中心主义"而坚持"弱人类中心主义"。这一区分可谓用心良苦且不无道理，但追究起来，似乎并未彻底解决问题，因为人类中心主义的合理与否主要并不取决于其程度之强弱，而是在于对其本质内涵的合理诠释。

关于人类中心主义的内涵，学界的理解莫衷一是。通常在对人类中心主义批判时的相关界定是：认为人是宇宙的中心，主张一切以人为尺度，一切从人的利益出发，为人的利益服务。这一理解看似清晰，实则含混。事实上，当代环境伦理学曾对人类中心主义作出过比较深入的辨析，认为人类中心主义概念可以有三种含义：一是本体论意义上的人类中心主义，二是认识论意义上的人类中心主义，三是价值论意义上的人类中心主义。这种辨析富有启发性。参考这种辨析并着眼于问题的实质，可以将人类中心主义区分为两种类型：事实判断（即本体论和认识论意义）的"人类中心主义"和价值判断的"人类中心主义"。两种人类中心主义的性质或含义是迥然不同的。

认为人是宇宙的中心，这是一个事实判断。古代的人类中心主义，将地球视为宇宙的中心，进而将人视为宇宙的主宰，认为宇宙间所有存在物按照完美程度可以分为不同的等级，人是其中最高等级的存在物，世间万物皆是为着人而存在的。基督教神学更是认为，上帝在创造人类的同时赋予了人统治万物的权力。这种看法的实质是：把人看做宇宙的主宰和绝对支配者。这个意义上的人类中心主义显然不能成立，因为宇宙万物就其产生和发展的必然性而言，并无高低贵贱之分，亦无中心与外围之别，从自然万物生成发展的角度看，任何一种事物都没有高于他物的特殊地位。人只是浩瀚宇宙中一颗小小行星上的高等动物，在人出现之前，自然界早已存在，并不具有为人的意义。人作为自然界进化的产物，须臾也不能离开其他自然物的滋养，人改变自然的能力迄今也未能超出地球的范围，更遑论整个宇宙。因此，人不是也不可能是宇宙的中心，更无权自诩为万物的主宰。本体论意义的人类中心主义只能在神创论中"合理地"存在并得到"自圆其说"的解释。在宇宙无限、生物进化论等成为常识（虽然迄今仍然有所谓的"智慧设计论"等说法，但毕竟是非主流意识）的当今，本体论意义的人类中心主义因为直接与科学揭示的事实相悖而并未有多大影响。

一切以人为尺度，从人的利益出发，则是一个价值判断，其要义在于人类的一切活动应有利于人的生存发展。这个意义上的人类中心主义与前者是不同的。人类中心主义作为事实判断不能成立，作为价值判断则可以作出合理的解释和辩护。

仔细辨析便不难看出，一些环境论者对人类中心主义的批判虽然经常以事实判断的"人类中心主义"为靶子，但实质上针对的主要还是价值意义上的人类中心主义。相关的质疑认为，人类中心主义把人视为宇宙的价值中心，主张一切以人为中心，一切以人为尺度，一切从人的利益出发，为人的利益服务，将人的需要和利益视为价值旨归，假定其他的一切生命都是为了人而存在，仅仅具有外在的、工具性的价值，因而造成了对自然的歧视和破坏。在他们看来，现代所有形式的人类中心主义，无论是以墨迪为代表的"现代人类中心主义"、帕斯莫尔和麦克洛斯基为代表的"开明的人类中心主义"、诺顿为代表的"弱式人类中心主义"，还是以什科连科为代表的"现代社会实践的人类中心主义"，都存在着共同的缺陷，因而必须摒弃。他们尖锐地指出，人类中心主义把人所具有的某些特征作为人高于他物的依据是不符合逻辑的，人类中心主义是一种狭隘的利己主义的观点，不仅在理论上是错误的，在实践上也非常有害；人类中心主义的必然结论就是人应该征服自然，当前人类面临的生态灾难主要就是在这种观念支配下造成的。基于上述批判，某些生态主义者提出了"走出人类中心主义"的口号，主张将道德关怀扩展到一切自然对象，建构人类与自然之间的和谐关系。

应该肯定，对人类中心主义的反思从积极的方面看，有助于提醒人们重新审视与自然的关系，清醒地定位自己的主体地位、能力及其活动可能的范围，因而是一个非常现实性的课题，在理论和实践上都是有益的。但是，合理定位人的主体地位，划定人类活动的界限，并不等于应当走出即否定价值意义上的人类中心主义，反过来说，价值设定上的以人类为中心，也并不必然导致人与自然的截然对立，更不必然意味着人对自然的破坏。

价值意义上的人类中心主义能否成立？我们认为，价值意义上的人类中心主义的形成，是人类自我意识发展的结果，是人的发展过程中具有历史意义的自我确认和肯定，也是人的发展的新起点。

从古代希腊"认识你自己"命题到近代的人道主义和康德的"人是最终目的"命题，再到人的发展理念的确立，"人的发现"即人的自我意识的形成和丰富，经历了一个长期的演进过程。

人类中心主义最重要的立论基础是"人是目的"原则。这一原则主要是由康德确立的。康德之前，人道主义对人的肯定主要是政治法律和文化层面的，康德则对人作出了哲学的肯定，确立了"人是目的"的原则。康德认为，人类历史是大自然隐蔽计划的实现。"大自然"的目的性不是单一的，而是有层次之分，在大自然复杂的目的结构中，必有其最终目的。这最后或最终的目的只能是他事物的目的，而不再以其他事物为目的，即不再作为其他事物的手段。这个最终或最后的目的就是人。他还从三个方面论证了人作为最终目的的理由（见本书第七章第三节）。

无论康德的目的论在本体论上能否成立，他关于人是世上唯一能形成目的的概念的存在者及人不依赖于他物而自足地成为目的的思想却不无道理。人具有自我意识而能区别自身与他物，形成主体性和目的概念，主体性使人在理解自身与他物关系及确定自身行为准则、方式和目标时，能够并必然以自身的需要、利益、能力等为出发点或尺度。也就是说，当人作为主体理解并处理自身与他物的关系时，可以、应该且必然将自己视为目的，将他物作为实现目的之手段。作为主体，人可以在自己与他物间形成目的与手段的关系；作为主体，人应该也必然以人的尺度去理解和处理与他物的关系。人不是"大自然"的最后目的，但却是自己的目的，是人所理解的世间万物目的关系中最后的一环。

康德的目的论从"大自然计划"入手，解说的则是人的发展及其实现方式。从本体论角度看，这种目的论设定及其根据显然不能成立，但从历史哲学或人学角度看，它在对人与社会关系理解上，在阐释人的发展的内在根据和机制方面，又充满着睿智。康德的目的论哲学对于理解现时代人的问题的启示是多方面的，对于理解"人类中心主义"问题，就具有深刻的启示意义。

人是最终目的，是康德对近代人道主义思想的哲学总结和概括，又从哲学上确立了理解人与他物关系、人在世间地位的基本出发点。自康德以后，人是目的及由此而引申出的以人为本、人类中心等观念，已成为近现代社会知识界的共识。然而，在当今资源环境危机趋于严重、可持续发展成为热点问题的背景下，这一曾经无可置疑的共识却受到了挑战，其中最突出的，就是上述对人类中心主义的批评和诘难，因为这种质疑最本质的问题之一，正是对人的目的性存在地位的质疑。一些论者正是针对康德的观点认为：人并不因为有理性而成为价值的唯一源泉，自然物也有独立于人的内在价值，人类无权凌驾于生养了他的自然界之上，将其仅视为索取、利用的对象；保护自然不能仅仅基于人类的利益，人与自然的道德地位是平等的，破坏自然是一种"反道德"、"反价值"的行为。

人是否可以被视为最终目的？是否可以或应当在"大自然"中获得"中心"的地位？人将自己确定为价值中心是否合理？诚然，无论宇宙、自然还是"上帝"，都没有确定人在世间万物中的核心地位，更未赋予人主宰一切的权力，然而，这并不影响人在自己的观念和行为中将自己确定为价值中心。这里有待澄清的是以人类为中心、一切以人为尺度、从人的利益出发等命题的意识和行为主词。如果"主词"是自然或宇宙，此类的命题当然不能成立，因为自然或宇宙的存在并无目的，更不可能以人的利益为旨归，决定其他事物充当人的工具；而如果主词是人，即特指人的意志和行为等应以人为尺度，以人的利益为旨归，结论则截然不同。在人自我确认这个意义上，以人为中心、尺度和旨归等，是人自身的价值设定，是无可非议的。达尔文曾经指出，自然选择不会导致一个独立的物种为了其他物种的善而调整自身。这一说法无可辩驳地揭示了人的自保本性。当然，人不是一般的物种，不仅具有悯人之心，具有自我保存、怜悯同类的本性，而且可以具备天地境界，禀赋"悲天"之德，在自我保存、怜悯同类的同时也善及他物。这显然是其他动物所不能企及的。当然，即便如此，人善待他物的事实仍不能否定其以自我为中心的本性，因为人之善待他物仍然是以己及物，从自己的价值选择出发的。也就是说，对于人类而言，"悲天"以"悯人"为基础，遵从自然以不违人性为前提。

价值命题意义上的人类中心主义的确立，是人的又一次自我确认和肯定，是人类思想史特别是自我意识发展史上具有重大意义的进步。这种以价值认同为旨归的人类中心主义不仅仅如生态主义者所说的是"工业社会"的产物，更是人类近代以来认识、实践及社会生活发展的观念结晶，同时也是人类未来活动崭新的逻辑起点。它不仅没有过时，反而将随着人类活动的深入和展开而不断丰富并发挥作用。这种人类中心主义（anthropocentrism）与人道主义（humanism）本质上具有一致性：在本体论层面，它们都对立于上帝创世说；在价值论层面，它们都强调人的生存和价值相对于世界万物的至上性即人是最高（最终）目的。

从人的角度或人与他物（如自然）的认识和实践关系看，人的一切自觉活动，包括可持续发展在内，理应以人为中心，以人的生存发展为目的。这不仅是人的心理逻辑意义上的必然，更是历史的事实。正因为人类始终从自身的需要和利益出发来处理与他物的关系，人身处其中的世界才会不断朝着有利于人的方向发展，自然界才会不断从自在自然转化成为人化自然，社会才会不断由低级向高级演进。历史表明，人类所追求的进步、他们改变和改善环境的行为，从来就是以更有利于自身的生存发展为目标的。诚然，人们在追求自身发展过程中曾历经挫折，并做过诸如破坏环境资源之类危害自身的事，但就人类整体的利益和目标而言，这并非本意，而是过失，是背离人的活动之初衷的。也正是基于对上述过失的反思，才有了可持续发展的诉求和行动。更为重要的是，只有确立真正意义上的人类中心主义，才可能有自然持续发展的要求和行动，自然的价值才能得到充分而合理的实现和发展。

价值命题意义上的人类中心主义具有合理性，根本上在于人在与其他事物的价值关系中具有优先地位（即第五章将要论证的人的价值优先于其他自然物的价值）。一些生态主义者在论证保护自然的必要性时，提出了"内在的自然价值"、自然"自己的好"等概念，认为自然具有独立于人的价值，自然的价值与人的价值是并列的，在这一理解的基础上，他们进一步主张：自然具有独立于人且与人相同的生存权利，人无权改造自然，不应干预自然自身的进程。这种对人"改造"自然权力的质疑，凸显了人改造自然的合理性或曰"合法性"问题。

人有何权力改造自然？这权力是谁授予的？其合法性的根据何在？这是生态主义者提出的诘难。表面上看，这一诘难无从应对，因为人的行为的确未经任何授权，无论是上帝的还是大自然的授权。然而仔细斟酌，这一质疑本身便有待质疑，因为提问的方式便假定了人与他物处于同等的地位。由于这种前提性假定，得出的只能是否定性的结论。我们认为，厘清这一问题的前提，是确定一种合理的思考路径。在思考路径的选择上，康德的有关论证逻辑是可资借鉴的。康德在讨论人与他物目的关系时的论证逻辑是：世间万物相互联系而构成目的体系，其中任一事物都既是他事物的目的又是另外事物的手段，只有人才仅仅是他事物的目的而不是手段，因为人是最终的目的。根据同样的道理，我们认为，价值本身就是人的自我确认和肯定的表征，是人的实践中自我意识发展的结果。价值认定和定位的原始视角只能是人。从人的角度看（我们当然只能从人的角度看），在人与他物所构成的价值体系中，只有人的价值是最初始的、第一性的价值，人的价值不依赖于其他任何事物的价值而存在，是本原意义上的价值或"元价值"，其他事物（如自然）的价值都是这种价值的延伸，是在与人的关系中形成的，因而是第二性的价值。对此，第五章将进一步详述。此外还应指出的是，无论从历史上还是现实中看，人类的行为都是不需要他者授权的，过去如此，将来亦复如此，人类自身就是其行为合法性的最终判定者。对人的行为的褒扬或者批评，允许或者禁止，都只能由人自身来进行。对资源环境的反思以及可持续发展理念的提出就是例证，因为对滥用资源、破坏环境的批评来自人本身，对自然以及经济社会持续发展的追求也是出自人自身，这些都并非自然本身的要求，而是人的要求。

以人为中心，关注人自身的生存和发展，是近代以来人的重新觉醒最为显著的标志。从关注神转向关注人自身，从追求来世的永恒幸福转向追求现世生活的幸福，从以神为依皈转向以人为目的，是人具有决定性和历史意义的觉醒。以人为最高的、终极的价值，是人道精神最本真的精髓。正如人道主义、目的论和"自爱论"等所指出的，自我保存、趋利避害是人的本性，人作为感受及活动的主体，他的所有行为当然会以自身的幸福和快乐为旨归；又如"仁"或人道理念所指示的，恻隐之心为仁之端也，人对同类怀有深刻的恻隐之心，具有怜悯同类的本性。超出这一范围，例如所谓的"天地境界"，固然崇高，但皆须以人道为前提和根据。可以断言，人道境界是天地境界之前提条件。没有对自身和同类的仁爱和关心，对他物（如自然）的泛爱根本无从依凭。

如果说人类无权凌驾于生养了他的自然界之上，无权将其仅仅视为索取、利用的对象，如果说人与自然的道德地位是平等的，破坏自然是一种"反道德"、"反价值"的行为，那么这也只能是从根本上有利于人的意义上而言的，因为保护自然根本上就是保护人自己，而从人自身的根本利益出发也必然要保护自然。以人类为中心，是人一切活动最基本的出发点，也是人处理与自然关系的基本出发点。宇宙万物几无穷尽，人之爱心和境界亦可以无限延续，但所有的爱心、大爱，皆需以自爱和爱人为根基、为起点、为核心、为归属。

可持续发展本质上是人的诉求、人的理念和行为，从出发点到归属都只能以人为中心。离开人类中心这一基点，离开人类的需要，包括物质需要和精神需要（如审美需要和怜悯心），根本就不会有自然永续发展的要求，也不会有可持续发展理念和行为，因为迄今为止，人之外的其他动物即使是高等动物从未提出相应的要求，即使环境的恶化会给它们带来严重的生存危机，甚至是灭顶之灾。在可持续发展领域也像在人的其他活动领域一样，应该也必然要以人为目的。由此可见，问题不在于是否应以人类为中心，而在于如何真正理解并确立人类的中心地位，如何在使自然状况更符合人生存发展需要的同时保持自然的持续发展。

三、确立"人类"中心主义

标题上将"人类"单列出来，意在凸显"人类"作为整体的意蕴，由此表征着论题的转换，即转向讨论与个体或群体对应的"人类中心主义"，或真正意义的"人类中心主义"。

所谓真正意义的，包括逻辑关联的两层含义。其一是价值命题的"人类中心主义"；其二是以人类总体利益为中心的"人类"中心主义。前一层意思上文已有论述，此处专论后一层意思的人类中心主义，并以真正的人类中心主义、"人类"中心主义或以人类整体利益为中心的人类中心主义指称。"人类"中心主义之"人类"，不是相对于自然而言的，而是相对于人类的部分如个人、群体、民族、国家等而言的。这种"人类"中心主义强调的不是人类对自然的价值优越性或权利的优先性，而是人类的整体高于局部，整体利益优先于个人或群体利益，也就是说，强调人们的观念和行为在与整体利益发生冲突时，应超越个人和群体利益，直言之，强调不能以个人或群体的利益代替和损害整个人类的公共利益。在价值取向上，"人类"中心主义秉持人类本位，以人类整体的需要和利益为旨归。在这一语境中，问题的提法并非"人类中心主义还是自然中心主义"，而是"人类中心主义还是个人或群体中心主义"？

以人类整体利益为中心或人类本体论，不是从来就有的，而是历史向"世界历史"转变的结果，是人的真正的"类"自觉。如前所述，人作为社会动物，虽然一开始就具有群居的特点，但原始的群体意识并不直接等同于"人类"意识。从前者到后者经历了一个漫长的过程。在原始时代，即存在着部落和氏族，部落和氏族等解体后，出现了家庭、家族、宗族、民族、阶级、国家等。作为对人群共同体的自我意识，自古以来所谓的"人"、"天下"、"宇宙"，实质上只是有限人群的总称。指称的对象是有边际的，通常充其量是民族国家。资本主义生产方式的出现，机器大工业以及广泛经常的贸易，扩大了交往，将不同国家民族紧密地联系在一起，才启动了人类作为一个整体演进过程的世界历史或全球化进程。才有了人类的整体利益和相应的观念。

由此视角反观以往人们的行为，几乎所有反主体效应，原因都并非过于以全人类利益为中心，正相反，在于过于以个体或群体的利益中心。就环境资源危机而言，危机的原因既在于人们只注重自身的利益而忽视自然发展的需要，更在于忽视了人类整体的利益。如果说在以往，由于对人与自然的关系以及自然自身发展要求缺乏正确的认识是导致资源环境危机的主因，那么在可持续发展已成为共识甚至常识的今天，环境资源危机依然严重的原因，则显然应归结于其他的原因，特别是利益群体与人类利益的博弈。在当代，保护自然已成为人类的整体利益所系，而一些群体和个人之所以仍然在滥用资源或污染环境，正是由于他们将自己的局部利益置于人类的整体利益之上，以局部利益侵害公共利益，无疑是地地道道的非"人类"中心主义。可见，以个体或群体利益为中心，绝不是真正意义上的"人类中心主义"，称其为"人类中心主义"显然有过誉之嫌，因为在这种所谓的"人类中心主义"理念中，真正意义上的"人类"实际上被悬置着，或只是个人、群体的代名词和遮羞布，真正意义上的人类利益上为形形色色的群体或个体利益所遮蔽。

当前人类所面临的问题，无论是社会问题还是人与自然关系的环境资源问题，皆非由"人类"中心主义所致，而是因为未能正确理解从而真正体现"人类"中心主义。例如，社会问题的出现，是因为人们尚未形成人类的整体利益及其共识，只顾个人和集团的利益，从而引发种种矛盾和冲突；又如，环境资源问题的凸显，是因为人们未能确立合理的生存态度并正确处理人与自然的关系，从而危及自身的生存发展。

有调查表明，尽管全球领导人希望世界大公司能在解决迫在眉睫的气候危机问题上充当先锋，但企业界对此并不十分在意。有关调查报告称，在接受调查的大公司中，九成大公司未把气候变化问题看成是需要优先考虑的问题，全球变暖问题被世界大公司的领导人看成是第八位需要考虑的问题，被排在增加销售、减少成本、开发新产品和服务、人才竞争、在新兴市场实现增长、创新和技术之后。可见，即使是攸关国计民生的大企业，对人类面临共同利益的关注也远逊于对自身利益的关注。由此不难得出结论，如果说人们应该走出某种"中心主义"的话，显然应是与人类整体利益相背离的个人或群体中心主义。在实现可持续发展过程中，真正使人感到担忧的，不是强调人类的整体利益而危及自然的权利，而是过度强调个人或群体的利益，既伤害自然的持续发展，也因此而伤害人类自身的利益。鉴于此，绝不应责备人们过于注重人类的利益，不应当谴责以人类整体利益为中心的人类中心主义，因为迄今为止名副其实的"人类"中心主义尚未出现，恰恰相反，应该谴责的是个体和群体利益对人类整体利益的侵犯。由此不难看到，要应对当前及今后人类所面临的资源环境问题，绝不应抛弃以人类整体利益为诉求的人类中心主义，而是要对其作出适时、合理的阐释，真正确立以人类整体利益为旨归的人类中心主义。

《只有一个地球》认为："没有一个国家，甚至也不是几个国家集团就能独自行动起来，去避免地球上富裕的北方和贫困的南方之间扩大分裂的大悲剧。……国际政治若不是走向更有组织的共享财富的社会……实行教育、救济、保健和住房等一系列的政策来建设理想社会，那就只能在造反和混乱中同归于尽。"① 这一见解提示我们，倡导以人类整体利益为中心的人类中心主义，核心是确立人类总体利益高于个人或群体利益的价值取向和行为规则，这是实现人与人、群体与群体、国家（地区）与国家（地区）以及当代人与后代人之间在资源和环境享用上的公平的主体条件和制度保障。

与其他领域相比，可持续发展尤其应当强调人类的整体利益，这是由资源环境的有限性和共享性决定的。由于资源的有限性制约着整个人类的生存发展，亦由于人类同处于一个地球，而相互关联，在当代，至少从生存环境方面来说，人类正在成为一个真实的整体，所有的人都已经成为了利益相关者，每个人、每一群体对待自然的行为都会影响到其他人的利益，影响到包括后代人在内的其他人的生存条件。资源环境问题已经成为最具普世性的全球化问题。值得欣慰的是，在资源环境领域的人类整体利益理念受到了国际社会特别是知识界的普遍关注。芭芭拉·沃德和勒内·杜博斯"只有一个地球"的命题，便是这一状况的生动表达。他们强调："如果统一性的观点能够变成地球上全体居民的共同见解，我们就可以摆脱一切难免的多中心论，而以必要的统一性为

_____

① 芭芭拉·沃德、勒内·杜博斯：《只有一个地球》，吉林人民出版社1997年版，第256—257页。

目标来建设人类世界。……实现这种体系的另一个方法，是通过逐步增加共享世界财富的方式，将资源由富裕国家转移给贫穷国家。"① 《我们共同的未来》一书也呼吁："我们面临的挑战是：超越本国的自身利益，以获得更高一层的'自身利益'——在这个受到威胁的世界上，使人类能够得以生存。"②

基于以人类整体利益为中心的"人类中心主义"诉求，与社会生活的其他领域相比较，在资源环境问题上尤其应当追求总体利益的最大化，不仅应坚持整体利益优先于个人和群体利益的规则，还应确立公平优先于自由和效率的原则。

众所周知，人们在社会生活中往往要在公平和自由等价值之间作出选择，由于价值追求和文化传统的多样化，选择的结果往往不尽相同，这是可以理解的，也是难以强求的，但在可持续发展领域则不然，必须遵循公平优先于自由和效率的原则，这涉及保障人类整体利益的核心问题。罗尔斯曾认为："下面这种情况至少从理论上是可能的：人们所放弃的某些基本的自由能从作为其结果的社会经济收益中得到足够的补偿。"③ 如果说罗尔斯所说的理论上的可能在社会关系领域中已经部分实现（例如已经在许多新兴工业国家的社会现代化过程中得到验证），那么在人与自然的关系上，则无疑更具有现实的可能性。这是问题的一个方面。另一方面是，如果说在社会生活中、在人与人关系的领域，对自由的放弃主要是具有历史合理性而并不一定具有价值合理性的话，那么在可持续发展领域，这种放弃则不仅具有历史合理性，而且必然具有价值合理性。这是因为：其一，可持续发展直接关系全人类的利益，而现实中，对资源环境的利用充斥着利益博弈，各个利益主体往往为一己之利滥用资源或破坏环境。其二，与其他领域的利益博弈不同，资源环境领域的博弈不仅是利益主体之间的争斗，更是利益主体与整个社会或人类利益的博弈，因为无论不同利益主体之间博弈的具体结果如何，最

---

① 芭芭拉·沃德、勒内·杜博斯：《只有一个地球》，吉林人民出版社1997年版，第258页。

② 世界环境与发展委员会：《我们共同的未来》，吉林人民出版社1997年版，第344页。

③ 约翰·罗尔斯：《正义论》，中国社会科学出版社1988年版，第63页。

大的输家总是大多数人甚至整个人类——受到直接损害的是资源和环境，受到间接损害的则无疑是人类的整体利益。而且，此种博弈愈是激烈，资源的滥用和环境的危机就愈是严重，人类整体利益受到的侵蚀和伤害也就愈深。为此，在个人、群体之间利益相互分离甚至相互冲突的情况下，在可持续发展语境中，必须确立公平优先于自由和效率的原则以保障人类的整体利益。尤应强调的是，这里的人类整体利益绝非虚构，而是所有个体或群体价值和利益的真实表现，因为当今几乎所有的全球性资源环境危机，都不同程度地损害并危及着人类整体亦即所有人的切身利益。

诚然，确立以人类整体利益为旨归的"人类中心主义"不可能一蹴而就，须经历一个长期且艰难的过程，难免会遇到一些深层次的矛盾，一个地球（人类整体）与不同国家或群体在利益上的矛盾，便是显著的一例。从人与自然的关系来看，人类只有且共有一个地球，所有的人，不分民族、国家、阶级、宗教信仰，在与自然的关系中都存在着共同的利益，也面临着共同的威胁，可谓一荣俱荣、一损俱损，皆为利益相关者；但从人与人及人与社会关系的角度看，这一个地球上又存在着利益上相互分离甚至相互冲突的各个国家民族，以及各种其他层次的群体。正如一些学者所比喻的那样，在当今世界区分为不同国家和利益群体的情况下，由于利益的分散化乃至对立，大家虽然共处于一个地球"村"中，却又分别生活于大大小小的不同"家庭"里，各家庭之间存在着许多的矛盾。更为重要的是，一般来说，在利益多元和分离的社会环境中，由于利益分配主要取决于人与人的博弈，人们对于自己与他人和社会之间关系的重视远胜于对他们与自然关系的关注。在此背景下，以人类整体利益为中心，显然是一个面临着非理想环境的理想诉求，对此，必须有足够的认识，足够的智慧、宽容和耐心。当然，即便如此，非理想的环境也绝不意味着人类应当放弃对整体利益的追求，反而正表明这种追求的必要和迫切。

在经济全球化不断深入和科学技术高速发展的背景下，资源环境问题愈益严重且愈益超越国家和地区的范围。不仅一个国家和地区内部的资源环境危机会威胁到其他的国家和地区，而且许多问题如臭氧层空洞、大气污染、气温上升等，本身就具有全球性的影响。事实表明，资源环境问题上的整体利益并非虚无缥缈的假设，而是十分现实的存在，直接涉及所有的人、所有的群体和民族国家的利益。面对这一问题，任何一个国家或地区都不可能置身度外或独善其身。从另一个方面看，可持续发展的成果又具有显而易见的共享性，任何一种资源节约和环境保护行为，都将直接或间接地惠及所有的人。在资源环境问题上维护人类的整体利益，可以直接达到双赢和共赢的效果，而不会侵害任何一方的根本利益，或者说，任何一种可持续发展行为和举措都不会具有排他性。比较而言，可持续发展活动的这一特点显然是人类的其他政治、经济的活动所不具备或不完全具备的，正是这种共享性、共赢性和非排他性，决定了在可持续发展领域追求人类整体利益具有现实的可能性。进一步说，资源环境领域的人类整体利益的保障和实现，比之于其他领域整体利益的保障和实现更加必要、更为迫切也更具可能性。基于对此种前景的乐观主义态度，我们赞同并期待着《只有一个地球》作者的如下愿景："今天，如果我们能够对于唯一的、美丽的、脆弱的行星——地球，培养出真挚的忠心的话，在人类社会中，我们是有希望长期生存于丰富多彩的生活之中的。"①

---

① 芭芭拉·沃德、勒内·杜博斯：《只有一个地球》，吉林人民出版社 1997 年版，第 260 页。

第五章 可持续发展的价值分析

价值定位涉及可持续发展的深层次根据问题。可持续发展的哲学讨论，无论是上述对"主客体二分"的质疑、对"人类中心主义"的诘难，还是下文将要论及的对代际、代内公平的解读，都蕴涵着对人与自然和人与人价值关系的理解，以一定的价值定位和选择为依据。可持续发展的价值问题既体现在人与自然的关系上，又体现在人与人的关系上。价值层面的分析，有助于合理地确定可持续发展的价值取向，亦将为重新理解价值提供新的视角，开启价值研究的新路向。

一、"自然的内在价值"分析

对人与自然关系哲学反思的核心内容，是确定人与自然的价值关系进而确立可持续发展的价值定位。讨论人与自然的关系，例如人与自然的权利、义务关系，人应该如何对待自然，如何对待和处理环境资源等问题，理论起点是对人与自然价值关系的理解，这一理解决定着生态学、生态哲学以及环境伦理学的立论根据，更决定着可持续发展的价值定位。

在人与自然价值关系的探讨中，颇具代表性的观点是美国人罗尔斯顿的"自然的内在价值"说。为了方便，这里主要以他的观点作为讨论的个案。

罗尔斯顿在《哲学走向荒野》一书中，对传统理解中认为价值与人相联系的观点进行了辩驳，提出了"自然的内在价值"概念。他认为，"最有用的应该是深入探讨一下价值的问题。让我们从环境伦理学转向可称之为环境价值论的探讨。……在逻辑上，该如何评价自然的问题是先于该如何作用于自然的问题的。"① 他在对以往的价值观的反思中认为，传统的价值论把价值看做人类利益得到满足时的产物，这种范式是"在价值论上过分的人类中心主义"②。并指出，那种认为只有人类的生命才有价值，其他所有的生命形式都从属于人类利益的观点，"是自称为'客观硬科学'的人类中心主义的自私"③。为了驳斥这种"人类中心主义的自私"，他提出并阐述了"自然中的价值是主观的还是客观的"这一问题，并在此基础上对"主观价值论"进行了重新审视和批驳。他指出，价值并不是纯主观的，不依赖于人而存在，自然并非因为人才有价值，自然的价值是其自身进化的结果，"我们宁可不相信价值是一种完全特殊的创造，不相信价值的后成说，而愿意相信价值是逐渐进化而来的"④。在肯定自然价值客观自为性的基础上，他明确提出了"自然的内在价值"概念，并作出了界定："自然的内在价值是指某些自然情景中所固有的价值，不需要以人类作为参照。"⑤ 很显然，这种所谓自然的"内在"价值，换一种角度说即是自然的"自在"、"自有"的价值，这种价值之所以是自在自为的，就在于根源于自然本身而与人无涉。罗尔斯顿还指出了承认自然内在价值的意义："'内在的自然价值'这一概念在从价值主观论到价值客观论的转化中起了主

———————

① 霍尔姆斯·罗尔斯顿三世：《哲学走向荒野》，吉林人民出版社 2000 年版，第 117 页。

② 霍尔姆斯·罗尔斯顿三世：《哲学走向荒野》，吉林人民出版社 2000 年版，第 117 页。

③ 霍尔姆斯·罗尔斯顿三世：《哲学走向荒野》，吉林人民出版社 2000 年版，第 136 页。

④ 霍尔姆斯·罗尔斯顿三世：《哲学走向荒野》，吉林人民出版社 2000 年版，第 174 页。

⑤ 霍尔姆斯·罗尔斯顿三世：《哲学走向荒野》，吉林人民出版社 2000 年版，第 189 页。

导作用。"① 这里"价值主观论"与"价值客观论"的本质区别，就在于是否承认价值与人相关。

"自然的内在价值"观念，从根本上颠覆了传统价值学说对人与自然价值关系的理解，为当代生态主义的确立提供了理论基石。正是在承认或假定自然内在价值的基础上，一些生态主义者进一步提出了"生态价值"、"资源价值"等新概念，为生态学、生态伦理学或生态哲学作出了颇有力度的辩护。

"自然的内在价值"观念的提出以及生态伦理学等学说的理论阐释，改变了过去自然在人们意识中完全消极被动的客体化的印象，强化了人们对自然持续发展要求的重视，为可持续发展提供了理论和道义上的支持。但与此同时，"自然的内在价值"理论在对自然价值的阐释中也出现了一些模糊的认识，特别是引申出了一些似是而非的结论。一些生态主义者据此无限夸大自然在价值上的独立性，将自然主体化、人格化，将自然价值与人的价值相提并论，直至拔高到与人的价值等量齐观的程度。更有甚者，进一步将自然价值与人的价值对立起来，从对自然内在价值的肯定中推论出自然具有独立于人的、自在的利益和权利，进而主张人无权为了自己的发展而损害其他生命的存在，不分青红皂白地谴责人对自然的干预，认为人根本就不应当变革自然物，应当放弃对自然的改造。这种观点不仅为西方一些生态主义者所倡导，也在我国学术界得到了一定的认同。

"自然的内在价值"概念及相关看法，不仅质疑人们以往对人与自然关系的基本理解和相应的行为准则，影响到人对自然的态度和可持续发展的价值定位，而且对既有的价值理论提出了挑战。也就是说，这一概念既涉及了对人与自然价值关系的合理定位，又涉及了对何谓价值的理解，提出了重新诠释价值内涵的问题。

回应"自然的内在价值"概念并重新诠释价值的关键，是拓展价值的含义，对价值作出广义的理解。可持续发展问题引出的价值重释，不仅将进一步开放价值论研究的空间，凸显价值问题探讨的当代性，而

---

① 霍尔姆斯·罗尔斯顿三世：《哲学走向荒野》，吉林人民出版社 2000 年版，第 192 页。

且有助于深度地解读人的价值与自然价值的关系，合理地确定可持续发展的价值定位。

以往在哲学层面论及价值时，总是将其限定于主客体关系中，这固然有其合理性，因为此前所涉及的问题一般无须离开人去谈论价值，然而，断定哲学话语中的价值含义是唯一的，假定价值只有某种唯一的存在形态，却是认识上的误区。广义地看，价值是与意义相关联的，是意义在关系中的表现，一事物对他事物或对自身有意义，便是有价值，价值大小取决于意义的大小及关联程度。这种认识包括了以往对价值的理解，又扩展了价值的含义，超越了价值只存在于主客体之间的认识。

价值是意义在关系中的表现，关系可以有内在与外在之分。外在关系即物（或人）与他物（或他人）间的关系，内在关系即物（或人）与自身的关系，亦即其存在对自身的意义。亚里士多德曾提到："有一些思想家说，除了已经提到的这些善事物，还有另一种善，即善自身，它是使这些事物善的原因。"① 他还进一步发挥了这一思想，区分了目的的善与手段的善："善的事物就可以有两种：一些是自身即善的事物，另一些是作为它们的手段而是善的事物。那么，我们就把自身即是善的事物同那些有用的事物区分开，……哪种事物是自身即善的呢？是那些无须其他事物之故自身就被追求的事物，如智慧、视觉以及某些快乐与荣誉吗？因为，尽管我们也因其他事物而追求它们，我们还是把它们算做自身即善的事物。"② 亚里士多德所谓目的的善与手段的善也可表述为内在的善与外在的善，他的善之所指当然是属人的和为人的，但对界定一般的价值也具有参考意义。参照亚里士多德的区分，可以将价值相应地划分为"为他的价值"和"自为的价值"，也即是说，一事物（或人）不仅可以对他事物有价值，也可以对自身有价值。在这个意义上即广义地理解，价值可能有四种存在形态：人为他（人）的价值和自为的价值、物为他（人）的价值和自为的价值。

依据上述思路，人的价值形态可分为两种：人在与他人或社会的关系中的价值即人"为他（他人）"的价值，以及人自身的价值即"自为

---

① 亚里士多德：《尼各马可伦理学》，商务印书馆2003年版，第10页。
② 亚里士多德：《尼各马可伦理学》，商务印书馆2003年版，第15页。

（对自己而言）"的价值。人为他的价值是人在与他人或社会的关系中的价值，是相对于他人、群体和社会而言的，是主体间的价值。此种意义上人的价值，乃是就他人而言，并非就此"人"本身而言，因而这"人"及其价值是对象性、手段性的。此种价值不仅取决于这"人"的情况，他的素质、能力、行为等，还取决于他所要满足的他人的情况，这即是通常所理解的"人的价值"。人为他的价值作为指向他物的手段性、关系性的价值存在，以他物为目的，要在这目的上体现出来，要在他人、群体、社会之中得到确认和证实，所谓人的价值在于对社会的贡献、人活着是为了他人生活的更幸福等等，便是在这个意义上说开去的。这种为他的价值虽然与物的为他价值的价值承载主体不同，但其手段性、外在关系性的本质是相同的。人"自为"的价值，则是人作为主体自身的价值，是人自有的、指向自身的价值存在，只需要由作为价值载体的人自身来确定。诚然，这种价值之实现也要依赖于他人和他物，但这种依赖是一种手段指向性关系而非目的指向性关系。人为我的价值对于任何他物、他人及人自身来说，只是目的，是目的性价值。与"自有"性相联系，人自为的价值是"自生"的，是自然进化特别是社会进化的产物，是人长期社会生活和社会实践的结晶，是人自己的创造，而非被赋予。生活、实践丰富人的主体性，也充实着人的价值，人有主体性，就有价值，主体性就是人自为价值的充足根据。

　　人为他的价值与自为的价值是人的价值之两种形态。自为的价值是价值之本，也是人的为他价值得以成立的根据。为他的价值是自为价值的社会表现或实现形式。人所以有为他的价值，就是为了实现自为的价值，为他的价值在这人来说是为他，在他人来说却是自为。承认人自为价值的存在及其合理性，是肯定人之主体性的必然结论，又是肯定人的个性、权利和利益的前提。康德"人就是现世上创造的最终目的"① 之命题，正是对人自为价值的哲学认定，近代以来的人道主义原则，则是对人的自为价值和为他价值关系的一种普遍性的社会承认和肯定。诚然，人的自为价值和为他价值的关系是十分复杂的，许多问题如人与他人、人与社会、个人与群体的关系等，都与此密切相关。

----

① 康德：《判断力批判》（下卷），商务印书馆1964年版，第89页。

　　回到"自然的内在价值"论域。参考上述理解并对"自然的内在价值"说加以引申，可以认为物的价值具有二重性：一是物为人的价值，即物相对于人而言的有用性。这种价值是在主客体关系中产生并存在的，属于关系范畴。通常对物的价值的界定主要指向物为人的价值，即物对人的有用性、对人的意义等，对此种价值的承认和理解并无实质上的歧义。二是物自身的价值，即物自身的属性、存在理由和根据，借用亚里士多德的概念即"自身即是善的事物"，借用泰勒的概念表述，即物"自己的好"（a good of its own）。价值指称意义，认定物的自为价值，即认定物对自身自为的意义，亦即相对于任何事物自身而言，它的存在都有其理由和根据。

　　考虑到人类认识和价值取向进步的总趋势，考虑到价值定位对于确立可持续发展基本方向的意义，对于自然内在价值理念以及同等地对待人和自然等观点，显然需作出仔细的学理辨析。

　　应予以肯定的是，认定自然具有独立于人的内在价值，意在超越以往完全外在地对待自然的态度，无论在学理上是否成立，至少凸显了自然存在的意义，纠正了传统自然观的偏颇，给人以新的启迪和警示。如果自然具有内在的价值，如果自然的价值并非纯主观的，那么判定自然状况之优劣，就会更充分地考虑自然本身的发展要求，而不仅仅取从人的意愿、感受和需要出发。虽然从根本上说，有利于人生存发展的自然状况必然要求有利于自然自身的持续发展，但由于认识和价值取向的局限，人们在一定时期中，在许多场合下并不能正确判定他们根本的、长远的利益以及其行为的种种后果，为谨慎起见，矫枉过正地强调自然自身的价值，强调尊重和慎待自然，显然是弊大于利，是有益无害的，因而是可以理解甚至十分必要的。

　　然而，这种容许并不等于从学理上无条件地认可自然价值与人的价值完全等同，更不能由此一般地得出自然价值与人无关，人类不应利用、干预和改造自然等结论。主张自然价值与人无关的主要根据是，自然价值具有客观性。诚如罗尔斯顿所说，自然的价值并非詹姆士等人所认为的纯粹是观察者心智的产物，可以由人随心所欲地赋予，反之，自然的价值具有客观性，是自在自为的，与人无关。这种看法值得辨析。依据上述对价值的重释，断定自然价值与人有无关系，首先应明确语境和语义，不能一概而论。假定站在人的视角和利益之外，可以承认自然自身的价值、自然"自己的好"，但如果站在人的立场（可持续发展本身就是一种人的立场），自然的"价值"就只能属于后一语义，即为人的价值。

站在人的立场上看待自然的价值，应是相关讨论的基本出发点。就与人的关系而言，自然价值的确具有客观性，不能由人随心所欲地确定，但问题在于承认自然价值的客观性并不意味着它与人无涉。价值的客观性，是指价值有其产生的客观基础，必然与事物及其性质相联系，某一自然物是否具有某种价值及其价值之大小，首先取决于该事物是否具有某种特定的性质以能够满足人的需要。然而，价值的客观性并不排斥主体性，并不意味着完全与人无关。就自然物而言，某种客观性质构成为价值的基础，却并非就是现实的价值，而只是潜在的价值。潜在的价值要在与人的关系中才能转化为现实的价值。自然物的某种属性所以成为潜在的价值，是因为它可能满足人的某种需要。这正是自然的某些性质有价值而另一些性质没有价值的缘由所在。如果价值与人无涉，那么势必将自然物的性质等同于其价值，势必将自然物的所有性质都视为有价值的，这显然会陷入价值判断的混乱。从人的视角看，自然的价值固然不能由人随意赋予，但也不会仅仅由自然生出，而只能在人与自然的关系中产生。这里的关键是，我们能否在人与自然的关系之外谈论自然的价值？答案应是否定的，离开了人，离开人的需要和人的视角，所谓自然的内在价值只能由其自身来确定，而我们迄今尚无法想象自然如何确定自身的价值，更无从知晓自然对自身价值确定的状况。

从价值学的视角看，断定自然的内在价值完全独立于人，事实上是在人的价值之外又设定了另一种元价值。如果说人们长期奉行的价值"关系说"属于价值价值论上的一元论的话，那么"自然的内在价值"说无疑是主张价值设定上的二元论。价值一元论的实质是认定价值只能有一个终极根据，价值二元论则是认为人和自然两者可以有互不隶属的价值根据。从这个意义上说，二元论并非对一元论的补充，而是根本上的颠覆。就可持续发展领域而言，分别基于价值一元论和二元论，将会得出截然不同的价值定位。

价值的来源或"终极的价值"是一元的还是二元的？这并不是一

个实然的问题，而是一个应然的问题，因而问题的提法似应转换为：价值应当是一元的还是二元的？回答这一问题的关键，是厘清价值设定的本意或旨归，即价值设定问题是怎样提出的，或者说价值存在是如何可能的？研究表明，价值意识起源于人对自我生存意义的确认或肯定。前面已经指出，早期的人类并没有明确的自我价值的意识，原始的图腾崇拜便是例证，由万物有灵观念演变而来的多神论宗教以至于一神论宗教，正是以往自我意识缺失的遗迹。人类的价值意识是长期生活实践的产物，从最初的自我意识到近代的人道主义和康德的"人是目的"理念，再到马克思人的自由全面发展诉求，莫不是人对自身确认和肯定的真切表现。人类的价值观念和理想从其形成开始直到现在和将来，都是属人的也是为人的。即使我们为了强调尊重自然而承认自然的内在价值，也不能认同自然的价值完全平行于人的价值，质言之，不能认同价值二元论。

二、人与自然的价值关系

对价值内蕴的重新厘定，为在可持续发展论域合理地阐释人与自然和人与人的关系提供了前提，并为确定可持续发展的价值取向和定位提供了论据。从可持续发展的相关讨论看，对人与自然的价值关系无论从何种角度或层面来理解，核心的问题就是二者之间的地位关系：人的价值与自然价值是并列的，还是人的价值高于自然价值？

人与自然价值关系的认识经历了一个演变过程。远古时期，由于处于大自然盲目力量的控制和摆布之中，人们总的来说对自然存有一种敬畏心理，并由此形成了种种自然崇拜，虽然有时也有一些"征服"自然的企望，如中国古代神话中的女娲补天、后羿射日、大禹治水、愚公移山，如古希腊神话中有许多关于神和英雄的传说等，但本质上只能停留在幻想的层面上，正如马克思所指出的："任何神话都是用想象和借助想象以征服自然力，支配自然力，把自然力加以形象化。"① 在现实中，人们却不得不匍匐于自然脚下，受到自然力的支配。在古代，虽然还不可能有对人与自然价值关系的理解和比较，但事实上，在人们潜在

---

① 《马克思恩格斯选集》第 2 卷，人民出版社 1995 年版，第 29 页。

的意识里，自然的地位不仅不在人之下，反而往往凌驾于人之上，甚至被视为人类的主宰。人类早期广泛存在的万物有灵论及各种各样的自然物崇拜意识和相关的仪式，就是这一状况的真切表现。

人与自然角色的换位始于近代。近代科学技术和生产的发展，极大地增强了人的能力，改变了人与自然的地位。正如马克思恩格斯所指出的：近代以来，"资产阶级在历史上曾经起过非常革命的作用"①，"它第一个证明了，人的活动能够取得什么样的成就。它创造了完全不同于埃及金字塔、罗马水道和哥特式教堂的奇迹"②。"资产阶级在它的不到一百年的阶级统治中所创造的生产力，比过去一切世代创造的全部生产力还要多，还要大。自然力的征服，机器的采用，化学在工业和农业中的应用，轮船的行驶，铁路的通行，电报的使用，整个整个大陆的开垦，河川的通航，仿佛用法术从地下呼唤出来的大量人口，——过去哪一个世纪料想到在社会劳动里蕴藏有这样的生产力呢？"③ 从那时起特别是近半个多世纪以来，科技日新月异的进步以及生产力的巨大发展，极大地释放了人类的能量，提升了人变革外部世界的能力，人类移山填海，架桥修路，开垦荒山，"上九天揽月"，"下五洋捉鳖"，引起了自然和社会翻天覆地的变化，前所未有地改善了人类的生活，也从根本上提升了人的欲望和自信，正是在这一过程中，人对自然的价值判断，人对待自然的态度发生了根本性的变化：自然从凌驾于人之上、支配人的"神"，彻底走下神坛而变成了人改造的客体和需由人来塑造的被动的"质料"，成为人们征服、驾驭和索取的对象。随着人与自然地位的改变，实践的反主体效应更趋凸显，人与自然的价值关系开始成为问题。正是大自然的报复、生存条件的恶化，给人类敲响了警钟，迫使人们重新审视人与自然关系，这才有了对人与自然价值关系的反思，才有了"自然内在价值"理念的提出，也才有了以其为根据引申出的一些矫枉过正的结论。

环境生态论者关于人的价值与自然价值关系的讨论，往往陷入一个

---

① 《马克思恩格斯选集》第1卷，人民出版社1995年版，第274页。
② 《马克思恩格斯选集》第1卷，人民出版社1995年版，第275页。
③ 《马克思恩格斯选集》第1卷，人民出版社1995年版，第277页。

误区，这就是将人的价值与自然价值分开来理解。他们往往孤立地看待自然价值，单向度地强调自然自在价值的可能性及其独立于人的一面，似乎自然具有独立于人的价值，就等于自然价值与人的价值是并行和平等的，人就无权干预自然进程，不能妄谈改造自然。这实质上是转换了论题或避开了问题的真义。就可持续发展的价值定位而言，问题的实质与其说是自然本身有无价值，毋宁说是应当怎样理解自然的价值，尤其是怎样理解自然价值与人的价值的关系，如自然价值与人的价值有无层次之别，自然价值与人的价值并行、平等，或是高于人的价值，还是人的价值高于自然价值等等，这才是问题的实质所在，也是讨论中的主要分歧点，因为在大多数情况下，争议的焦点不在于是否承认自然的价值，而在于人的价值与自然价值何者优先，从而，人为了自己的生存和发展应否改变自然的性质和形态，亦即人是否有权合理地改造和利用自然。更确切地说，即使承认自然的价值，也回避不了它与人的价值之间的关系这一实质性问题。

为了回答上述实质性问题，应当区别两个不同的问题：自然是否具有独立于人的内在价值以及自然价值与人的价值的关系。

如果拓展以往价值定义的外延，我们可以承认自然有其内在价值。但接下来的问题必然是：自然价值与人的价值是怎样的关系？对自然价值与人的价值的关系可能有四种理解：二者互不相关，自然价值与人的价值平等，自然价值高于人的价值，人的价值高于自然价值。第一种理解可以不论，因为人的价值与自然价值关系的所有讨论皆以二者相关为前提，如果自然的价值与人的价值互不相关，则所有讨论皆无必要。第三种理解已无可讨论之处，因为即使是极端的生态主义者，也不会持这一主张。那么所要重点讨论的，显然是第二种理解和第四种理解。

先说第二种理解。这种理解正是许多生态主义者或环境主义者所主张的。人的价值和自然价值能否平等，关键在于如何确定"价值"，或者说判定价值的尺度是什么。罗尔斯顿的"自然的内在价值"或者泰勒的"自己的好"，根本的前提都是认为人并不是价值的唯一源泉，自然的价值是自有的。还有一些论者认为，自组织系统因其目的性而具有价值、生命物质因其感受性而具有价值。从方法论上看，这种理解陷入了旧唯物主义离开人、人的生存需要和实践来谈论自然的窠臼。在与人无关的意义上，我们可以承认自然的内在价值，但在与人相关的意义上，自然的价值并不是原始性的，不是元价值。设定了自然价值与人的关联，就必然意味着肯定人的价值高于自然的价值。承认自然价值与人的价值相关，也就排除了二者的并列关系，因为并列的前提是并立或各自独立，是与人的价值无涉。既然相关，就只能有两种情况，要么人的价值高于自然价值，要么自然价值高于人的价值。如果二者必居其一，结论当然是前者而不是后者。

再说最后一种也是笔者的理解。从前面对价值概念的重新厘定可以推论，可持续发展论域中人的价值与自然价值的关系，本质上是人的"自为价值"与自然的"为他价值"之间的关系。分离地看，人有人的自为（内在）价值，自然有自然的自为（内在）价值，二者皆有存在的根据且互不从属，似乎并不相关。但如上所说，基于可持续发展语境的自然价值讨论，不应该也不可能脱离与人的关系，在此种讨论中，自然的价值必然要与人的价值相关联。如果承认这一点，那么从与人的关系中看或从人的生存和实践角度看，人的价值与自然价值是不对称的。这种不对称的根本原因在于，人与自然之间的价值关系只能是人的"自为价值"与自然"为他价值"的关系，因而人与自然的价值比较，只能在人的"自为价值"与自然的"为他价值"之间进行，舍此并无其他比较之可能。其一，不能将人的为他价值与自然的自为价值相比较，因为作为"最后目的"，人的为他价值只能是相对与人而言的。其二，不能将人的自为价值与自然的自为价值相比较，因为两者没有内在的关联从而不存在比较的基础或中介。人与自然价值地位的不对称，决定了人的价值与自然价值之间存在着层次之别：人的价值高于自然价值。对此，可以从人生存方式的自然进化根据和实践基础两个方面来理解。

人的价值高于自然价值，是自然进化使然。自然特别是生物的进化，使人处于自然界尤其是生物生存链的顶端，由此，人的生存以其他自然物为条件，将世间万物视为手段，是合乎自然规律、顺应进化趋势的事情。离开自然进化规则抽象地谈论人与自然物价值和权利的平等，不仅无从说明人生存发展的自然基础，也难以对不同生物之间的关系作出解释，例如无法说明生物界物种间相互依存、物竞天择现象的合理性。假定一切生物皆有无关他物的内在价值，这些价值是完全平等的，所有生物皆有同等的权利，那么按此逻辑推论，任何一种生物都无权将他物当做自己生存的条件，大鱼不能吃小鱼，肉食动物无权捕食草食动物，草食动物无权食用植物……如果这样，很显然，每一种生物都不能生存，其"内在价值"和"权利"便无从谈起。

人的价值高于自然价值，又是实践的结果。劳动创造了人，也创造了人的生存方式，这就是，人不满足于天然的自然物，要通过对自然的改造，在有用的形式上利用自然物维持生存和发展。其结果是：人，只有人的生存发展要以其他自然物为条件，而其他自然物生存发展却并不以人的存在为条件。劳动将人从自然中提升出来，决定了人的生存方式不是适应型而是变革型的，人不能简单地顺应自然，而须改变自然物的天然形态即变革自然。从发生学的视角看，人与自然的关系基于人的实践和生存方式，实践造就了人的生存方式，也造就了特定的"人与自然的关系"。实践和人的生存方式的互动，是人改造自然最深刻的根源；实践对人的生存方式的规定及其合规律与合理性，是人的价值高于自然价值最充足的理由。

人的价值高于自然的价值，还在于人类在本性上优越于他物。罗尔斯顿曾试图肯定人在评价自然时超越主体视角的可能性。他指出："人类心理与道德性的一个独特之处，便是我们对荒野事物的评价可以就这些事物本身进行，而不必根据我们的利益，而且在评价时能对我们自己在自然中的位置作出估计。……而不管一个具体事件是否有助于我们的生存、福祉与便利。我们把资源关系放到一边去，而带着道德判断来审视自然界。……我们不只是对生存价值加以修改，而是超越了生存价值。人类的到来确实是全新的，因为我们能达到一种地球上前所未有的、几乎是超自然的利他主义。"[①] 虽然这里论证的重点是人可以也应该带着道德判断来审视自然，但客观上却指出了人高于他物的特点：人不仅具有自我意识并怜悯同类，而且也能善及他物。这一论证，与其说是肯定了人可以以其他视角看待自然，不如说是肯定了人的视角或胸怀

---

① 霍尔姆斯·罗尔斯顿三世：《哲学走向荒野》，吉林人民出版社2000年版，第250页。

独特的利他性。人的利他性超越了狭隘的利益诉求，从道德而不仅仅是功利出发看待自然，但这一特性只是表明人作为大自然最高级存在物、大自然的"精灵"所特有的意识和行为的超越性，即具有超越自身利益的道德追求或理想境界。这正是人在价值上高于其他自然物的缘由所在。然而，超越利益的局限并不就是超越人的视野，因为利他的视角无疑是且只能是人所特有的眼光和胸襟。更进一步看，对待自然的利他主义甚至也只是在形式上代自然说话，实质上仍然是基于人自身的生存、价值、情感或审美需要。在此意义上，我们同意罗尔斯顿的如下判断："人类是很有价值的，但其价值并不是高到使其他一切都无价值了。而且，当人类能对其他生命的价值加以考虑时，其价值也就更高了。"①这里肯定了人承认其他生物的价值的可能性，而正是这一点，将使人的价值更高，或者说这本身就表明了人的眼光之高远和胸怀之宽广，表明人的价值意识和自觉，表明人在本性上优越于其他自然物。

正是自然进化和在实践基础上的社会进化，决定了人的价值高于自然的价值。只要我们承认人生存方式的正当性、合理性，就必定承认这一判断，而人生存方式的正当性与合理性对于人来说显然是不证自明的，因为人应该也只能站在人的立场上、以人的眼光看待和对待一切事情，包括对待自然，就像人不能拽着自己的头发离开大地一样，人也不可能真正以他物的视角观察和体认世界。要求人从根本上放弃利用、改造自然物的生存方式而完全顺应自然，既不合理，也不可能。没有人，何来可持续发展要求？又如何实现可持续发展？诚然，人的生活方式可以改进，如选择绿色的生活方式等，然而，绿色的生活方式亦需以变革自然为前提，问题只在于合理地确定人的生存态度、需要定位和生活方式，在确保自然可永续利用的前提下变革自然。

三、人权与自然"权利"

生态哲学家和伦理学家设定自然内在价值的主要目的，是为自然"维权"。他们从自然的内在价值出发，进而认为自然具有某种自有的、

---

① 霍尔姆斯·罗尔斯顿三世：《哲学走向荒野》，吉林人民出版社 2000 年版，第250—251 页。

独立于人的"权利"和"利益"。他们指出，不仅人类，而且其他自然物——从生物物种到生态系统，都有其自身的利益和不容置疑的发展权利，这些权利和利益与人的权利和利益一样不容侵犯。在他们看来，传统的权利概念仅仅承认人的权利而未承认自然的权利，是狭隘的，应将权利概念扩大到一切物种。"生态学在一个非常古老的概念——天赋的权利上，为利奥波德揭示了一种新的内涵。这种思想，在英美文化中是很强烈的，在历史上曾被用来（如在《独立宣言》中）使个人或民族反对统治势力的自我辩护合法化。它强调，根据自然之真正的常规，一定的不可剥夺的权利是属于所有人的。然而，天赋权利从来不包括自然的权利。但是，生态意识将把这些概念扩大到所有的物种中去，甚至地球自身。生活的和自由的——大概还应有追求自由的——权利，必然属于所有的生命，因为大家都是生物共同体的成员。"① 在生态主义看来，如果只承认人的生存发展权而否认自然具有同等的权利，许多破坏自然的行为都可能在保证人的生存发展的理由下正当化、合法化，也就是说，承认自然的权利是保护自然并实现可持续发展的前提。

应该承认，承认自然权利并将其比喻为人的权利，提升了自然的价值，凸显了自然物存在和发展的必要性。把自然持续发展的要求上升为权利，有助于强化人们尊重和保护自然的观念，提高人们对自然重视的程度，提醒人们应当在有利于人生存发展的前提下，要更加珍惜和爱护自然。就此而言，自然权利说在一定限度内是有积极意义的。但是，将自然的生存发展要求当做是一种权利，只能是一种比附，并不意味着自然权利完全等价和并立于人的权利，全面地看，确立可持续发展理念，可以承认和维护自然的权利，但却不应将自然权利与人的权利对立起来，更不应将自然权利凌驾于人的权利之上，对自然权利的保障只有纳入对人生存发展权利维护的范畴，才是合理的并且也才是可能的。

"自然权利"说是比附人权说提出的，并是相对于人权而言的，因而只有在两种"权利"的比较中才能对之作出合理的理解。

人权是人自身的权利，是由人自身提出和确认的，是社会实践和历史进步的产物。关于"人权"的来源，近代以来一直有争论。为证明

---

① 唐纳德·沃斯特：《自然的经济体系》，商务印书馆1999年版，第339页。

人权的合法（合理）性及其至高无上的地位，欧洲近代启蒙思想家提出"天赋人权"说，认为人权是人从造物主那里获得的天赋权利，是超历史、超社会的。与这一理解相反，黑格尔则认为："'人权'不是天赋的，而是历史地产生的。"[①] 马克思赞同并发挥了黑格尔这一思想，明确指出："权利决不能超出社会的经济结构以及由经济结构制约的社会的文化发展。"[②] 关于人权是天赋的还是历史地产生的之争论仍在继续，但可以肯定的一点是，人权作为人所要求的权利是人赋而非天赋，即使有"天赋人权"一说且广为流传，这里的"天"依然是"人"，因其由人所假定，从而是人代天言，所谓"天赋"一说，旨在强调其毋庸置疑的合理性及"合法性"。

对人权观念的产生和演变过程的追溯将表明，黑格尔与马克思的观点更为切近历史的真实。

人权诉求和观念不是从来就有的，在人类出现后一个很长的时期内，并不存在普遍的人权诉求，也没有相关的理论和行为。人权理念和实践是近代社会历史条件的产物。人权理念萌芽于欧洲文艺复兴时期而形成于17、18世纪，是资产阶级反对宗教神权和封建君权的理论表现。文艺复兴时期，资本主义生产方式开始在西欧萌芽，与之相适应，出现了早期的人文主义。针对宗教禁欲主义，人文主义要求将注意力从神转向人，从天堂转向尘世，明确提出人们应该追求现世生活的幸福。这种倡导人生幸福和个性自由的思想倾向，为人权理论的出现提供了思想先导。16世纪末至18世纪，随着资本主义生产方式在欧洲迅速发展，资产阶级思想家相应地提出了自由平等等政治法律要求，并进而将其演进为系统的人权理论。人权理论的提出，是资本主义商品经济同原有封建制度矛盾的反映。前者要求等价交换，后者则在法律上规定了等级差别；前者要求自由贸易，后者则各自为政、关税林立；前者要求有自由的经营者和劳动力，后者则竭力维持非经济的人身依附关系。如此等等水火不容的冲突，迫使资产阶级将经济上的愿望上升为政治上的生存、平等、自由、财产等要求。从资产阶级人权诉求的内容看，每一项都具

---

① 《马克思恩格斯全集》第2卷，人民出版社1957年版，第146页。
② 《马克思恩格斯选集》第3卷，人民出版社1995年版，第305页。

有鲜明的针对性，针对着封建专制制度，也诉求着资产阶级当前和未来的利益。

资产阶级要求生存权。这是针对封建专制制度非法监禁、滥施刑罚、残酷迫害进步人士、任意剥夺人的生命的状况提出的。霍布斯认为，生存权是人的首要权利，它来源于人的自我保存本性。洛克认为，就自然理性来说，人一出生即享有生存权，因而人不能无正当理由地放弃生命，亦不能任意剥夺他人的生命。"一个人既然没有创造自己生命的能力，就不能用契约或通过同意把自己交由任何人奴役，或置身于别人的绝对的、任意的权力之下，任其夺去生命。"① 伏尔泰和卢梭认为自我保存是人的本能，是自然律的第一条。"无论以任何代价抛弃生命和自由，都是既违反自然同时也违反理性的。"②

资产阶级要求自由权。这是针对封建专制制度在经济、政治和思想上剥夺和压制自由的状况提出的。洛克认为，人有完全自由规定自己的行动，处理自己的财物和人身；不请求许可，也不依从任何旁人的意志。③ "人类天生都是自由、平等和独立的，如不得本人同意，不能把任何人置于这种状态之外，使受制于另一个人的政治权利。"④ 卢梭认为，自由是人类主要的天然禀赋，是人一切能力中最高的能力。"放弃自己的自由，就是放弃自己做人的资格，就是放弃人类的权利……这样一种弃权是不合人性的。"⑤

资产阶级要求平等权。这是针对封建等级制度造成的人们社会地位的不平等状况提出的。洛克认为，所有人生来都是平等的："一切权力和管辖权都是相互的，没有一个人享有多于别人的权力。极为明显，同种和同等的人们既毫无差别地生来就享有自然的一切同样的有利条件，能够与用相同的身心能力，就应该人人平等。"⑥ 伏尔泰认为："一切享有各种天然能力的人，显然都是平等的；当他们发挥各种动物机能的时

---

① 洛克：《政府论》（下篇），商务印书馆 1964 年版，第 17 页。
② 卢梭：《论人类不平等的起源和基础》，商务印书馆 1962 年版，第 137 页。
③ 罗素：《西方哲学史》（下卷），商务印书馆 1976 年版，第 157 页。
④ 洛克：《政府论》（下篇），商务印书馆 1964 年版，第 59 页。
⑤ 卢梭：《社会契约论》，商务印书馆 1980 年版，第 16 页。
⑥ 洛克：《政府论》（下篇），商务印书馆 1964 年版，第 5 页。

候，以及运用他们的理智的时候，他们是平等的。"① 卢梭认为，每个人都生而平等，权利平等是出自人的天性。

资产阶级要求财产权。财产权是其他社会权利的基础，也是资产阶级的特殊利益所在。早在文艺复兴时期，马基雅弗利就提出财产不可侵犯的观点。此后格劳秀斯进一步指出，掠夺他人的财产违反自然法。洛克是近代思想家中极为重视财产权的一位。他认为，财产是不可剥夺的："人们联合成为国家和置身于政府之下的重大的和主要的目的，是保护他们的财产。"②

人权是历史地产生的。"历史地"，不仅意味着人权基于现实的物质利益，有赖于社会物质条件和关系的发展，同时也意味着"权利主体"的自觉。人权不是自然而然的天赋的权利，而是社会发展到一定阶段时人的自觉的主张。人权是特殊性与普遍性的统一，资产阶级理论家提出的人权诉求在反映阶级利益的同时，也表现了人类对权利的一般诉求，是资产阶级特殊要求的普遍表现，从这个意义上可以说，人权是整个人类在漫长的历史过程中共同形成的文明成果，是人类共同追求的价值。人权的形成过程表明，人权既是社会历史发展的产物，也是人对自我生存发展要求的肯定，没有主体的自觉，就没有权利可言。至于人权的实现，更是要经过人们自觉的争取。从近代到当代，争取和维护人权的过程从未中断，真正实现普遍的、全面的人权，特别是实现所有人的经济、政治、文化及其他一切社会权利，仍有待持久的努力。

反观"自然权利"，情况则截然不同。自然权利概念自提出之时起，在内涵的界定及与之相关问题的理解上就歧义丛生。对于可持续发展而言，关于"自然权利"的理解至少有如下几个问题需要澄清。

一是自然权利的含义。权利的词义界定是：公民或法人依法行使的权利和享受的利益，是与义务相对应的。这一界定表明，在既往的理解中，权利是一个社会历史的概念，仅仅为人所持有。或许有人主张应超越对权利的社会性理解，但即便如此，有一点是不可超越的，那就是任

---

① 北京大学哲学系外国哲学史教研室：《18世纪法国哲学》，商务印书馆1963年版，第88页。

② 洛克：《政府论》（下篇），商务印书馆1964年版，第77页。

何权利都应当有明确的主体。权利的主体性可以分为两个方面，一是享有，二是主张或诉求。权利是一种主体性诉求，不仅与权利的享有者相关（即"谁的权利"），同时又与其认定者相关（即"谁认为有此权利"）。以此衡量，我们可以对自然权利概念提出如下疑问：自然权利是自然物相互之间的权利，还是自然对于人的权利？无论是哪一种情况，自然权利的主体性都是不完整的。就人权而言，权利的所有者与认定者是统一的，人权既为人所有，又由人自己来确认，因而人是人权的主体。同样的道理，所谓自然权利必然也有一个权利诉求的问题：这种权利是由谁主张的？显而易见，自然权利的所有者和认定者是分离的。权利的享有者是"自然"，其认定者却是人。此外，权利必然与义务相对应，人有权利亦有相应的义务，那么作为权利主体的自然的义务何在，又如何确定？自然权利所以不能与人权同等对待，原因就在于它的主体是不完整的，是缺位的。

二是自然权利的来源。与上述主体缺位相关，自然权利的来源是不清晰的。自然权利不是从来就有的，自然早在人出现之前就已存在，但却从来就无所谓权利问题，没有对权利的主张，正所谓"天何言哉"。任何权利都是可以追根溯源的，人权就不是天赋或神赋的，而是人赋予的，如果人权天赋，就不存在被剥夺和重新争取的问题。天赋人权实质是人赋人权、人权人赋，那么自然的权利或者说生物的权利又是由何而来，根据何在？或者说，自然权利是谁赋予的，是自然自身，上帝，还是人？所谓"自然权利"，事实上并不是自然的自我权利意识。自然本身并无权利主张，自然之"权利"乃是由人所主张的，是人这个"他者"认定的权利。"与先前对天赋权利的那种请求不同，这（自然权利——引者注）不是由一个被排除的少数派提出或强加在统治阶级头上的要求；而是它要求由那个有实力的精英，为了那个不能说话的低下阶层，做一个道德上的决定。把确定其自身行为的判决权利授予统治阶层，向来都是一种信念所为，而且就只因为这个道理，自然的权利就必然总是处在危难之中。"[1] 至于人为何要确定和保障"自然的权利"，是基于怜悯心，审美需要，还是生存需要，还是诸种原因的共同结果？有

---

[1] 唐纳德·沃斯特：《自然的经济体系》，商务印书馆1999年版，第339页。

待具体地确定。而无论哪一种，皆为人的而非自然的意识和作为，是人代自然言。如果进一步追究的话，那么接下来的问题必然是：人为何要赋予自然权利？当然首先是为了人自己的生存和发展，或许还因为出于人的"天地之心"！事实上，即使是生态主义者也经常将保护自然等同为保护人类自己的家园，这无疑说明自然权利是附属于人的权利的，正是有了人优化生存环境的意识和追求，才有了自然权利的诉求和确认。自然"有"权利，而又无权利意识或只能由人来代言，那么，就此可以得出结论：自然权利实质上是人的权利的衍生物，归根结底是人为着自身生存发展需要而主张和确定的，不能僭越人的权利。

三是在自然权利的范围内人的权利与其他自然物权利之间的关系。假定承认自然的权利，那么大千世界中自然万物之间的权利有无大小之分和层次之别？例如在自然界中，哪种生命是有权利的，哪种是没有权利的？如果每一种生命都有生存发展的权利，那么这些权利有无大小高低之分？如果所有生物的权利是等价的，那么自然界的生存竞争、物竞天择、弱肉强食是合理的吗？岂不违反了许多生物的权利，岂不是应加以制止？事实上，人类无须也无力对自然物之间的生存竞争加以制止，因为这种行为本身就侵犯了自然权，又因为人类根本不可能全面、彻底地干预自然物的竞争，除非将所有生物消灭殆尽，鉴于此，结论只能是认可生物之间的权利不平等。如果承认自然物的权利是不平等的，那么就势必对于不同自然物的权利进行区分。接下来的问题就是按什么标准或尺度进行区分。能够想象到的标准恐怕还是进化的程度。就整个自然界而言，应是有机物高于无机物、生物高于非生物，就生物而言，应是高等生物优于低等生物，等等。以此类推，作为自然发展顶端的人的权利显然要高于其他自然物的权利。根据这一逻辑并从人与自然物的现实关系看，即使仅仅作为自然界的一员而言，人与其他自然物的关系也只能是物竞天择，是人改造、驾驭和利用其他自然物，也就是说，自然权利即便存在，也不能与人自身的权利等量齐观、同日而语。

四是不承认自然独立于人的权利是否必然导致对自然的破坏。有人曾经担心，承认人权高于自然权利必然导致破坏自然的行为在保证人生存发展的理由下正当化和合法化，这种担心可以理解，但却不能成立，因为承认人权高于自然权利与破坏自然之间并无必然的关联。一种权利受到侵犯，往往取决于诸多因素。以人权为例。对人权的承认已逾几个世纪，但侵犯人权的现象迄今仍屡见不鲜。原因在于其他的因素，包括经济社会条件、对人权内涵的理解、利益驱动以及意识形态和文化传统的因素等。稍加分析便不难看到，人类对自然的破坏并非由于只承认人的权利而未承认自然的权利，而在于其他的原因——以往主要是认识方面的原因，缺乏对人与自然内在联系的认识；现在主要是价值选择方面的原因，不合理生活方式已成为对自然资源的掠夺和对自然环境破坏的主要原因。不仅承认人权高于自然权利不会必然导致对自然的破坏，反之，只有从保障人类生存发展权利出发理解和对待自然的权利，为自然维"权"才是合理的，也才是可能的和现实的。当人的权利尚未实现或成为问题时，保障自然的权利显然只能流于空谈，因为人类是自然界最强势的物种，如果生存需要得不到满足，必然会侵害其他物种的生存条件，例如不顾一切地滥伐滥垦、与其他自然物争夺资源、破坏生态系统甚至灭绝其他物种等。如是，不仅谈不上承认和维护自然的权利，反而会在更大程度上危及自然、剥夺其他自然物的生存权。就此也可以认为，在价值定位关系上，人的权利高于其他生物的"权利"。

以上论述表明，离开人的诉求，与人无关的自然权利既难以理解和确认，更难以实现和维护。有学者曾尖锐地指出："有的后现代主义者就设想，如果没有人类，自然的生态圈会更繁荣——这或许是可能的，但如果真的没有人类，也就不会有这种设想了。"[1] 显而易见，没有人类不仅不会有保护自然的设想，更不会有可持续发展的行动。以上论述还表明，矫枉过正地强调自然的"内在价值"和自然的权利，毕竟存在着理论上的破绽，不足以科学地说明可持续发展问题，甚至可能导致权利观上的二元论，将人的权利与自然权利对立起来，从而造成环境保护与经济发展的对立，对可持续发展目标和措施的确定产生误导。这种担忧当然不是杞人忧天。个别极端的深生态学家就曾提出人类是地球生命物质的一种疾病的观点，主张把人类从自然系统中清除出去。可以想象，如果将人与自然的对立强化到如此水火不容的地步，还何谈可持续发展？又会给可持续发展造成怎样的负面影响？

---

[1] 陈昌曙：《哲学视野中的可持续发展》，中国社会科学出版社 2000 年版，第 51 页。

　　反过来看，在改造自然的过程中，即使人致力于保护自然，也只是或主要是基于自己的需要——物质方面的需要或精神方面的需要（如对某些高级动物的怜悯心）。人只能站在人的立场，以人的眼光，从人的利益出发去衡量人的权利与自然"权利"之轻重。另一方面，从人的视角看，由于进化所致，人如果不去利用从而改造自然物，既不能生存，更遑论发展。

　　"每一个人，不管是现在的还是将来的人，都有生活的权利，都有像样地生活的权利。"[①] 任何一个人要像样地生活，都必须占有并消费一定的物质资料，而物质资料又必须通过改变自然来获取，迄今为止，别无他途。从这一逻辑看，实现人生存发展的权利，必然要限制甚至"侵占"自然的权利，或者说，在人的活动中，维护人的权利与维护自然的权利显然不可能完全并行不悖，而必然会产生矛盾和对立。当人权与自然权利发生冲突时，何者优先？这就引出了可持续发展的价值定位问题。对人的价值与自然价值关系的厘定，为可持续发展的价值定位提供了理论依据。

四、可持续发展的价值定位

　　分析可持续发展的价值定位，意在确定可持续发展的基本价值取向和目标，使可持续发展按照其本意在科学、合理的轨道上运行。

　　承认并正视人与自然的对立是确定可持续发展价值定位的前提。可持续发展所以需要价值定位，是因为其中的两个关键因素即人与自然存在着矛盾，正是二者之间的矛盾使可持续发展面临着价值选择，从而需给予价值的定位。一些生态主义者简单地认为，只要人顺应自然，放弃对自然的改造，人与自然的矛盾便不复存在或迎刃而解，这种漠视人与自然矛盾的看法，事实上只能是一种善意的空想。人与自然的矛盾是必然的，是由人的生存方式决定的。至少在生物界，包括人以外的所有其他高等生物，其生存（或为了生存的竞争）都影响到其他的自然物，都必然与自然界产生或多或少的影响，然而，这种影响一般来说都没有超出自然本身运行的范围，或者说根本上就是自然运行的一部分。人则

　　[①]　世界环境与发展委员会：《我们共同的未来》，吉林人民出版社 1997 年版，第 49 页。

不同，人是自然进化的最高产物，处于自然进化链条的顶端，这一地位，不仅决定了人必须依赖于其他所有自然物才能生存，决定了人利用甚至改造自然的"合法性"，也决定了人只有改造自然才能在有用的形式上利用自然。这就为人与自然产生矛盾埋下了伏笔，因为随着需要和能力的发展，人对自然的改造超越了自然运行的范围，超越了自然能够承受的限度，其中最为严重的，是改变了自然运行固有的轨道和逻辑，同时还改变了自然物（特别是生命物质）进化的机制。基于人的生存方式，人的发展与自然的持续本质上存在着内在矛盾。

作为当代社会发展的总体性目标，可持续发展是"可持续"与"发展"两种要求的内在统一。应当看到，"可持续"与"发展"的"统一"是一种理想诉求，在现实中，二者既有统一的一面，又会产生矛盾，就其自发倾向来说，往往是矛盾的一面大于统一的一面。当代社会现实一再表明，追求经济发展，通常会给资源和环境带来压力，影响到自然的持续发展，而保持自然的持续发展，则可能制约经济的增长。因此，在持续与发展之间发生冲突时，必然存在着一个判定孰重孰轻从而加以权重和取舍的问题，并且权重和取舍所依据的标准，则应在总体上体现着持续与发展的统一。也就是说，为了协调持续与发展的关系，必须有一个可以在总体上统摄和体现持续与发展相统一的更高层面的尺度，也就是引领可持续发展的最高价值。这一最高价值只能是人的发展。着眼于生存和发展，人在面对与自然的矛盾时就不可能能消极地回避，而只能积极地应对，不可能无所作为地顺应自然固有的性质和逻辑，而只能按照自己的需要看待并处理与自然的关系。这是解决人与自然矛盾的基本路径选择。由此可见，人的发展是可持续发展的根本价值定位。

将可持续发展的根本价值定位于人的发展，是因为资源环境问题带来了人的生存发展危机。

稍加辨析便不难看到，在资源环境问题的讨论中，人们关注的主要甚至仅仅是地球上自然的权利，而不是所有"自然"的权利。这是可以理解的。自然的范围无限广大，在地球之外，浩瀚的宇宙中存在着大量其他的星球，迄今为止，但凡人类有所了解的星球，自然环境都比地球更加恶劣（下文将要指出，对环境优劣的判定本身就是以人为尺度的），地球上现存的荒漠化等许多环境问题，在其他星球上同样存在，而且其程度还远胜于地球，最有说服力的证据就是，至少我们迄今还未在其他星球上发现人类生存的条件。然而，人们并未对其他星球的状况表现出感同身受的担忧。人们所以并未像关注地球的环境那样关注其他星球的环境，是因为它们无关于人的生存与发展，至少在可以预见的将来对人类生存发展的影响不大。进一步说，所谓环境的优劣，根本上是相对于人而言的，正因为如此，其他自在的、与人无关的星球便无所谓环境"好"、"坏"的问题。

这里可以引申出保护自然的目的及人对自然的总体态度。可持续发展问题归根结底缘起于人的持续发展危机，保护自然就既要遵循自然的持续发展要求也要符合人的发展需要。进一步说，以人的发展为目的这一取向，决定了我们在实施可持续发展战略中，对自然应采取改造与保护相结合的原则。改造与保护相结合包含两层含义，一是在改造中保护。保护并非无所作为或简单维持自然的现状，因为仅仅顺从自然而不去改造自然，不是人的生存方式。所以在改造中保护就是在有利于人的生存发展这一前提下，尽可能遵从自然的性质和发展要求。二是通过改造来保护。由于自然灾害不可避免，又由于长期以来人们对自然的破坏已达到相当严重的程度，只有通过人自觉地改造，才能使之得到改善，使资源环境危机得以缓解，或者说，非有人力的干预，自然的良性状态难以得到恢复，更谈不上自然的持续发展！以人的发展为引领，由单纯强调环境保护转向环境保护与发展并重，将使可持续发展走出片面性理解及由此所造成的欲速则不达的困境。

将可持续发展的根本价值定位于人的发展，是因为人的发展内在地蕴涵着自然的持续发展。

人的发展内在地蕴涵着自然的持续发展，是由于从根本上说，"自然适应于人"内在地包含着"人适应自然"，因为人只有尊重自然规律，充分考虑自然的性质和要求，才能维系自然的持续发展，也才能满足人自身的需要。否则，破坏了自然也就危及着人类自身的利益。人与自然虽然有对立的一面，但如果人们能有效而合理地利用自然，在改造自然的同时也遵循自然发展的规律和要求，那么矛盾就不会如此尖锐，至少不会导致对自然的破坏以及人类不可持续发展的危机。毋庸讳言，在现实中，人们为了自己的利益破坏自然的例子屡见不鲜，但这绝不是人类的自觉行为，更不符合人类的整体利益。诚然，"自然适应于人"不会自然而然地导致"人适应自然"，将两种"适应"内在统一起来，应是人的活动自觉的选择与追求。这里的关键，就是克服"可持续发展"与"人的发展"的对立，既不能因满足人的需要而危害自然的发展，又不能因保护自然而限制人的发展和社会进步。

克服"可持续发展"与"人的发展"的对立，首先必须转变可持续发展研究的思维方式，确立自然"持续"与人的"发展"相统一的理念。一些坚定的生态主义者，为了强调环境保护的重要性，在潜意识中将人及其活动与自然的持续发展绝对对立起来，似乎只要肯定人对自然的改造，就必然会危害自然、破坏环境。这显然是囿于绝对对立的思维方式，在非此即彼的对立关系中思考问题。依从这种对立的思维方式，只能在人与自然的关系中看到对立的一面，而忽视其统一的一面，以强调自然的持续发展而搁置甚至否定人的生存和发展。在可持续发展问题上，必须超越在此类绝对对立的思维方式，在充分估计到人与自然对立一面的同时，也看到二者统一的一面，肯定人的观念和行为具有追求二者统一的内在趋势，肯定人类有能力在满足生存发展需要过程中保障自然的持续发展。

人与自然的对立是事实，承认二者的对立，就是要以对立的方式提问，着眼于人与自然的矛盾、人的活动对自然持续发展的影响。但与此同时，又要以统一的方式思考，充分估量环境保护对经济社会发展特别是人的生存发展的价值，充分估计人类保护资源环境的意愿，又充分估量人类实现自身和自然发展统一的能力亦即人类实现与自然和谐的可能。国内外已有大量的事例和经验表明，人与自然是应该也可能统一的。实践不仅具有反主体效应，更具有为主体效应。在深入认识并充分尊重自然规律和性质的基础上协调人与自然的关系，修正对自然的损害，合理地改变并利用自然，既有助于人也有助于自然，实现人与自然的协调发展。

值得庆幸的是，当代环境保护运动整体上已超越了就环境论环境的思维模式，逐渐将资源环境问题与包括经济发展在内的整个社会发展联系起来。将"环境"与"发展"内在关联，在考虑不发达国家发展经济、解决人们生存问题关切的基础上解决环境和资源问题，是环境保护运动的一个重要转向，这一转向的要义，就是以人的发展统领环境保护和经济发展，使看似对立的两种诉求最大限度地统一起来。在这样的语境中，可持续发展是一个综合性概念，"可持续发展既不是单指经济发展或社会发展，也不是单指生态持续，而是指以人为中心的自然——社会——经济复合系统的可持续。"① 其所以要求自然——社会——经济复合系统的永续发展，就是因为诸种发展的核心是人的发展。可持续发展既然缘起于人对自己生存发展条件的担忧，从根本上说是人的自我解困行为，就应当既要见物（自然）更要见人，从如何有利于人的生存发展的角度去关注和解决资源环境问题。离开了人的发展这一尺度，无从确定可持续发展的目标、途径和措施，可持续发展势将离开它的本真意义。

对可持续发展价值定位的分析提示我们，可持续发展不是单纯地顺应自然或者为了保护自然而保护自然，而应是合理地改造和利用自然。我们要实行的可持续发展，是一种积极有为的可持续发展。对于我国这样一个经济不够发达，综合国力和人民生活水平亟待提高，各地区发展很不平衡的发展中国家，将可持续发展的根本价值定位于人的发展，具有重要的现实性。由于发展不足、人口众多等因素，在相当长的一个时期内，我们最为迫切的任务仍然是维持生存从而发展经济。在人们的基本物质文化需要得到较好满足之前，单纯强调环境保护，既不具有现实的可能，也得不到大多数人的理解和支持，不可能成为人们共同的行动，可持续发展往往欲速则不达。特殊的国情决定了我们应当实行改造与保护相结合的积极的可持续发展战略，致力于保护自然与发展经济的统一，通过可持续发展来满足人们日益增长的物质文化需要，满足人们对优良环境的要求，促进人的发展。离开人的生存发展要求谈论自然的发展，只能是一相情愿的空谈。只有走改造与保护相结合之路，在改造自然的同时保护自然，才可能有人与自然的协调发展，才能真正促进人与自然的和谐。

---

① 冯华：《怎样实现可持续发展》，中国文史出版社 2005 年版，第 31 页。

五、可持续发展与普遍价值

可持续发展关系到人类的整体利益，是人类共同的期望和行动。可持续发展理念形成及其实践过程，正在并将进一步提出确立人类普遍价值的诉求，同时，也将为普遍价值的形成和实现提供一种示范，提供一个新的切入点或契机。

可持续发展之所以提出了确立普遍价值的诉求，是因为资源环境危机本质上具有全球性。随着全球化进程的深入以及人类活动影响的扩大，资源短缺和环境污染已经超越了国家民族的界限，成了名副其实的全球性、全人类的问题。以环境问题为例。当代的环境危机，已不同于19 世纪或20 世纪初某一地区或某一座城市的烟雾事件、水源污染或光污染等孤立性事件，而演变成了大气污染、臭氧层破坏、北极冰雪融化加速等危及整个人类生存的全球性问题，超越了国家和地区的界限。以人们深受其害的沙尘暴为例，研究表明，由于自然自身的作用和人类活动的影响，整个地球每年散发到空中的尘土达到每平方公里几吨至数百吨，这些尘埃中含有许多有害物质并四处飘散，例如中亚地区的尘埃能够被西风气流搬运到1 万公里以外的夏威夷群岛。20 世纪90 年代，全球发生的重大气象灾害比50 年代多5 倍，经济损失多7 倍。世界卫生组织公布的数据，全球每年因气候变化死亡的人数已达6 万人。联合国第四份气候变化评估报告第三部分《气候变化2007：减缓气候变化》预测，按照目前情况，2000 年至2030 年期间，全球将增排97 亿吨至367 吨二氧化碳当量的温室气体，而化石燃料仍将占全球能源消耗的主要地位。大量的温室气体排放引起了地球气温持续上升，有科学家预测，如果平均气温上升4 摄氏度，全球就会有30 多亿人面临缺水问题；气温升高将导致地球两极冰雪融化和海平面上升，地球上众多海岸线将被海水侵蚀，许多沿海城市将被淹没，一些岛屿也将不复存在。

问题的普遍性决定了利益的普遍性，也决定了解决问题理念和价值取向的普遍性。可持续发展战略的实施要求确立普遍价值。资源环境危机的影响愈趋广泛的事实表明，可持续发展是全世界面临的共同挑战，有赖于人类共同的努力来应对。"世界性的环境问题，比各个国家的环境问题的总和要大。所以它们当然不是单凭各个国家独立的力量就可以解决。世界环境与发展委员会应在各国之间通力合作，超越主权的障碍，采取一切国际手段，在共同对付全球威胁的具体途径方面提出建议，以对付这个根本的问题。"① 人类必须共同应对资源环境危机，但"共同"行动之前提是"共识"，而共识的基础又是形成相同或相似的价值取向，特别是形成表达全人类共同的、根本的利益的普遍价值。在实现可持续发展中所以会遭遇到前面所述的重重障碍，从主观上看都与价值取向和选择的失当相关，显现了价值取向对可持续发展的深刻影响。《增长的极限》一书在剖析环境资源危机及其原因后深刻地指出："人必须探究他们自己——他们的目标和价值——就像他们力求改变这个世界一样。献身于这两项任务必然是无止境的。因此，问题的关键不仅在于人类是否会生存，更重要问题在于人类能否避免在陷入毫无价值的状态中生存。"② 问题的普世性及其与价值取向的相关性表明，在可持续发展中应当确立引领全人类观念和行为的普遍价值。

普遍价值是共同行动的基础。正如汉斯·昆更所指出的："在关系到某些价值、规范以及行为时，如果没有一种最起码的基本意见一致，那么，不论是在一种小一些的还是在一种大一些的团体中，符合人类尊严的共同生活则是不可能的。"③ 这种看法尤其适用于理解可持续发展问题。资源环境问题的全球性，决定了作为人类共同的行为导向的普遍价值尤其为可持续发展所必需。芭芭拉·沃德和勒内·杜博斯"只有一个地球"以及要培育一种对地球这个行星作为整体的合理的忠诚的忠告，便是这一状况的生动反映。人类从古至今，还没有哪一个问题像可持续发展那样普遍地涉及全世界所有人的共同利益；还没有哪一个问题像可持续发展那样需要并且可能通过全人类共同的努力来解决；也没有哪一个问题像可持续发展那样需要人类以共同的价值理念来应对。实现可持续发展固然有赖于科技的进步和生产的发展，但同时或更为根本的是有赖于价值观的转变，有待于确立以人的发展为导向，以合理的生存态度为核心，以人类总体利益至上为原则的普遍（普世）价值理念。

---

① 世界环境与发展委员会：《我们共同的未来》，吉林人民出版社1997年版，第343页。

② 丹尼斯·米都斯：《增长的极限》，吉林人民出版社1997年版，第152—153页。

③ 汉斯·昆更：《世界伦理构想》，三联书店2002年版，第36页。

在可持续发展领域确立以人类总体利益至上为原则的普遍价值理念，将为普遍价值的形成和实现提供一种示范，提供一个新的切入点或契机。

人类对普遍价值的企望由来已久，但以往的价值理想和追求一直停留于意向的层面。究其原因，主要有两点：一方面，这些价值只是一种模糊的图景，并无科学的论证，其中的普遍性本身是有界限的、打折扣的，并非真正的普遍性或"普世"性；另一方面，这些价值诉求在当时完全不具备实现的条件和途径。早在中国古代，就有"大同世界"的理想，在西方，则有"理想国"的追求。对普遍价值自觉的追求，始于近代西方，而其前提是普遍（抽象）人性的提出。近代西方思想家提出了普遍（抽象）的人性和人性论。他们对人性的解释和描述各不相同，如有人认为追求人的自由平等是人的本性，有人认为人的本性是追求幸福和快乐，有人认为人性即自我保存和怜悯同类，有人认为人的本性是"理性、意志、心"，等等。但共同之处在于，认为人性是人所普遍具有的、与生俱来的、永恒不变的"类"本性，是人为人的根据。

抽象人性论曾受到马克思尖锐的批判。但应澄清的是，马克思的批判针对的是人性论者以抽象的人性代替或遮蔽人的具体历史的本质，而不是针对并否定抽象或普遍的人性。阅读马克思的文本不难发现，马克思本人并未否定普遍人性的存在，而是提出了对人性的新理解，他在《1844年经济学哲学手稿》中认为，自由的有意识的活动恰恰就是人的类特性。"有意识的生命活动把人同动物的生命活动直接区别开来。正是由于这一点，人才是类存在物。……通过实践创造对象世界，改造无机界，人证明自己是有意识的类存在物。"[1]《德意志意识形态》中也指出："可以根据意识、宗教或随便别的什么来区别人和动物。一当人开始生产自己的生活资料的时候，这一步是由他们的肉体组织所决定的，人本身就开始把自己和动物区别开来。"[2] 马克思承认人的类特性，且认为是"自由自觉地活动"即实践，这是他在对人性理解上与近代西

---

[1] 马克思：《1844年经济学哲学手稿》，人民出版社2000年版，第57页。
[2] 《马克思恩格斯选集》第1卷，人民出版社1995年版，第67页。

方思想家根本不同之处。但应予强调的是，人性问题并不是他关注的重点，而只是其社会历史研究的起点。基于"全部问题都在于使现存世界革命化，实际地反对并改变现存的事物"①的使命，他关注的重点是由于实践这一人性所必然引出的人的社会本质、人的具体历史的规定及其条件（尤其是生产力状况、社会关系和制度）。正是由于关注和强调人的本质而不是人性，正是由于强调人的本质的社会制约性，才使后人得出了所谓马克思否定人性（人的类特性）的误解。

实践、自由的有意识的活动，是马克思从近代人性论过渡到人的本质科学认识的中介。对人性的实践指认，超越或优越于近代西方思想家的人性理解，因为一方面，实践作为有意识的活动，无疑蕴涵着人的理性、意志和情感，体现着人对生存发展追求的价值取向，具有极大的包容性；另一方面，实践又直接关联着社会历史和现实生活，构成为社会历史研究的逻辑起点（正如恩格斯所指出的，劳动是"理解全部社会史的锁钥"②）。总之，马克思对人性的理解虽然迥异于西方近代思想家，但在承认普遍人性存在这一点上却与其并无二致。

普遍价值的前提，是价值主体的相同或相似，正因为人作为人本质上的相同或相似性，才有可能和必要追求体现所有人共同权益的普遍价值。就此看来，普遍人性是普遍价值的立论基础，只有确定人之为人的共性，才可能导出人皆具有的普遍价值。从另一视角看，人的共性必然地会引出人的普遍价值，包括人格、人权以及与之相关的自由、平等。

纵观以往人类对价值认同的追寻，普遍价值的确立殊为不易。从理论上说，普遍价值可以惠及世人，易为人们广泛接受，但由于利益的分散化甚至相互冲突，或由于人们在利益认同上的差异，在现实中，它对不同的人、不同群体带来的影响是不同的，它在惠及世人的同时，必将损害某些人既有的特殊利益，从而会受到误解或拒斥，其结果是，普遍价值或者得不到公认，或者即使得到公认，也只能部分实现甚至根本不能实现。此类情况表明，一种普遍价值能否确立，不仅取决于这种价值的合理性，还取决于它的可认同度。就合理性而言，奠立在上述普遍人

---

① 《马克思恩格斯选集》第1卷，人民出版社1995年版，第75页。
② 《马克思恩格斯选集》第4卷，人民出版社1995年版，第258页。

性基础上的人道、民主、自由等普遍价值，特别是马克思主义人的发展理念，便是其典型的代表，但众所周知，这些价值迄今仍只是部分得到实现，甚至在很大程度上尚未实现，原因在于，仅有合理性是不够的，在普遍价值得以确立的因素中，其被认同度可能比合理性更为必要，抑或说，普遍价值确立的关键是可认同度。人类可能的普遍价值是领域广泛、种类繁多的，但普遍价值的确立不可能一蹴而就，而应是一个循序渐进的过程，这个"序"，就是其可认同程度。

近代以来人类寻求普遍价值的过程表明，建立普遍价值的主要根据是人道等价值原则和利益。两种因素相比较，后者的地位更为基本。诚然，一种价值的可认同度本身就部分地取决于其合理性，但更取决于它所体现的利益上的共同性或普遍性。共同或普遍利益是普遍价值最坚实的基础，是确立共同价值规范和行为规则恒定的基石。抽象地看，人们对人道等原则的认同程度应高于利益，因为利益有局限性，但现实却并不尽然，如果人们能达至利益上的共同性，最大限度地确定共同利益，其实际的被认同程度往往会更高，至少在当代是如此，问题在于寻求人类共同的利益平台。建立人类共同的利益平台，是确立从而认同普遍价值的要件，可持续发展正是这样一个可能的平台。从这个意义上说，"普遍价值何以可能"的问题，实质上可以转换为"人类的普遍利益何以可能"的问题。

普遍利益何以可能是一个貌似简单实则复杂的问题。所谓简单，在于其内涵不难界定和理解；所谓复杂，则在于其形成路径不易确定，特别是难以在现实中真正体现。难点在于，哪些（例如哪个民族、国家，哪种文化或宗教的）利益可以上升为全人类共同遵从的普遍利益，不同的人显然会作出迥异的理解。此外，即使已经有一些人类（或人类的大多数）公认的利益，也经常会在现实中受到破坏。坦率地说，自人类分化为群体以来，在利益问题上，一直是对立多于统一、博弈和争斗多于合作及互助，如果说也有一些共同利益的话，主要只是局限于一定的群体之中，例如存在于氏族、家庭、阶级、民族、国家以及其他种种集团和群体之中。利益的分化和对立使普遍价值难以形成更难以实现，只有共同利益才能成为普遍价值的基础。可持续发展实践和理念的发展，无疑将为普遍价值的形成和确立提供新的契机。

可持续发展之所以使普遍价值的确立成为可能，首先，在于它作为全球性问题，关系到整个人类生存发展的现实生存及发展前景，最大限度地体现着人们的共同利益，是迄今为止人类能够寻找到的最大利益公约数，最易于得到人类广泛的认同。其次，可持续发展与人类曾经或正在面对的其他全球性问题又有所不同：它直接指向人与自然的关系，本身并不具有阶级、宗教等意识形态特征，较少受到文化差异的影响，在理解上易于达成共识而不遭到拒斥。再次，可持续发展作为一种发展模式和行为本身不具有排他性，一个国家或地区实现可持续发展，改善环境和保护资源，只可能给其他国家或地区带来好处而不会带来危害，从而在此问题上最易于达致双赢或多赢。还有一点，可持续发展不仅在物质的层面符合整个人类普遍而长远的利益，而且还充分体现着人类长期以来追寻的人与自然和谐相处的理想和境界。这几方面特点，决定了可持续发展既有助于提升人们的物质生活质量，又能满足人们的精神需要，最能体现人类共同的利益和价值取向。近些年来在不同领域的国际合作表明，相对而言，各个国家和地区在可持续发展问题上往往比在其他问题上更容易达成共识，原因虽然十分复杂，但最重要的就在于该问题比较能体现各方的共同利益。"巴厘岛路线图"的确定就表明了这一点。2007年12月联合国气候变化大会经反复协商，最终通过了"巴厘岛路线图"。有舆论认为，"路线图"虽然未能确定具体的减排目标，但为2009年前应对气候变化谈判的关键议题确立了议程，在一定程度上表现了各方的合作精神，体现了各国家、地区在可持续发展问题上的共同利益和愿望。这种评价显然触及了问题的实质。

诚然，可持续发展普遍价值的内涵及其确立途径等，仍是需要深入探讨的问题。普遍价值是应然和理想，应然和理想要转变为实然和现实，必然会遭遇一系列障碍。构建普遍价值的主要难点，在于将面临一系列的矛盾，如个人与社会的矛盾、民族国家利益与人类整体利益的矛盾等。由于各国家民族发展的不平衡性，由于利益的分散化和多样化等因素，作为共同的价值取向的可持续发展普遍价值，不可能一蹴而就地形成。但在充分估量困难的同时亦应看到，虽然当今世界上仍存在着种种利益冲突而必须予以正视并认真应对，但经济全球化和知识经济带来的普遍交往以及人的需要和生活方式的改变，使不同国家民族和社会集团间的共同利益逐渐增加，从而使确立共同的价值理念成为必要，并为普遍价值的形成提供了现实的可能性。在人类社会真正进入"世界历史"时期的当代，确立普遍价值，不仅有利于解决人类共同面临的问题，也是人的发展的内在要求。

应该指出的是，可持续发展普遍价值的形成，不仅有利于缓解资源环境危机，和谐人与自然的关系，而且具有更为广泛的影响。从一定意义上说，将为人们一直以来对普遍价值的寻求提供一个有益的范式，昭示一种现实的可能性。可以认为，可持续发展领域普遍价值的形成，将是人类确立普遍价值的一个突破点。特别应指出的是，它提供了一种启示：普遍价值的确立，既要着眼于合理性，又要充分顾及所体现的利益的普遍性；合理性与普遍利益的结合，是确立普遍价值的基本原则。

第六章 人与自然关系解读

　　人的生存方式决定了他与自然既有统一的一面，又有对立的一面，这是理解人与自然和谐的前提。作为可持续发展的目标，人与自然协调发展并非自然本身的要求，而是人所追求的目标。在可持续发展中，自然适应于人的发展也内在地包含着自然的持续发展。人与自然和谐的基本方向是自然适应人的发展。人与自然的和谐是一个动态的过程。

一、马克思主义的自然观

　　科学史和哲学史揭示了人们对自然认识的过程，也展示了人类自然观的变化。自然观是人们对自然界的总的看法，是人们对自己与自然关系的总体理解。随着人与自然关系的演变，人们对自然的看法、对自身与自然关系的认识，也经历了一个逐渐深化的过程。马克思主义自然观合理地界定了人与自然的关系，是构建可持续发展观的重要立论基础。

　　在古代，由于经验积累的限制特别是缺乏独立的实验基础，自然科学在很大程度上孕育于哲学和经验直观中，尚未成为真正意义上的精密的科学。在相当长的时期内，人们主要是从直觉出发，以直观的形式在总体上把握自然，与之相关，形成了各种朴素的自然观，如中国古代的"五行"说，古希腊对世界"本源"的诸种理解等。恩格斯曾这样评价古代希腊自然观的特点："这种观点虽然正确地把握了现象的总画面的一般性质，却不足以说明构成这幅总画面的各个细节；而我们要是不知道这些细节，就看不清总画面。"① 这一评价对于其他民族的早期自然观也是基本适用的。朴素自然观的优点是把握了世界联系发展的总特征，其缺陷则是未能认识其具体细节，从而对自然的理解十分模糊。紧接着这一叙述，恩格斯进一步指出："为了认识这些细节，我们不得不把它们从自然的或历史的联系中抽出来，从它们的特性、它们的特殊的原因和结果等等方面来分别地加以研究。"② 这就有了近代自然科学的发展及近代自然观的产生。有一种通行的观点认为，尽管近代的自然科学水平高于古代，但这一时期的一般自然观却低于古代。这一说法不无可议之处。由于注重事物的现状和事物自身的性质，由于长于并重于分析的特点，近代自然观具有机械性和形而上学性，如孤立、静止、片面地看问题等，但它毕竟是对古代朴素自然观的扬弃和超越，因而应该说无论在细节还是整体上都高于古代的自然观。当然，近代自然观也存在着明显的缺陷。除了机械性和形而上学性之外，另一显著的缺陷，就是外在地看待和对待自然，将自然界理解为与人的活动无关的、始终如一的东西。

马克思主义创始人确立了理解自然及其与人的关系的新路径：以实践为基础和中介界定（人生存其中的）自然以及人与自然的关系，将自有人类以来的自然史与社会史看做一个统一的演化过程。"马克思的唯物主义历史观主要关注于'实践唯物主义'。'人与自然的关系从一开始'就是'实践的关系，也就是说，是通过行动建立起来的关系'。"③ 这一论述指明了马克思自然观从实践出发理解人与自然的关系的本质特点。施密特曾这样叙述马克思自然观的特点："把马克思的自然概念从一开始同其他种种自然观区别开来的东西，是马克思自然概念

---

① 《马克思恩格斯选集》第3卷，人民出版社1995年版，第359页。
② 《马克思恩格斯选集》第3卷，人民出版社1995年版，第359页。
③ 约翰·贝拉米·福斯特：《马克思的生态学——唯物主义与自然》，高等教育出版社2006年版，第3页。

的社会—历史性质。马克思认为自然是'一切劳动资料和劳动对象的第一源泉'，就是说，他把自然看成从最初起就是和人的活动相关联的。他有关自然的其他一切言论，都是思辨的、认识论的或自然科学的，都已是以人对自然进行工艺学的、经济的占有之方式总体为前提的，即以社会的实践为前提的。"① 正如施密特所意识到的，马克思自然观的创立，确立了从实践出发理解自然以及人与自然关系的路径，实现了自然观特别是对人与自然关系认识上的变革。

施密特的论述指明了马克思自然观的两个显著特点："以社会的实践为前提"和"社会—历史性质"。这两个特点是相互关联的，从实践出发理解人与自然的关系是出发点，将社会历史与自然内在关联并视为统一的过程则是其结论，也是进一步诠释人与自然关系的方法。

马克思揭示了旧唯物主义的主要缺点是对对象只是从客体的或直观的形式去理解，而不是把它当做实践去理解，并指出，费尔巴哈不满意抽象的思维而诉诸感性的直观，但却不是把感性看做实践的、人的感性的活动。他和恩格斯在《德意志意识形态》中比较系统地批判了费尔巴哈离开实践理解自然的抽象的自然观，尖锐地指出，费尔巴哈"没有看到，他周围的感性世界决不是某种开天辟地以来就直接存在的、始终如一的东西，而是工业和社会状况的产物，是历史的产物，是世世代代活动的结果。其中每一代都立足于前一代所达到的基础上，继续发展前一代的工业和交往，并随着需要的改变而改变它的社会制度。甚至连最简单的'感性确定性'的对象也只是由于社会发展、由于工业和商业交往才提供给他的"②。他们认为："这种活动、这种连续不断的感性劳动和创造、这种生产，正是整个现存的感性世界的基础。……先于人类历史而存在的那个自然界，不是费尔巴哈生活其中的自然界。"③ 恩格斯在分析费尔巴哈哲学缺陷时又进一步指出，由于离开实践，"无论关于现实的自然界或关于现实的人，他都不能对我们说出任何确定的东西"④。

---

① 施密特：《马克思的自然概念》，商务印书馆 1988 年版，第 2 页。
② 《马克思恩格斯选集》第 1 卷，人民出版社 1995 年版，第 76 页。
③ 《马克思恩格斯选集》第 1 卷，人民出版社 1995 年版，第 77 页。
④ 《马克思恩格斯选集》第 4 卷，人民出版社 1995 年版，第 240 页。

马克思主义自然观在继承前人的基础上，对实践的积极意义或为主体性作出了系统的解释和阐述，指出了实践的批判性和革命性，揭示了人的活动对于周围感性世界的影响，将自然观置于社会历史观的视阈，科学地阐明了人与现实的"感性世界"（人们生活于其中的自然界）的关系。

马克思恩格斯承认自然对于人的优先存在，但更重视人对自然的作用和影响。在他们看来，优先于人类历史存在的那个自然界，不是人生活在其中的"他周围的感性世界"，人生活于其中的自然界是"工业和社会状况的产物"，这种自然界不是先在于人类的、与人无关的存在，而是人类"世世代代活动的结果"。也就是说，他们所讨论的自然界，既是通常自然科学指称的自然界的一部分，又赋予了更为丰富的意义，即实践基础上形成的经过人类改造了的人化的自然界。他们特别看重实践造就的、与人相关的感性世界对于人类生存的意义，认为这种"工业的历史和工业的已经生成的对象性的存在，是一本打开了的关于人的本质力量的书，是感性地摆在我们面前的人的心理学"①。他们还指出，工业是自然界对人因而也是自然科学对人的现实的历史关系。

正是基于上述理解，马克思认为，人与自然是内在关联且相互依存的。他曾深刻地指出了自然史与社会史是的一致性，认为作为广义的社会史之一部分的自然史，并不是自发形成的，而是人的创造。"人和自然界的实在性，即人对人来说作为自然界的存在以及自然界对人来说作为人的存在，已经成为实际的、可以通过感觉直观的。"② "历史本身是自然史的即自然界生成为人这一过程的一个现实部分。自然科学往后将包括关于人的科学，正像关于人的科学包括自然科学一样：这将是一门科学。"③ 在历史过程中，人的活动依赖于一定的物质条件和社会关系，但物质条件和关系的作用却是通过人的活动实现的，并且，物质条件和关系既是以往人们活动的结果，又是当下人们活动的基础，同时还是人们将要改造或创造的对象。物质条件和社会关系的"既成"性，只是

---

① 马克思：《1844 年经济学哲学手稿》，人民出版社 2000 年版，第 88 页。
② 马克思：《1844 年经济学哲学手稿》，人民出版社 2000 年版，第 92 页。
③ 马克思：《1844 年经济学哲学手稿》，人民出版社 2000 年版，第 90 页。

相对于某一特定时代的人而言，而并不意味着它们是某种在人类活动之前就存在的、始终如一的东西。"历史什么事情也没有做，……创造这一切、拥有这一切并为这一切而斗争的，不是'历史'，而正是人，现实的、活生生的人。'历史'并不是把人当作达到自己目的的工具来利用的某种特殊的人格。历史不过是追求着自己目的的人的活动而已。"① 整个所谓世界历史不外是人通过人的劳动而诞生的过程，是自然界对人来说的生成过程。历史包括自然史和社会史，作为历史的自然史是人活动的产物，我们周围的自然界是人类长期劳动的结果，与人的活动密切相关。

马克思主义自然观特别重视自然对于人类生存发展的意义，根据与人类实践和生存的关系将自然区分为自在的自然和人化的自然。当然，与人相关的自然并不等同于人化自然，同时还包括人力所能及的但又未经人改造的自然，亦即与人生存息息相关的、将要纳入人活动领域的潜在的人化自然，但人化自然对人生存发展的意义无疑更为直接也更为重要。对自在自然和人化自然的区分，限定了哲学自然观研究中的"自然"的范围，更凸显了自然与人生存发展的关系。

与上述理解相联系，马克思主义自然观的又一特点，是从人与人的关系中理解人与自然的关系。弗罗洛夫曾指出，马克思创设了"社会—自然"统一的观念，"努力揭示出生态问题同社会生活各方面的联系并重视这些问题的重大社会意义和人道主义意义，这是马克思主义科学地分析生态问题的特点。除了纯粹科学的（认识的）、技术的以及社会经济、政治（其中包括国际法）等方面以外，我们还注意到生态问题具有社会的、文化的、思想的、伦理—人道主义的以及美学方面的重大意义。"② 从马克思主义的自然观出发，"未来的生态学前提是与社会问题和自然科学问题的日益广泛的综合体不可分割地联系在一起的，这不仅包括人与其外部环境怎样相互作用，而且也包括人与人类本身怎样相互作用。"③ 注重自然与人的实践、与社会的内在关联，是马克思主

---

① 《马克思恩格斯全集》第 2 卷，人民出版社 1957 年版，第 118—119 页。
② 弗罗洛夫：《人的前景》，中国社会科学出版社 1989 年版，第 154 页。
③ 弗罗洛夫：《人的前景》，中国社会科学出版社 1989 年版，第 157 页。

义自然观的最为鲜明的特点之一。在马克思主义的自然观中，不仅强调我们周围的自然界是人的活动的产物，而且强调社会关系制约着人与自然的关系，例如强调生产关系制约着生产力的发展。从某种意义上说，从人与人的关系出发解读人与自然的关系这一当今生态学、生态马克思主义等广为采用的研究范式或路径，可以溯源至马克思。

马克思恩格斯不仅较早地注意到实践对环境的影响，而且初步提出了从人与人的关系出发解决环境问题的思路。早在一百多年前，马克思就指出了科技的进步和工艺的改进对于解决资源环境问题的作用，认为它不仅发现新的方法来利用本工业的废料，还利用其他工业的废料，例如，把以前几乎毫无用处的煤焦油，变成了苯胺燃料、茜红燃料（茜素），后来甚至把它变成了药品。马克思还深刻地洞察到，环境问题的解决不仅取决于技术，更有赖于社会关系的合理化。他指出："社会化的人，联合起来的生产者，将合理地调节他们和自然之间的物质变换，把它置于他们的共同控制之下，而不让它作为一种盲目的力量来统治自己；靠消耗最小的力量，在最无愧于和最适合于他们的人类本性的条件下来进行这种物质变换。"① "消耗最小的力量"和"最适合于他们的人类本性的条件下来进行这种物质变换"一说，显然已蕴涵着当代节约资源、保护环境的思想。而更值得关注的是，马克思强调合理地调节人和自然之间的物质变换的前提之一，便是人的社会化和生产者的联合。无独有偶，恩格斯曾更为明确地指出，人只有成为自己的主人，才能成为自然的主人。可见，他们两人都深刻地察觉到社会关系的合理化对于解决人与自然关系的意义。人只有摆脱社会关系的异化，在"自由人的联合体"中成为自己的主人，才可能解决与自然的矛盾，协调与自然的关系。

遗憾的是，后人对马克思主义自然观的解读存在着明显的偏颇，或者将马克思主义自然观看做是某种新的、更高层次的自然哲学，或者低估马克思对"自然"在社会发展中的作用的认识。后一种片面性至少表现为两点：一是对地理环境决定论矫枉过正的批判。一个时期中，人们对地理（自然）环境在社会发展中的作用和地位的评价存在着失误，

---

① 马克思：《资本论》第 3 卷，人民出版社 1975 年版，第 926—927 页。

即使在一定程度上承认自然环境对社会发展的影响，但对"影响"的估量却很不到位。例如，虽然也肯定自然条件是人和社会发展不可缺少的因素，但为了强调生产方式的决定性作用，总是将自然环境理解为社会发展中次要的甚至是纯粹被动的因素，似乎只要发展生产力并相应地改变生产关系，其他问题包括资源环境问题就会迎刃而解，社会就会不断由低级向高级永无止境地发展。二是在对生产力诸要素地位和作用的理解上厚此薄彼。在认定生产关系各要素的作用时，只是或主要是强调劳动者、劳动工具以及科技等因素的作用（如认为只要有了人，什么人间奇迹都能创造出来），虽然也肯定劳动对象不可或缺，但却置于比较被动的位置，将劳动对象理解为生产力中的次要因素。

事实上，马克思对自然因素在社会进步和人的发展中作用的重视，远远超出人们以往的估计，马克思主义自然观对可持续发展理念的借鉴意义尚未得到充分的挖掘与阐释。

正是从人的生存实践出发，马克思恩格斯既看到了自然对人的制约性，分别提出了"自然界，就它自身不是人的身体而言，是人的无机的身体。人靠自然界生活"、"我们连同我们的肉、血和头脑都是属于自然界和存在于自然之中的"等十分深刻的见解；也正是从人的生存实践出发，他们充分肯定了人对自然的超越性，将"通过他所作出的改变来使自然界为自己的目的服务"和"仅仅利用自然界"看做是人与动物的最终差别。马克思主义自然观对可持续发展理念的借鉴意义，就在于它以实践为基础，揭示了人与自然的内在相关性。进一步说，马克思主义自然观对当代人类最深刻的启示在于：人们应当以科学的眼光看待自然，遵循自然规律，又应在实践的基础上以哲学、人学的眼光看待自然，深刻理解自然为人的意义；科学认识是哲学理解的基础，哲学理解是科学认识的归属；尊重自然是改造自然的基础，改造自然是尊重自然的目的。马克思主义自然观为解读人与自然的关系、从哲学层面解读可持续发展提供了一种合理的范式。

二、人与自然的对立统一

根据马克思主义的自然观，无论从人的生存方式还是从可持续发展的视角看，人与自然都既有对立的一面也有统一的一面，是对立的统一，其中统一是对立的前提和基础，对立是统一的实现方式。

人与自然首先具有统一性，人是自然的一部分，必须依赖自然才能生存。恩格斯指出："人来源于动物界这一事实已经决定人永远不能完全摆脱兽性，所以问题永远只能在于摆脱得多些或少些，在于兽性或人性的程度上的差异。"① 恩格斯所谓的"兽性"，当然指的是人与动物共有的自然属性。罗尔斯顿更详细地阐述到："生命是自然赋予我们的，我们有着自然给我们的脑和手，基因和血液中的化学反应，那么可以说我们生命的百分之九十仍是自然的，而只有百分之十是人为的。一个新生儿可以接受任何文化，这说明我们出生时没带任何文化，尽管我们要接受文化的教育才能成为人。但我们出生时就带有自然，任何文化教育如果不顾人出生时就带有的天生的情感，结果将会很糟。"② 人是从自然界发展而来的，永远不可能完全摆脱自然的属性，无法改变自己肉体的生物本质、生理结构和机能，这是科学和历史研究的结论，更是人们的生活常识。

人的自然属性表现在诸多方面，而其最重要者，就是人具有自然进化所造就的生理结构和需要，必须从其他自然物中获取物质、能量和信息。诚然，劳动将人从动物界提升出来，确立了人的主体性，使人在诸多方面迥异于其他自然物，但就生理结构和机能以及对自然的依赖性而言，人与动物之间并无实质的区别。"无论是在人那里还是在动物那里，类生活从肉体方面来说就在于人（和动物一样）靠无机界生活，而人和动物相比越有普遍性，人赖以生活的无机界的范围就越广阔。……人在肉体上只有靠这些自然产品才能生活，不管这些产品是以食物、燃料、衣着的形式还是以住房等等的形式表现出来。"③ 人作为自然界生命物，其生理需要决定了他们的生存永远要依赖于一定的自然条件并受到其制约。人类不仅无力改变对自然物的需要和依赖这一事实，并随着活动范围的扩大，这种依赖反而会进一步加深。

随着科技的进步和生产的发展，人类的确可以改变许多事物，可以

---

① 《马克思恩格斯选集》第3卷，人民出版社1995年版，第442页。
② 霍尔姆斯·罗尔斯顿三世：《哲学走向荒野》，吉林人民出版社2000年版，第473页。
③ 马克思：《1844年经济学哲学手稿》，人民出版社2000年版，第56页。

移山填海，可以超越地球引力飞向太空，可以改变并创造崭新的世界，但他们却不能改变或超越其固有的自然本性。无论人们是否意识到，他们改变外部世界的能力与改变自己生理结构的能力是完全不对等的，前者远远大于后者。科学研究表明，作为长期进化的结果，生物的适应性进化法则不可能随意超越，人可以运用自己的智慧极大地改变外部自然界，但却不可能任意地改变它自身的生理结构和特征。与所引起的外界的变化相比较，人自身生理的变化是极其缓慢的，缓慢到需以万年甚至十万、百万年计。在今天也像在几十万年前一样，人们同样需要呼吸空气、补充水分、摄取食物，需要与自然界进行物质和能量的交换。就人自身而言，其生理变化远远赶不上智力的发展。近代以来，尤其是近几十年来，人类的智慧、科学技术、生产能力，一言以蔽之，人改造自然的能力及其引起的自然界和社会的变化举世瞩目，取得了以往难以想象的巨大成就，创造了不可胜数的巧夺天工般的人造物，将社会推进到了信息化的知识经济时代，但人们生理上对外界变化的适应性却并未有相应的改变。诚然，依靠科技，人们将来可以为自己提供营养更丰富的食物、更高质量的住房、更快速的交通工具，甚至更洁净的空气和饮用水，创造更为精致的生活资料和生存环境，但是，这并不能根本改变人的生理结构和需要。现实表明，人不仅在任何情况下都离不开对自然环境的依赖，而且随着生活条件的改善和生活的精致化，人们的肌体功能包括抵抗力等反而会呈下降趋势，他们对外界自然条件的依赖程度不仅不会降低，反而将愈趋严重。毋庸置疑，在科技和生产飞速发展的时代，人类对资源环境的任何破坏甚至变动都将更深刻地危及人自身的生存。自然内在于人，人须臾不能离开自然而生存，这是人与自然关系的第一个基本方面，是人与自然统一的起点，正是这一起点，决定着人不断追求与自身生存发展方式相适应的人与自然的统一。

人与自然之间又存在着内在的对立。所谓内在的，是指这种对立不是偶然的，而是与人的生存方式内在相关，具有必然性。前面已经指出，人与自然的对立是人与自然统一的实现方式，因为人从自然中获取物质资料的方式与其他动物是根本不同的，人不可能"简单地适应自然"。人的需要具有在实践中不断自我复制、自我建构的倾向，是自然的现状所不能自动满足的，而须通过改变自然物的形式和性质来满足，更为重要的是，对人来说，一种需要满足后，接着又会形成新的需要。也就是说，人的需要既要超越自然物的现状，又会不断地超越自身。与需要的超越性相联系，人对自然的改造便永无止境。既要依赖自然又不能满足于自然，是人与自然关系的根本特点，这一特点不仅决定了人要改造自然，与自然相对立，更决定了人对自然的任何一种改造都只是走向在更高层面与自然统一的途径和手段。

全面地看，人与自然不和谐的责任既在人也在自然，如果完全将责任计在人身上，认为假定人类能像其他动物那样顺应自然，一切危机将烟消云散，那是很幼稚的想法。按照这种思路推论，原始时代理当是人与自然最和谐的时期，因为那时既没有人与自然的全面对抗，也不存在资源环境危机。推而广之，人的能力越是低下，人与自然之间就越是和谐。这显然是一种误解。以原始时代为例，那是人类的生存十分艰难，既无力应对自然灾害，也无力摆脱疾病的威胁，生命没有保障，人的寿命很短，更谈不上生活质量，无论就人与人的关系还是就人与自然的关系而言，都不是所谓"黄金时代"，那时只有人对自然的畏惧和顺从，根本谈不上人与自然的和谐。公允地说，与自然发生对立和冲突的确不是出于人类的故意，实乃不得已而为之，如果人类能像其他动物那样始终安于自然的现状，满足于简单地适应自然，当然无冲突可言。从另一方面说，如果自然能够自动地满足人们不断增长和变化的需要，人与自然之间的物质、能量以及信息交换也不会演变成矛盾甚至冲突。或者说，如果自然界会自动地产生出人们所需的各种各样的生活资料，那么人与自然的关系就会是另一种样子，人们就不必改造自然，也不会终日劳作，挥汗如雨，更不会去制造环境污染，人与自然的关系将会是寄情于山水花草之中，流连于飞瀑浮云之间，人就可以根据自然的性质和自己的情趣将自己的生活安排得更加适意、更加美好。然而遗憾的是，这不是也不可能是事实，在现实中，人的各种需要并不能自动地被自然所满足，从而不得不去改变自然的现状，不得不与自然发生矛盾和冲突。

当然，承认人与自然的对立并不意味着可以任由这种对立扩大，而是要在对立与统一之间保持一种合理的张力。人致力于改造自然，本身就是为了克服自然现状与人的需要之间的差距，使自然满足于人。从这一点说，人改造自然、与自然对立，目的在于实现与自然的统一，当然是在满足人的需要和尊重自然发展基础上的统一。既然如此，人在改变自然的过程中就不能随心所欲。问题在于近代以来科技和生产的进步以及人改造世界成就的日趋显著，使人们充分地体会到改造自然的必要和乐趣，也获得了前所未有的自满和自信，以至于产生了一种错觉，将改变外部世界的能力无限夸大甚至等同于改变自身的能力，有意无意地淡忘了人对自然的依赖，违背了恩格斯关于我们的肉、血和头脑都是属于自然界的之忠告。

人与自然的对立和统一可谓是一个硬币的两面。"从技术论上说的人与自然间的对抗性，从生态学的角度看就只代表事实的一半。如果我们把这当着事实的全部的话，我们真实体验的结构便会被颠倒。这真实的体验是：人性深深地扎根于自然，受惠于自然，也受制于自然。"①"受惠于自然"与"受制于自然"看似不同，实际上是一个问题的两个方面，也可以说是一个问题的两种表述。人"受惠于"自然，必然意味着依赖于从而"受制于"自然。人从自然界中获取生存资料，当然是受惠于自然，但这受惠并不是可有可无的，而是必需的。人"受惠于"自然，自然是人生活的家园，是人们获取生活资料的唯一来源，正因为如此，他们又截然不能离开自然。从这个意义上说，所有的人都必须"受惠于自然"也必然会"受制于"自然。可持续发展研究清楚地表明，人类不仅要在自然中生存，而且他们生存质量之高低，他们未来的发展前景等，都取决于自然的状况。由此，人不能陶醉于对自然的征服，不应凌驾于自然之上外在地对待自然。

只要人生存和发展着，人与自然的矛盾就不可避免，人对与自然统一的追求也不会停止。这就要在充分利用自然发展自身的前提下保护自然，通过解决矛盾以达到人与自然的真正统一。统一和对立是人与自然关系相辅相成的两个方面，这一双重关系决定了人改造自然的必然性与合理性，也决定了人在改造自然的过程中必须充分考虑自然的持续发展。这就引出了促进人与自然和谐的问题。人类长期以来形成的生存方式决定了他们不会动物似的被动地顺应自然，无所作为，更不能自视为

---

① 霍尔姆斯·罗尔斯顿三世：《哲学走向荒野》，吉林人民出版社2000年版，第93页。

超人，无所顾忌地对待自然；决定了他们必须主动协调与自然的关系以达致相互间的和谐；决定了"协调"、"和谐"本身便具有改造与保护自然两种取向统一的双重意义。

三、人与自然和谐的基本方向

人与自然的和谐所以成为问题，是由于在现实中，人的发展与自然的发展不仅难以自然而然地协调，而且往往是矛盾的。从自然方面看，它不可能自动满足人的需要，大多数自然物不能现成地为人所利用；从人的方面看，人要在有用的形式上占有自然物，就必须对其加以改造，而要改造自然，必然要干预自然的发展进程，改变自然物的原有形态或性质，要对自然的发展产生影响。这就是人与自然必然发生矛盾的缘由所在。自人出现以后他与自然的矛盾即已存在，而且只要人以人的方式生存和发展，就要从自然中获取物质资料，就要改变自然，与自然的矛盾就不可避免，人与自然之间就存在着不和谐因素。质言之，由于人生存方式的超现实性，人与自然的关系从来就是不和谐的，人与自然的和谐必须通过对两者关系的自觉调整来实现。

促进人与自然的和谐已成为当代社会的共识，但对于如何理解人与自然的和谐则存在着一些分歧。有一种较为流行的意见，认为人与自然的和谐即中国古代所谓的"天人合一"。这种对"天人合一"的解读与西方生态主义者的下述观点不谋而合：人与自然的对立以及人对自然的改造是导致人与自然的不和谐的根本原因，只有放弃对自然的干预，才能真正与自然融为一体，达到人与自然的永久和谐。这种看法应予质疑，而质疑的核心问题是：可持续发展追求的人与自然的和谐究竟应是一种怎样的情形，或者说，在实施可持续发展战略过程中，人与自然和谐的基本态势是什么？是人适应自然，还是自然适应人？还是两者相互适应？

通常认为，人与自然协调发展及两者和谐相处，是可持续发展追求的理想状态。比较得到共识的描述是：人与自然相互促进、共同发展，一方面，自然的发展有利于并促进人的发展；另一方面，人的发展有利于并促进自然的发展。这一描述固然不错，但表达的只是一种目标或结果，而问题的关键却在于如何达到这一目标。人与自然和谐无疑包含着人与自然均衡发展之意，但又不能简单地归结为均衡和对等，不能由此得出结论：为达到和谐，人和自然各退一步，更不应要求人像动物似的融入、回归和顺从自然，与其他自然物互不相扰。由于生存方式决定了人与自然有对立的一面，由于人与自然的和谐是最适合于人生存的环境状态，因而追根究底，两者之间的和谐不是一种既成的状况，而是人生存发展的要求，是人致力于达到的目标。也就是说，人与自然的和谐是由人来确定和推动的动态的过程，是有方向的，这个方向就是有利于人的生存发展。人与自然和谐的方向性决定着实现人与自然的和谐有一个路径的选择问题：应该通过什么方式实现人与自然的和谐？

调整人与自然的关系可以从两个方面入手：使自然适应于人和使人适应于自然。一般地说，着眼于人与自然的和谐，这两种角度的调整都是必需的，并且，由于人与自然的矛盾在不同时期、不同情况下具有不同的特点，因而对人与自然关系进行调整的具体内容和方式应因时、因事而定。但是，就根本上而言，对人与自然关系调整的总的方向应是自然适应于人而不是人适应于自然。人与自然和谐的总体目标，是自然适合于人的生存发展前提下的人与自然的和谐及协调发展。

调整人与自然关系的总的方向是自然适应于人，是由可持续发展的价值定位决定的。可持续发展归根到底是为了人的发展，因此，人与自然的和谐以及和谐的程度终究是由人来判定的。人与自然的和谐虽然涉及人和自然两个方面，但一方面，和谐与否以及和谐程度的感受者是人；另一方面，要求并推进人与自然和谐的行为主体也是人。"天何言哉！四时行焉，百物生焉；天何言哉？"自然并没有与人和谐相处的意识与要求，更没有相应的设计与行为。人与自然的和谐是人生存发展的要求和目标，是基于人生存发展需要而提出的，是人追求更美好、更适于自己生存发展环境的要求。

调整人与自然关系的总的方向是自然适应于人，又是因为"和谐"本身是由人来确定的。讨论人与自然的和谐，应当明晰一个前提性问题：如何判定自然状况之好坏，应当从自然自身的尺度来判定，还是从人的尺度来判定？一般而言，判断自然状况之好坏，主要有以人为尺度或以自然为尺度这两个可能的视角。当然，此外还有第三种可能的尺度，即人与自然相统一的尺度。但深究一步，当人的尺度和自然的尺度发生矛盾时（当下正面临此种情形），如何取舍？由此看来，其一，归根结底仍然是两种尺度；其二，在两种尺度中，必然会有一个何者更为根本的问题。直观地看，似乎应是自然的尺度优先，因为既然是判断自然的状况，当然应以注重自然自身。但问题并不是这样简单，因为对尺度本身就可以有不同的理解：尺度所反映的是自然的价值还是人的价值？是自然的需求还是人的需求？从人的角度看（我们应当并且也只能从这一角度看），判断自然状况之优劣，固然应从自然本身的方面去考虑，着眼于是否有利于自然物的生存发展，但根本上更应从人的方面来考虑，着眼于是否有利于人的生存发展。

调整人与自然关系的总的方向是自然适应于人，不仅是基于人相对于自然具有价值优先性，还因为自然适应于人内在地包含着人适应于自然。要使自然适应于人，为人的生存发展提供良好的条件，就必然要求人尊重自然规律，充分考虑自然发展的要求，保障自然的永续发展；反之，破坏了自然，便破坏了人的生存发展条件，背离了人自身的利益。更透彻地说，在处理人与自然关系的活动中，有利于人类的行为也应有利于自然的持续发展，破坏自然的行为必将直接或间接地危及人类的利益。因此，从可判定性和可操作性来说，协调人与自然关系最基本的、第一位的原则应是有利于人的发展。

有利于人类的行为也应有利于自然的持续发展，因为有利于人的生存和发展应是衡量自然状况最根本的标准。以人为尺度判定自然状况，首先是因为判定的标准是人，离开人的尺度、人生存发展的需要，自然之优劣无从确定。人们公认的自然环境问题，如沙漠化、环境恶化、水污染、温室效应等，所以被视为公害，皆是相对于人生存要求而言的。宇宙中除地球之外的所有星球就人的生存而言，条件较地球更为恶劣，但人们并未感到它们有何危机，其所以如此，正是因为它们至少在可以预见的将来与人的生存发展无涉。以人为尺度判定自然状况，还因为人的尺度较之于其他尺度具有更大的包容性。一般说来，有利于人生存发展的自然状态亦应有利于自然物的生存发展，但有利于自然物生存的自然状态（如自然的原生态）则未必有利于人的生存发展。《我们需要一场变革》的作者曾谈道："笔者曾经有机会看到过非洲的一些比较原始的人类生活方式，那里虽有清洁的空气和宁静的氛围，但是，居住条件恶劣，衣不遮体，食不果腹，疾病丛生，寿命短促，绝不是一个理想的人类环境。"① 由此可见，天然的、原生态的自然环境并不一定是人类生存的理想乐园，正因为如此，人类要对自然进行改造，要开垦和改良土地、植树造林、兴修水利、筑路造屋，营造更有利于生存的人化的自然环境。这一分析表明，自然状态只有适应的人生存发展才可能有人与自然的和谐，反之，便根本谈不上人与自然的和谐。与之相关，各种对于优良环境的理解，也是如此。人应该也必然要站在自身的角度看待和对待自然。

人存在，就不会也不应当停止对自然的改造，这本是常识。然而这一常识在某些生态主义者眼里却成了问题。在他们看来，改造自然就意味着对自然的破坏，放弃对自然的改造和干预才是对自然最大的尊重和保护，这实在是对人与自然和谐、对可持续发展内蕴的莫大误解。人与自然的和谐应是人的内在尺度与自然尺度这两个尺度的统一，人类作用于自然既要符合自身的需要又要符合自然规律，人对自然的利用必须通过融入自然系统而与自然状况（例如自然生态系统或生物圈的整体性）相协调，而不能仅从自身考虑，无视自然的需要，另立与自然系统相排斥甚至对立的人工系统。现实地看，两个尺度本质上可以统一为一个尺度，即人的尺度。因为本质地、长远地看，符合人的尺度有利于人，必然要求有利于自然；反之，破坏了自然，也将危及人类自身，过分地从自然中索取，即使一时一事得利，也将危及人类的长远发展和根本利益。

追求适合人生存发展需要的人与自然的和谐，是人致力于改造自然最充足的、无可置疑的理由。鉴于资源环境危机已经发生并趋于严重，在当今，人对自然改造本身就包含着保护自然的诉求。生态主义者反对改造自然，往往基于这样一种假设：只要停止人的干预，自然就将回复到理想的状态。事实上这是不可能的。因为当今人类生活于其中的自然，早已不是原始的形态，而是深深打上人活动烙印的人化自然，是深受人影响（正面的和负面的影响）的自然。在自然环境已经深受人力干预的情况下，就地停止人的活动既不可取更不可能。解铃还须系铃

---

①　曲格平：《我们需要一场变革》，吉林人民出版社 1997 年版，第 24 页。

人。人所造成的自然问题只有通过人的行为来纠正和弥补。更何况，对人的生存发展而言，自然本身并非完美无缺的，除了人祸之外，还会出现形形色色的天灾，危及人的发展甚至生存。也就是说，在当今，自然环境特别是生态系统已经遭受到巨大的破坏，只有加以人力的干预、纠正，如筑坝引水、治理沙漠、绿化荒山、节能减排等，才能使之较快地趋于平衡、恢复生机。在这个意义上说，不干预或改造自然，也就不可能真正有效地保护自然，不可能有人与自然的和谐。

人与自然的和谐本身就是理想与现实的统一，要追求理想，也要顾及现实。离开人的需要抽象谈论环境保护，不可能成为大多数人特别是正在解决基本生存条件的人们的共识，更不可能成为现实，而只能陷入空想。在实施可持续发展战略过程中追求人与自然的和谐，既不应讳言改造自然，更不能停止对自然的改造。可持续发展的实质是人的发展，是通过自然的持续发展而保障和促进人的持续发展，因而不能仅仅着眼于自然的状况而顺其自然，而应通过对自然的改造，使之朝着有利于人的、与人的生存发展要求相适应的方向持续发展。可持续发展中的人与自然和谐是一个完整的概念，"可持续"是对"发展"的规定和描述，而绝非保持自然、生态、环境、资源现有的状态。为此，既不能无视自然资源和环境的承受能力而盲目追求经济社会发展，导致自然生态的失衡，又不能离开甚至放弃发展而一味强调维持自然的现状。相反，人与自然的和谐是着眼于发展——以人的发展为核心的人与自然的协调发展。人与自然的和谐不是消极无为地顺应自然，而是积极有为地改造自然，在满足人生存发展需要的过程中促进自然的持续发展。

四、人与自然和谐的动态性

人与自然的和谐不是从来就有的，也不是一成不变的，而是动态的、相对的，是具体历史的。广义地说，自有人类以来，就开始了人与自然的相互作用，就形成了人改造自然及自然对人的制约这种双向互动关系，也就出现了人与自然的和谐问题。由于自然自身的变化特别是人对自然持续不断的改造，人与自然的"和谐"关系也经历了一个演变过程。从宏观上说，人与自然和谐关系的演变大致经历了两个转变并三个阶段：从适应自然阶段转变为改造自然阶段，再转变为适应与改造自然统一的阶段。

人与自然关系的第一个阶段，是适应自然。列宁曾形象地指出："在人面前是自然现象之网。本能的人，即野蛮人没有把自己同自然界区分开来，自觉的人则区分开来了。"① 本能的人，即野蛮的人，当为原始的、正在进化的人。这是主体性尚未真正确立的、"动物式"生存的人。其所以是"动物式"的人，是因为他们的生存方式根本上是适应性的，即作为自然内在的一部分，适应并满足于天然的自然状态，例如从自然界中采撷果实、捕杀猎物等。其之所以是人与动物不同，是因为他们已经开始制造和使用最原始的工具，从而既提升了自己的生存能力，也具有向作为主体的人发展的潜在趋势。这时如果说有所谓的和谐的话，也只是一种原始的、人完全顺从自然的和谐。原始的和谐是人单向地适应自然的"和谐"，这种状态如果能称为和谐的话，只能称得上是一种被动的"和谐"，即人像其他动物一样适应、顺应自然，听从自然的支配。这种和谐仅仅是就自然尺度而言的单向度的和谐，因而对人来说并非真正意义上的、适于人生存发展的和谐。

人与自然关系的第二个阶段，是不满足自然的现状而改造自然。这一阶段的总特征，是人单向度地按照自己的尺度改造自然，而总体上不考虑和顾及自然自身发展的需要。这是人的主体性确立和能力增长以及单纯将自然作为外在客体对待的阶段。在这一阶段中，启蒙运动和科技进步提升了人的主体性和能力，也进一步激发了人们日益增长的物质欲望，扩大了人的活动范围，加深了对自然进程的干预。其结果是，人的活动引起了自然界翻天覆地的变化，创造了巨大的物质财富，同时也造成了对自然的巨大破坏，遭到了自然界多方面的、越来越严厉的报复和惩罚。这一阶段出现了人与自然整体上的不和谐，并且不和谐呈现出日渐加速、加深之势，以至于出现了自然不可持续发展的前景，迫使人们提出了人与自然和谐及协调发展的可持续发展诉求。这是我们正在经历的阶段，也是我们正在反思并力图超越的阶段。

人与自然关系的第三个阶段，是按照人与自然相统一的尺度，在改造自然中自觉地保护自然，通过协调人与自然的关系促进人与自然的和

---

① 列宁：《黑格尔〈逻辑学〉一书摘要》，人民出版社1965年版，第10页。

谐。这是迄今正在开启的阶段，在将来，随着人们认识和实践能力的提升、价值观念的转变，人们将在社会关系和谐的基础上不断调节与自然的关系，实现人与自然的协调发展。这是当代人以至于今后数代人将为之不懈努力的目标，也是未来后代人将会身处于其中的与自然和谐相处的阶段。

从第一个阶段向第二个阶段的转变，实现了恩格斯所说的"两次提升"中的第一次提升，即"在物种方面把人从其余的动物中提升出来"①。这一转变是历史性的，因为，一方面，对于（地球上的）自然来说，彻底改变了以往完全自发运动、变化和发展的模式和图景，自然从混沌一体的原始和谐状态分化出作为主体的人和作为客体的自然，形成了人与自然的互动关系；另一方面，对于人来说，真正确立了主体性，确立了人所特有的通过改造自然获取生存资料的生存方式，人类开始按照自己的需要和意愿来安排自己的生活方式，同时也安排身处于其中的自然。从第二个阶段向第三个阶段的转变同样是历史性的，是"人与自然和谐"在更高层次上的"复归"：从人与自然浑然一体的、原始的和谐，转向人与自然清晰区分并合理利用自然基础上的、人自觉追求的和谐。从适应自然到改造自然再到人与自然的协调发展，实际上是从原始的"和谐"到不和谐，再到新的更高基础上的和谐。与原始的和谐不同，可持续发展所追求并将实现的和谐，是人与自然真正意义上的和谐相处——人与自然协调发展：在改造自然中保护自然，在保护自然中改造自然，满足人生存发展的需要。

人与自然的和谐之所以是动态的、相对的，首先是因为自然本身始终处于运动、变化和发展之中。对自然的变化，人们很早就有了认识。"当我们深思熟虑地考察自然界或人类历史或我们自己的精神活动的时候，首先呈现在我们眼前的，是一幅由种种联系和相互作用无穷无尽地交织起来的画面，其中没有任何东西是不动的和不变的，而是一切都在运动、变化、生成和消失。这种原始的、朴素的但实质上正确的世界观是古希腊哲学的世界观，而且是由赫拉克利特最先明白地表述出来的：一切都存在而又不存在，因为一切都在流动，都在不断地变化，不断地

---

① 《马克思恩格斯选集》第 4 卷，人民出版社 1995 年版，第 275 页。

生成和消逝。"① 赫拉克利特"太阳每天都是新的"、"人不能两次踏进同一条河流"等命题，中国汉代思想家王充"苟日新、又日新、日日新"的论断，皆为自然永恒变化的生动描述。在科学高度发展的今天，自然界的变化、发展包括生物的进化等，已经是尽人皆知的常识，这种永恒变化，决定了即使人们将自身与自然的关系调整至某种理想状态，这种状态也将为某种新的状态所取代，而不可能永远维持下去。现代科学证明："自然从来没有一次在一个既定的地点中长时间地处于平衡之中。总会发生某些情况去干扰现时的统治。"② "错综理论的出现，使得理论科学界激烈争论的问题形成了完整的循环。首先，在自然界中基本上倾向于平衡的思想受到挑战并被科学家们抛弃，不平衡成为实际存在的一种更真实的状态。"③ 平衡在一定意义上就意味着自然自身的和谐。从不平衡到平衡，再到新的不平衡和新的平衡，自然的变化是一个永无止境的过程。

人与自然的和谐所以是动态的、相对的，还因为人的生存方式的超越性决定了人对自然的改造永远不会停留于一个水平上。生存方式的超越性表现在两个方面，一是上面提到的需要的超越现实性，二是实践活动的超越现实性。实践的发展既激发出新的需要，又提升着人的能力，引发出人不断改变自然的现有状态的欲望和行为。对于无限发展的人的需要和能力而言，任何现存的自然状态，即使是适于人生存的自然状态，都是暂时的，都只能满足于人的一时之需，适应于人特定阶段的能力水平，都不会消弭人类新的需要和改变自然的欲望。不断发展着的需要与能力，决定了只要人类存在着、发展着，就不会故步自封，就要致力于改变自然的现状。

由于上述两方面原因，对人与自然关系的协调不可能一蹴而就、一劳永逸，人与自然的和谐只能是一个动态的过程，一个自然朝着有利于人的方向变化的同时人的生存方式、人的活动不断适应于自然的过程。对于人与自然和谐的动态性，一些生态主义者曾作出过描述："现今在

① 《马克思恩格斯选集》第3卷，人民出版社1995年版，第359页。
② 唐纳德·沃斯特：《自然的经济体系》，商务印书馆1999年版，第329页。
③ 唐纳德·沃斯特：《自然的经济体系》，商务印书馆1999年版，第475页。

一些地方，无视大自然的平衡成了一种流行的做法；自然平衡在比较早期的、比较简单的世界上是一种占优势的状态，现在这一平衡状态已被彻底地打乱了。……自然平衡并不是一个静止固定的状态；它是一种活动的、永远变化的、不断调整的状态。人也是这个平衡中的一部分。有时这一平衡对人有利，有时它会变得对人不利。当这一平衡受人本身的活动影响过于频繁时，它总是变得对人不利。"① 这一论述虽然意在强调自然的平衡，但同时也指出了自然的平衡不是某种终极的状态，而是一个动态的、不断自我调整的过程。更重要的是，由于人也是这个平衡中的一部分，所以自然的不平衡既可以是就自然本身而言的，也可以是相对于人而言的。两种尺度并存，决定了自然的不平衡必然经常出现，也决定了人类要不断调整与自然的关系。

正像完美的社会关系只能存在于想象中一样，完美的人与自然和谐也只能是一种理想。由于自然本身没有绝对的平衡，由于自然不平衡的经常性从而只能在不断的变化中达到平衡，人与自然的和谐也不可能是固定不变、绝对完美的。人与自然和谐的相对性与动态性，决定了在人与自然间应保持一种合理的张力，决定了对人与自然关系的定位和协调不可能一步到位。有些生态主义者曾描绘出人与自然和谐的理想蓝图，确定了建立人与自然和谐的终极目标，其意愿无疑十分美好且令人向往，但在肯定这一点的同时更应清醒地看到，绝对的和谐是不存在的。对人与自然的和谐状态可以作出各种图景式的表述。理论上的图景或许可以尽善尽美，现实中的状况却难以完美无缺。

人与自然和谐的动态性，意味着人与自然的和谐是一个不断地由不和谐到和谐，又由新的不和谐到更高层面的新的和谐，如此循环往复的过程，意味着解决人与自然的矛盾，没有一劳永逸的办法，意味着对人与自然的关系必须不断地调整和适应。人与自然和谐的动态性表明，可持续发展是人类永恒的课题，在可持续发展问题上应当丢掉幻想，持之以恒地追求人与自然相对的和谐。当然，人与自然和谐的动态性、相对性，并不意味着永远在一个平面上周而复始地重复，遵循以往那种破坏——保护——再破坏——再保护的循环往复的逻辑，而是由原有的和

---

① 蕾切尔·卡逊：《寂静的春天》，吉林人民出版社1997年版，第215页。

谐不断走向新的、更高基础上的和谐。对人与自然和谐的动态性和相对性的自觉，不仅不应使人们丧失对实现可持续发展的信心，反而将进一步增强人们实现可持续发展的恒心和勇气。基于对于人类价值取向不断进步以及对人类认识和实践能力不断提升的自信，我们对人与自然和谐的前景理应保持乐观主义的态度。可以肯定，在未来，任何一种既有的人与自然的和谐都会被新的不和谐所取代，任何时候都不会达到某种终极、完满的状态；同样也可以肯定，通过人类自觉的努力，任何一种新的不和谐都将为新的、更高水平的和谐所代替。

第七章　可持续发展的现代性反思

　　资源环境危机在当代日趋凸显，具有深刻的社会历史原因，其中最重要的背景，就是人类正在经历的社会现代化进程。作为社会的转型过程，现代化在加速社会发展的同时，也引发了经济增长与人的发展、物质文明与精神文明、合目的性与合规律性、公平与效率等一系列深层次矛盾，以及由这些矛盾而衍生出的许多具体的社会问题。这些矛盾和问题往往与资源环境问题互为因果。从社会发展的视角看，现代化反思是实现可持续发展的前提，实现可持续发展是解决现代化问题的题中应有之义。

一、现代化的"通病"

　　资源环境危机早在近代就已初露端倪，1864年马什在《人与自然：人类活动改变了的自然地理》一书中，曾敏锐地指出了人类活动已经改变了地球面貌的事实，并提出了警告，此后恩格斯更是在《自然辩证法》手稿中历数欧洲一些地区滥垦荒地带来的水土流失等恶果，并告诫人们破坏自然会遭到相应的报复。这些真知灼见之所以在一个相当长的时期内未受到应有的重视，固然有认识上的原因，但不容否认的另一更为基本的原因是，人类对自然的破坏从而受到的惩罚还是比较有限的。资源环境危机是随着现代化进程的深入而日趋加重的，在 20 世纪初期以后达到了令人触目惊心的程度。

资源环境危机之所以在现代社会日趋加重，除了由于人类改变自然能力的提升之外，还因为它在现代化进程中已经演变为一个综合性问题，与其他问题相互纠缠、互为因果，从这个角度看，危机的缓解与其他现代性问题的解困密切相关。对资源环境危机的反思必须置于现代性的大背景下来进行。

在现代，资源环境危机已经不是一个孤立的问题。《增长的极限》一书中指出，当代人类社会面临着一系列复杂的问题，这些问题主要有：富足中的贫困，环境的退化，对制度丧失信心，就业无保障，青年的异化，通货膨胀以及金融和经济混乱等。① 这里提到的正是困扰当代社会的具有普遍性的现代性问题。这种问题列举至少给我们三点启示：一是这些问题虽然性质和影响各不相同，却都属于与社会现代化进程密切相关的现代性问题，它们普遍地出现于西方的现代化过程中，也普遍地出现在包括我国在内的发展中国家的现代化过程中。二是资源环境问题属于诸多"现代化问题"其中的一种，与其他问题之间具有本质上的共生关系，这些问题相互制约和影响，每一问题的产生和解决都与其他问题密切相关。三是由于以上原因，对资源环境危机的反思应当是整个现代化反思的一部分，必须置于现代化进程的大背景来解读，亦即只有在社会政治、经济、文化等的总体论域中才能作出全面的理解，或者说，反思和缓解危机的路径只能是"综合治理"。

欧洲工业革命以来的现代化进程表明，社会现代化的人学意义是双重的：既极大地拓展了人的活动空间，构建了人的发展的新平台，也给人的发展带来了一些负面效应。现代化极大地释放了人的创造能量，带来了整个社会的巨大变革和进步。马克思恩格斯在《共产党宣言》中，曾从总体上肯定了现代化的历史作用，认为资产阶级在它不到一百年的阶级统治中所创造的生产力，比过去一切世代创造的全部生产力还要多，还要大。他们还充分肯定了资产阶级及其所启动的现代化简化了社

① 丹尼斯·米都斯：《增长的极限》，吉林人民出版社 1997 年版，第 8 页。

会关系、改变了传统观念、开创了世界历史进程、促进了城市化进程、建立了现代国家、突破了封建制度桎梏等历史作用，这些作用表明，从总体上说，现代化进程极大地推动了社会进步，直接或间接地促进了人的发展。时至今日，现代化进程对人的发展所起的巨大的促进作用已是众所周知的不争事实，这是问题的一个方面。问题的另一个方面是，现代化与人的发展之间又会发生一些矛盾，衍生出一些制约人的发展的重要问题，即所谓的"现代化问题"。

全球化背景下，现代化问题已成为所有国家或地区现代化进程必然的"副产品"，就对人的影响而言，这类问题主要表现在以下几个方面：

一是价值缺失，拜金主义张扬。生产力迅速发展，社会生活的多样化，利益主体的分散化，都对传统的价值观提出了严重挑战。市场体制造成的利益主体的多元化格局和物质财富的增长，以及社会生活的多样化，增大了人们价值选择的空间，使一些人在价值取向上陷入随波逐流、无所适从的境地，从根基上撼动了传统的价值观。社会转型速度越快，人们越是来不及冷静地区分传统价值的良莠、优劣，其结果是，新价值观尚未确立，传统价值观就被简单地否定。在抛弃传统价值观中落后、陈旧因素的同时，许多具有优良的价值取向也被轻易地抛弃，在一定程度上陷入了价值虚无状态。随着物质财富的增长，人们对金钱的渴望和追求达到了前所未有的程度，金钱成了一切事物围绕之旋转的中心，人的思想和行为取向逐步单一化为金钱，金钱成了衡量人的价值的唯一尺度。"占有取向是西方工业社会的人的特征。在这个社会里，生活的中心就是对金钱、荣誉和权力的追求。"[①] 在这种导向下，传统价值中许多优秀的东西，如对生存意义的理解、对人格理想的追求等人文精神和道德传统等，被作为不合时宜的东西顺手抛弃，成为一些人嗤之以鼻的嘲笑对象。与之相关，信仰危机、道德失范成为普遍现象。

二是人的发展片面化。社会现代化极大地增强了人的主体性、创造性，为人的能力发展和展示提供了更大的空间，人们在文化知识和专业技能上得到了提高。但是，人的发展却不是全面的而是片面的。现代化

---

① 弗洛姆：《占有还是生存》，三联书店 1989 年版，第 24 页。

的分工越发展，人越是被局限于某一领域。正如一些西方社会批判思想家所指出的：在现代社会中，人的活动完全围绕机器运转，他们在生产体系中逐渐从主导者转变为机器、流水线的附属物，受到机器的控制而失去活动自由、工作兴趣和创造欲望，机器化的批量生产淹没了人的劳动个性，人在其劳动成果中难以辨识和确认自己独立的个性和能力。在这种情况下，劳动不是一种自由的、体现人的个性的活动，而是一种程序化的过程，是不具有真正必要性（对于人的发展而言）的麻木的活动。在这一过程中，人的能力和才干被定位、限制于某一特定范围，从而导致人的能力发展片面化和个性的丧失。人生存的目的和意义被一件件操作性的事情所取代。他们还指出，在发达工业社会的框架内，即使个体的自由和满足都带有总体压抑的倾向，在这种框架内，劳动几乎完全异化了，装配线的整套技巧、政府机关的日常事务以及买卖仪式，都与人的潜能无关，人的生存不过是一种材料、物品和原料而已，全然没有自身的运动原则。一言以蔽之，"我们不再是技术的主人，而成了技术的奴隶"。人成了职业化、专业化的人，专业化、技能化未能与个性化、人格完善、精神文化修养的提高并行发展，科学精神与人文精神陷入失调状态。

三是科技的负面效应趋显。科技是一种在历史上起推动作用的力量，在现代化过程中，是经济腾飞乃至整个社会进步的动力核心。然而，科技的社会作用是双重的，在增强人改造世界能力的同时也放大了人的破坏能力。科技作为一柄双刃剑，一方面，它创造了巨大的物质财富，提升了人的生活质量，保障了人的身体健康；另一方面，它在军事等领域的不当运用，直接威胁着人的生命安全，甚至（如核武器的制造和使用）使人类自身乃至整个地球面临着毁灭的危险。不仅如此，科技的发展还带来了一系列社会的、伦理的问题，其中有的问题如克隆人等，如处理不当，将给人类的生存造成灾难性的后果。

四是消费主义生活方式盛行。丹尼尔·贝尔认为，"19世纪的资产阶级社会是一个整体，在其中，文化、性格结构和经济充满单一的价值体系"①。这一时期资产阶级的价值取向就是韦伯所揭示的强制献身于

---

① 丹尼尔·贝尔：《后工业社会的来临》，商务印书馆1984年版，第528页。

工作的思想，节俭和节制的思想，侍奉上帝的道德等高尚可敬的思想。但是自 20 世纪以来，享乐主义取代了新教伦理的道德。"具有讽刺意味的是，这一切都被资本主义自己所破坏了。通过大规模生产和大规模消费，它热情地鼓励享乐主义生活方式而破坏了新教道德。等到 20 世纪中叶，资本主义不是设法以工作或财产而是以物质占有的地位标志和鼓励享乐来证明自身的正确。"① 在西方，消费社会的到来加速了环境和资源危机。在消费社会中，企业、媒体等制造出一波接一波的消费浪潮，引发了许多不合理的消费欲望。消费主义生活方式盛行，消费的无节制膨胀，在唤起了人们对金钱贪婪的同时，也造成了资源的巨大浪费和环境恶化。就个人而言，消费主义引导人们极力攫取更多的物质财富和金钱，追求更奢华的生活方式，盲目消费甚至大量浪费资源和能源，加重了资源短缺并环境的负担；就群体而言，不合理的利益诉求，驱使一些国家或利益集团以邻为祸，肆无忌惮地向他人转嫁环境资源危机，而又拒不承担应负的责任。事实表明，消费主义生活方式已经成为造成当前的全球性资源环境危机的主要甚至首要原因。

对于现代化人学意义的理解，曾经历了一个演进过程。从其应然性看，现代化与人的发展本应是良性互动、相互促进的关系。现代化一开始便"本能"地以人的幸福为目的，但在其进程中，人们获得的利益却是不均匀甚至非常悬殊的。现代化并未像一些人所预料的那样使所有人都获得幸福和发展。对此，马克思率先展开了深入的批判考察。他对早期现代化唯一标本的资本主义的批判涉及四个方面：对资本主义私有制的批判；对商品（货币）拜物教的批判；对机器生产中人的能力和个性片面化的批判；对劳动过程及结果异化于人的批判。这些批判虽然重点在政治、经济制度和相关的意识形态上，但从深层看具有现代化反思的意蕴，是现代性批判的最初尝试，因为这些批判显然是以人及其发展为尺度的。值得指出的是，与卢梭等人不同，马克思社会批判的立足点是进步观，以肯定现代化为前提，并自觉地将经济和科技发展视为社会进步和人的发展的必然途径。

现代化问题在当代的充分显露，引发了西方思想家系统的反思。一

---

① 丹尼尔·贝尔：《后工业社会的来临》，商务印书馆 1984 年版，第 528 页。

些哲学家重续对人的思考，并直面人的本身，以个体的人及其存在为对象，追问人的存在之根，分析人的存在境遇，关注人的生存前景。无论是海德格尔所谓人不是存在者的主人，人是存在的看护者一说所包含的对人在现代性中所处境遇的忧虑，马尔库塞、弗洛姆对马克思"人道主义"思想的阐扬，贝尔对资本主义文化矛盾的批判，还是福柯"人之消亡"的断言，抑或德里达的反"逻各斯中心主义"，都体现了对人生存处境的深度忧虑与关注。他们试图通过对工具理性、技术统治的批判以及对现代性及其文化和传统的解构、消解和颠覆，消除人的异化和本能的压抑，拯救人的"存在"。他们中的一些人指出，现代化推动了社会物质财富的增长，却忽视甚至损害了人的精神自由，在工业社会和后工业社会中，人们只注重物质享受，成了畸形发展的片面化的人。弗洛姆在反思西方"现代化问题"时曾指出："人征服了自然，却成了自己所创造的机器的奴隶。他具有关于物质的全部知识，但对于人的存在之最重要、最基本的问题——人是什么、人应该怎样生活、怎样才能创造性地释放和运用人所具有的巨大能量——却茫无所知。"① 这些思想家继承了传统人道主义观念，认为"力求精神健康、幸福、和谐、爱、创造性，这些都是每个人生来就有的本性"②。在健全的社会里，"没有人是别人用来达到目的的工具，每一个人总是并毫无例外的是自己的目的；因此，每个人都不是被人利用，被自己利用，而是为了展示自己的力量的目的而活着；人是中心，而一切经济的和政治的活动都服从于人的成长这个目标。"③ 他们吸收了马克思人的全面发展思想，坚持个人的自由发展依赖于社会的合理组织这个主张。他们针对后工业社会的缺陷，特别强调人的精神解放。一些思想家还探讨了需要定位及生活方式的合理化问题。这些思考虽回避制度性因素并较少直接提及人的发展，却揭示了人的现代存在之困境和因由，从问题的角度显现了人的发展之必要，拓展和深化了对现代性境域中人生存状态的体认。

　　现代化作为一种特殊的社会运行过程，其最原初的目标是满足人的

① 弗洛姆：《为自己的人》，三联书店1988年版，第25页。
② 弗洛姆：《弗洛姆文集》，改革出版社1997年版，第263页。
③ 弗洛姆：《弗洛姆文集》，改革出版社1997年版，第263页。

物质生活需求和欲望，因而任何现代化过程，无论是自觉的还是自发的，原发式的还是后发式的，总是首先着眼于物质财富的增长。与之相联系，现代化最直接的追求是科技进步和经济发展，这种追求表现在人的心理和行为上，便是强调功利、效率、操作，强调打破平均和激励，强调物质利益。现代化因其自发的、固有的逻辑，必然带来人的问题，任何国家和地区或任何时期的现代化概莫能外，只是在表现形式和程度上有所不同而已。在原发式现代化过程中，通常是人们自发地追求物质利益而导致金钱崇拜、价值失落；在后发式现代化进程中，则往往是政府迫于内外部压力大力倡导和追求经济发展，从而带来相关问题。

现代化问题本质上是全球性问题。现代化的必然走向是全球化，全球化是现代化的结果，又推动着现代化进程的深入和扩展，二者的互动，已成为当今社会发展的趋势。在当代，对置身于全球化进程的国家来说，外在的全球化作用往往会通过内在的现代化影响表现出来，反过来看，现代化对人的影响直接体现着全球化的效应。随着改革开放和现代化进程的深入，上述原产于西方的"现代化问题"已不同程度地在我国重现。西方的现代化问题与我们原有的一些社会问题结合在一起，形成了我国当代社会中的现代化问题。这些问题体现在社会生活的各个领域和方面，如一些领域道德失范，人文精神失落，贫富差距拉大，生活方式畸形，腐败现象屡禁不止，黄赌毒恶习沉渣泛起，拜金主义滋长，消费主义生活方式盛行，无节制的消费膨胀，唤起了人们对金钱的贪婪，也造成了资源的巨大浪费和环境恶化，威胁着当代和后代人未来的生存发展。

在我国，现代化给社会生活带来的变化之广泛和深刻，或其进程之迅速，为以往任何社会转型所不可比拟。这些变化在加速社会进步的同时，也凸显了现代化问题的负面效应，使其成为制约人的发展的重要障碍，成为制约可持续发展的瓶颈。趋利避害地因应现代化的影响，已成为当代社会进步和人的发展面临的重要课题。明晰我国现代化问题解决之特点和实质，是推进人的发展并实施可持续发展战略的前提。

现代化问题是共性与个性的统一，现代化问题的反思亦复如此。理解我国的现代化问题，应从我们的具体国情出发。首先，明确解决现代化问题对于人的发展的意义。实现人的自由、全面发展的总体目标是一个长期的过程，不可能一蹴而就，因此必须将总目标具体化为一个个阶段性目标以分阶段地逐步实现。阶段性目标当然应依据于人自由全面发展的根本要求，同时又必须来源于现实生活中人的发展的具体问题，从分析现代化进程中人的现实问题引出，而不能抽象地确定。在现阶段，分析制约人的发展的现代化问题，是确立人的发展阶段性目标和实现途径的前提，解决人的发展的现实问题就意味着人的发展的阶段性目标的实现。其次，应充分考虑我国的社会文化背景。人的发展与社会发展一样，不同国家和地区既有共性，也有个性。一般来说，物质生活方面的共性较多，精神生活方面的差异则较大，价值观层面尤其明显。价值观作为人类精神生活的结晶和活动规则的核心，是在长期的社会生活和交往实践中形成的，虽具有一般性，也具有民族甚至地域特色。以价值观为内核的文化精神反映到人的发展要求上，自然会出现一些差别。对于具有悠久历史和文化传统的我国来说，人的发展的精神方面显然有着鲜明的特点和要求。再次，应以发展的眼光看问题。现代化反思意在使现代化过程更符合人和社会全面发展的本意，因而是一种积极的而非消极的行为。迄今为止，只有现代化能为人的发展提供条件，舍此别无他途。从这个意义上说，否定现代化，就是否定人的发展，就背离了现代化反思的初衷。作为后发国家，我国的现代化进程是在前述特殊背景下展开的，面临着内外部的诸种压力。我国的现代化建设，较之于西方原发性国家以及其他社会制度与西方社会同质的国家，更具有急迫性，因为很明显，在我们致力于反思现代化问题的同时，还有很多地区仍处于前现代阶段，整个国家仍面临着实现现代化、发展经济和科技的重任。在社会发展不平衡、整体现代化水平有限的情势下，我们因应并解决现代化问题的思路和对策，要体现人的自由全面发展理想，又必须立足于既有的国情，以统筹兼顾地发展的思路解决发展中的问题。

"现代化问题"归根到底是人的问题，既影响着人的发展，又由人自身的价值和认知因素所引起。上述"现代化通病"的生成，从哲学层面看，主要与现代化建设中下列关系的失调相关：工具理性与价值理性的关系、科学精神与人文精神的关系、效率与公平的关系、合规律性与合目的性的关系。这几对关系是社会发展必然面临的矛盾，在任何时代都不例外，但在现代化过程中则表现得尤为突出。从理论上说，在现代化建设中应尽可能地统一对立的方面，但在现实中，二者的统一又必然面临着一系列矛盾，往往表现为非此即彼的抉择。这就需要确立统摄二者的根本尺度。这一尺度就是人的发展。现代化的价值指向是以人为目的，促进人的发展，但由于其固有的逻辑和特点，人们在现代化过程中往往张扬科学精神，倚重工具理性，追求效率、效益和功利，崇尚经济指标，甚至将社会发展归结为物质财富的增长，相应地，一些人文的、精神的、价值方面的因素被忽视或边缘化，作为目的的人的生存发展为一些手段性的因素所遮蔽或替代。本质地看，现代化问题的主体性原因是价值合理性的淡化或曰价值追求的式微。

理解我国当前的现代化问题，应借鉴西方的社会批判理论和方法，更应以马克思人的发展理论为引领，把握人自由、全面发展的总方向。人的发展追求是现实生存状况的反映，又是人作为主体的自觉意识和内在要求，以人对自身的基本理解和价值预设为前提，规定着人的活动的总体目标和方向。当今社会较一百多年前的马克思时代已发生重大变化，但由于现代化及市场经济导致的人的片面发展尚未消除，自由、全面发展仍是人类孜孜以求的目标。人的发展是现代化问题反思的基本出发点，也是衡量现代化问题解决的尺度。时代变化进一步表明了人的发展作为社会进步价值尺度的意义，只有以人的发展为尺度，才能强化现代化反思中的"问题"意识，对现代化过程加以目标校正，使之沿着正确的轨道运行。

二、增长与发展关系反思

就对可持续发展的影响而言，现代性问题的重要表现之一，是增长与发展的脱节、错位甚至一定程度上的背离。

根据发展经济学的理解，与增长相对应的发展显然不限于经济的范畴，而是指社会的全面进步、人的自由全面发展，包括制度文明、精神文明、生态文明的发展，人的素质的提升。增长是发展的前提和基础，但却不能直接等价于发展。有学者曾形象地指出："增长不等于发展，两者的区别，正如人一样，增长着眼于身高和体重，发展则着眼于机能、素质的提高。而且，经济增长着眼于短期，……经济发展所关心的是生产的长期持续增长。"① 此外，即使是持续增长，也不等于可持续发展，因为"一是持续增长没有指出实现持续增长所支付的代价。……二是可持续发展不仅仅强调持续增长，还有公平要求"②。总起来说，增长侧重于数量的增加，发展则意味着数量的增加与质量的提高的统一，增长着眼于经济因素本身，发展则具有更为广泛的社会意义，甚至包含价值取向。

现代化最直接的追求和最显著的效果是经济发展，与此相关，评价现代化进程成败得失的决定性指标是经济的增长，由于这些因素，在现代化的目标设定和运行过程中，很容易形成重增长轻发展的思维惯性，长期以来，在人们对现代化的理解中，增长与发展几乎是同义词，引发了有增长无发展或者说增长与发展脱节的问题。重增长轻发展的理念以及有增长而无发展的模式有着深刻的社会和认识根源。

以增长代替发展的思维定势和行为模式是由人类长期以来经济短缺的现实及人类对短缺的焦虑心理决定的。长期以来生产力水平低下，使人们一直处于生产和生活资料短缺的境遇中，以至于社会生活的状况主要并直接取决于物质财富的多寡，财富增长便意味着生活的质量的提升，经济增长对于社会和个人来说即使不是生活追求的全部，也是主要的部分，人们总是将一生中主要的精力放在获取生活必需品上。社会现代化开创了人类新的发展道路，但由于发展的不平衡以及资本逻辑的支配等原因，非但没有改变历代人追求衣食足、仓廪实的心理和行为模式，反而将其强化或者说异化到了极端。发展经济、增加物质财富无疑是任何一个国家和地区现代化建设的首要任务。

以增长代替发展是与发展理念的形成相关的。从严格的意义上说，社会发展是一个现代性概念。在历史上，社会变化非常缓慢，给人们留下了"日复一日、年复一年、周而复始、循环往复"的深刻印象，人们并没有自觉的社会发展意识，更缺乏明确的社会发展追求。人类对社会发展的自觉以及相关认识的形成，始于近代工业革命，其背景是生产的进步、经济的增长以及在此基础上的社会变革和革命。马克思恩格斯

---

① 洪银兴主编：《可持续发展经济学》，商务印书馆2000年版，第55页。
② 洪银兴主编：《可持续发展经济学》，商务印书馆2000年版，第57页。

在《共产党宣言》中指出："资产阶级除非对生产工具，从而对生产关系，从而对全部社会关系不断地进行革命，否则就不能生存下去。反之，原封不动地保持旧的生产方式，却是过去的一切工业阶级生存的首要条件。生产的不断变革，一切社会状况不停的动荡，永远的不安定和变动，这就是资产阶级时代不同于过去一切时代的地方。"① 这一针对资产阶级的描述，显然也适合于工业革命以来的整个人类社会。变动不居、不停地自我超越和创新，是现代社会有别于以往最为显著的特征，这些变化和发展最显著的标志和初始的内涵便是经济增长。由于现代社会发展最集中地体现在经济增长方面，长此以往便给人们造成了发展等于增长的错觉。

增长与发展的矛盾根源于现代化建设的内在逻辑。由于现代化的目标和运行规则，在现代化语境中，人们理解的"发展"主要就是经济的发展和财富的增加，"增长即发展"几近成为毋庸置疑的观念，有增长而无发展或者说增长与发展的脱节、错位，是现代化进程中的普遍现象。增长与发展的矛盾在后发展国家的现代化过程中表现得更为突出。发展中国家由于种种原因，现代化建设目标比发达国家更为单一，尤其是在经济发展的跨越期和追赶期，往往只注重经济增长而不计其他，将社会生活其他方面的因素置于相对次要甚至边缘的地位。由于发展模式的单一化，经济高速增长的同时往往导致社会矛盾的尖锐化和一些社会问题的高发。正如人们所看到的，自 20 世纪中叶以来，世界经济一直处在持续增长的过程中，但许多社会问题并未得到相应的改善，甚至有所加重，同时还引发了一些新的社会问题。20 世纪是有史以来经济增长最快的时期，但"在发展方面，从绝对数字来看，世界上挨饿的人比任何时候都要多，且人数仍在继续增加。同样，文盲的数目、无安全饮用水和安全、像样房屋的人以及没有足够柴火用于做饭和取暖的人的数目也在增加。富国和穷国之间的鸿沟正在扩大，而不是缩小"②。这一说法虽然不无可商榷之处，但其指出的增长与发展错位的问题却无可置疑。

---

① 《马克思恩格斯选集》第 1 卷，人民出版社 1995 年版，第 275 页。
② 世界环境与发展委员会：《我们共同的未来》，吉林人民出版社 1997 年版，第 3 页。

对于增长与发展的联系和区别，只有在人学的层面，以人的生存发展要求为尺度，才能作出合理的解释。

关于增长与发展的关系，首先必须充分肯定两者的内在关联：增长是发展的基础。从人的发展要求看，衡量社会发展的根本尺度是人生存状态的改进和生活条件的优化，是社会的全面进步。根据唯物史观的理解，社会发展必须以经济增长为基础。恩格斯曾明确指出，虽然社会发展是多种因素综合作用的结果，但这些因素的作用是不平衡的，其中经济因素具有最基本的决定性的作用："根据唯物史观，历史过程中的决定性因素归根到底是现实生活的生产和再生产。无论马克思或我都从来没有肯定过比这更多的东西。"① 马克思恩格斯之后，对他们的社会历史理论的基本倾向一直存在着争论，争论主要在两个方面，一是他们的理论是否经济决定论，二是经济决定论是否合理。撇开对马克思社会历史理论是否经济决定论的争论，可以肯定的一点是，他们比任何其他人都更看重经济在社会历史发展中的作用。因为从理论上说，他们历史观的基础是唯物主义，认为经济发展是整个社会进步的原动力，关系到社会制度的变革和整个社会的面貌。在社会历史研究中，马克思主义的社会历史理论无疑属于"宏大叙事"，但这一"宏大叙事"建构了迄今仍然无法超越的社会历史宏观解释框架。从社会发展的总趋势看，在社会制度等关系人的发展前提条件尚未解决的背景下，马克思主义创始人将主要注意力放在经济发展上是必要的也是合理的。在现代社会，没有经济增长的支撑，没有生产力发展和物质财富的丰富，社会的全面进步，人的发展便无从谈起。

谈论追求经济增长问题离不开具体的国情，社会现代化是中国人的百年梦想，但由于历史的原因，历经波折、几度偏离正确的轨道。我国真正步入正常的现代化进程为时较晚，但现代化建设一经走上正轨，立即呈现出迅速发展之势。这是由我们所处的大背景决定的。当我们开始一心一意进行现代化建设时，西方国家已完成现代化进程，确立了强大的科技和经济优势，周边的新兴工业化国家和地区的现代化建设正如火如荼，经济发展上了新的台阶。这些情况，给我们造成了巨大的压力：

---

① 《马克思恩格斯选集》第 4 卷，人民出版社 1995 年版，第 695—696 页。

政治经济制度的比较优势受到严峻挑战，综合国力与西方国家的差距进一步扩大，在竞争中处于劣势，贫困人口数量巨大，人民群众强烈期盼改善生活条件，提高物质文化生活水平。正是这种背景，决定了我们的现代化进程不仅是后发式的，而且是受迫性的，决定了我们的现代化不仅态度急迫，而且行为迅速，决定了我们的现代化目标首先并主要定位在经济发展上。由于这些原因，以往对现代化的理解更多地侧重于科技进步、经济发展和物质财富的增长，而比较缺乏社会全面进步的观念；对现代化建设中人的现代化问题，主要着眼于提高人的素质和能力以适应现代化建设需要，至于对人自身的关心，则侧重于物质得益和需要的满足。

作为后发展国家，在社会现代化建设过程中追求 GDP，乃至于在初期的 GDP 崇拜，有一定的历史必然性。一般地说，现代化作为社会运行过程，原初的目标指向是满足人的物质生活需求和欲望，因而无论自觉的还是自发的，原发式的还是后发式的，现代化总是首先追求物质财富的增长。与之相联系，最直接的追求是科技进步和经济发展，表现在人的行为上，便是强调功利、效率、操作，强调打破平均和激励，强调物质利益。单纯强调经济增长必然带来人的问题，任何国家和地区或任何时期的现代化概莫能外，只是在表现形式和程度上有所不同而已。在原发式现代化过程中，通常是人们自发地追求物质利益而导致金钱崇拜、价值失落；在后发式现代化进程中，则主要是政府迫于内外部压力大力倡导和追求经济发展，从而带来相关问题。具体到我们国家来说，在现代化的起步和追赶阶段特别重视经济增长是必然的也是合理的，因为长期以来，我们经济建设上的欠账太多，加快经济建设，不仅有利于增强综合国力，体现社会主义制度的优越性，而且有利于提高人民的物质文化生活水平。由于确立了生产力标准，由于以经济建设为中心，改革开放以来，我国的经济建设取得了巨大的成就，综合国力大为提升，人民的生活水平上了一个新的台阶。现实表明，发展是硬道理，在一定时期内追求 GDP 正是为了在将来超越 GDP，只有在 GDP 的增长的基础上才有可能真正消除 GDP 崇拜。

历史地看，传统的发展观尤其强调经济增长不无合理性，但用人的发展尺度衡量，这种发展观又是片面的，并将随着时代的变化为新的科学发展观所取代。

科学发展观以唯物史观对社会发展内容和目标的理解和定位为基础。唯物主义历史观强调经济状况在社会进步从而人的发展中的基础性作用，却截然不同于单纯的经济决定论。马克思恩格斯充分肯定经济因素在社会发展中的最终决定作用，但又认为社会发展是一个诸多因素综合作用的过程。针对唯物史观及其社会发展理论曾被指认为经济决定论，恩格斯曾作出过明确的辩驳。他认为，马克思的理论并非单一的经济决定论，它在肯定经济的决定作用的同时，还承认其他因素在社会发展中的作用，主张社会发展是诸因素交互作用的结果。唯物史观认为社会进步是一个综合的过程，是社会诸因素的全面发展，同时又强调社会发展是为着人的发展，人的发展是社会发展的最终目的和最高尺度。人类生活的多样性要求社会经济、政治、文化的全面进步，人的发展要求社会发展体现公平、正义的价值取向，追求社会关系的合理化。经济增长并不一定直接促进人的发展，因为增长本身并不涉及价值合理性，不会自然地导致社会关系的合理化，从而不能自行决定增长的社会效果，不会自发地带来财富的共享以及大多数人生存条件和环境的改善。按照通常的比喻，增长的效应仅仅是将蛋糕做大，增加社会财富的总量，而不涉及蛋糕的分配问题。正是在这个意义上说，经济增长不是也不应该是社会发展的代名词。

新的科学发展观是当代社会发展趋势和要求的反映。现代社会发展特别是我国近几十年来的经验一再表明，单纯强调经济增长在一定时期是必需的，但在经济总量跃上一定台阶之后，社会的全面发展就应提上日程，因为增长并不必然意味着人的发展条件的全面改善，反而可能因其一枝独秀而抑制社会其他方面的发展。当我们以人的发展、社会公正等尺度反思以往的认识和实践时，便愈趋深刻地认识到，在现代化建设中必须以社会全面发展的要求引领经济增长，以人的发展尺度衡量经济增长的效果。如果说在西方曾有一些有识之士对单纯强调增长的社会效果有所质疑，那么对于以人的发展和社会的全面进步为最高尺度的我国现代化建设来说，就更不应单纯地强调物质财富增长，就更应该关注社会发展的全面性。将发展主要定位于经济增长，毕竟只是与社会发展的一定阶段相联系的。仅仅注重经济指标而忽视其他，在实践中必然会以弱化或损害其他社会因素（特别是公平等价值因素）为代价，导致社会发展的失衡。在我国，传统发展观已经引发了一系列社会问题，使各种社会矛盾凸显，除了带来了人的发展片面化之外，也造成了地区之间、阶层之间、城乡之间贫富差距扩大、部分低收入群众生活比较困难等社会不公问题，造成了生产安全、司法和社会治安等领域的一系列社会问题。这些问题的出现固然有其必然性，但未能将其限制到最低限度则与社会发展目标定位的局限性直接相关。

当代社会发展理论的一个重要进展，是厘定了"增长"与"发展"的关系，既肯定增长是发展的基础，又界定了各自的内涵，揭示了两者的差异，得出了增长不等于发展、不能以增长代替发展的新认识。增长不等于发展，不仅由于发展的内涵比增长更为丰富，还由于人们对社会发展的理解和要求是不断变化的。近代以来一个相当长的时期内，社会发展几乎一直与增长同义，而在当代，其内涵较以往更为丰富，不再限于社会某一方面或某些方面的改善，而是以人的发展为核心的社会的全面进步。以人的发展作为衡量社会发展的尺度，不仅要关注经济的增长，还要重视文化、社会生活和社会关系的进步，重视资源环境的可持续发展。时代赋予了社会发展更为丰富的内涵，在经济水平上了一个新的台阶的当今，我们在继续推进经济又好又快发展的同时，还应大力推动社会、文化等方面的建设，特别是着力解决现代化建设中的一些社会问题，例如，城乡发展不平衡问题，区域发展不平衡问题，经济社会发展发展不平衡问题，以及劳动就业、社会保障、收入分配、教育卫生、居民住房等涉及民生的突出问题。

对于实现持续发展而言，正确理解增长与发展的关系尤其重要。有学者曾经深刻地指出，人类对物质资料的需求本来是为了满足生存的需要，因而这种需要在每一时期都有一个合理的限度，但在市场经济环境中，这种限度便被彻底打破了，生产并不限于满足合理的需要，而是为了取得最大量的利润，消费不是适可而止，而是越多越好。令人忧虑的是，当代经济学一再强调必须拉动需求，否则，经济就不能持续发展，就达不到预期的增长目标。"于是，形成了这样一种局面，政府从外部以各种利润机会诱导和推动企业生产，而企业凭着追求利润的本能，不断去实践这种生产。整个国民经济终于成了一架高速、高效运转着的自然资源的加工机器。由此，对自然资源的挥霍也达到了无以复加的地步。"① 我国的现代化实践表明，单纯强调经济增长或曰"GDP 挂帅"，将给资源环境带来极为严峻的后果。鉴此，对于社会进步的理解必须是全面的，应当采取综合性的评价指标，特别是考虑增长的自然代价，纳入资源环境的因素。

从人与自然关系的角度看，增长不等于发展，单纯追求经济增长的发展模式是不可持续的，必然会与自然、社会和人持续稳定发展的要求背道而驰。可持续发展作为一种社会发展模式的要义是持续的发展。基于持续的要求，不仅要考量一时一事的经济指标，更要考虑长远的资源环境代价。近些年来我国的经济增长方式虽已有了较大改变，但仍然存在着的资源环境代价过大的问题，能耗和产值之比远远高于发达国家和地区，对环境造成的污染更是十分严重，以浪费资源和牺牲环境换取经济增长的模式尚未得到更本的改变。这种经济增长模式创造的价值越多，给未来修复环境留下的经济负担就越重，因而即使创造出再多的经济价值，也谈不上真正的、良性的发展。有鉴于此，一些有识之士提出了绿色 GDP 的概念，用以规范和引导经济活动。"绿色 GDP"概念的提出并在社会发展评价指标中采用，显然是一种有益的尝试，因为绿色 GDP 是一个综合发展与代价的全面性指标，也是一种有效的经济发展规范，虽然不像 GDP 那样可以精确地计量，但却不是不能量化的。

对于可持续发展与经济发展的关系，通常存在着一个认识上的盲点，即保护资源环境与经济发展背道而驰。对此观点应作出具体的分析和澄清。毋庸讳言，二者在一定时期中的确存在着矛盾，但两种取向随着发展水平的提高和观念的转变又是可以统一的。在传统的发展模式中并从传统的发展观也就是"增长即发展"的观点看，两者的确势同水火，因为可持续发展从一定意义上说正是对经济发展的一种约束，它要求经济发展必须以合理利用资源及保护环境为前提，为生产和经营设置了绿色的屏障和界限。在科学发展观的视阈中，结论则截然相反：这种对经济发展的约束，从长远的社会效益来看，不过是使经济增长的代价更小一些，质量更高一些，更具有可持续性，从而更有利于人类的生存

① 叶文虎：《可持续发展引论》，高等教育出版社2001年版，第47页。

和发展。正因为如此，即使从整个人类社会的经济发展视角看，可持续发展也是一种最经济的发展战略，因为它避免了今后将要付出的更大甚至更为惨重的代价。以往曾经出现的先污染后治理、边污染边治理的做法一再证明，从污染中获取的价值远远不能抵偿治理污染的花费。中国国家环保总局和国家统计局于 2006 年 9 月共同发布的《中国绿色国民经济核算研究报告 2004》指出，2004 年全国因环境污染造成的损失为5118 亿元人民币，占当年 GDP 的比例为 3.05%。该报告还指出，如果要避免上述损失也就是环保措施到位，须支付污染扣减指数（即环境虚拟治理成本占当年 GDP 的比例）1.8%。仅就经济效益而言，放任污染和治理污染之付出两相比较，孰重孰轻一目了然。更何况，污染的负面效应往往是不可弥补的，因为它还导致了人类生存环境的恶化，危害着人们的健康。

以人的发展为核心的社会全面发展，是基于人的需要的多面性和多层次性，更是基于人的发展主体应是每一个人。关于前一点，后面将要详述，概括地说就是：需要的多样性，决定了一个社会不能仅仅满足人们的物质需要，还要满足人们的文化、闲暇生活、社会关系和谐等方面的需要，要求社会在经济增长的基础上，改善公共生活，优化人们的生活环境和社会关系，实现精神文化、社会生活等方面的全面发展。至于后一点，指的是社会发展的价值合理性。每一个人的发展，是人的发展的价值取向，是当代社会发展的基本价值设定，也体现着社会主义现代化建设全民共建和共享的社会公正要求。

21 世纪以来，我国政府提出了以人为本的全面、协调、可持续发展的科学发展观。全面、协调并不是要面面俱到，而是要提纲挈领，这个"纲"就是人的发展，即以人的发展为尺度，统摄经济、社会、文化的发展。科学发展观的提出是对传统发展观片面性的根本矫正，鲜明地体现出社会公正、和谐等价值取向，将价值因素作为衡量社会整体发展水平和质量的基本尺度。与此同时，我国政府将可持续发展纳入科学发展的本质规定中，提出了建设资源节约型和环境友好型社会的目标，使社会发展的内涵更加全面也更加丰富。按照以人为本的理念和科学发展观的要求，在以经济建设为中心、加速物质文明建设的同时，还要注重制度建设、文化建设和社会建设，构建和谐社会，改善公共生活，保护资源环境。只有物质文明、精神文明、制度文明和生态文明共同发展，才能在经济增长与社会发展统一的基础上真正实现以人的发展为尺度的社会的全面进步。

三、合目的性与合规律性反思

从社会历史观和人的发展视角看，社会现代化问题蕴涵着合目的性与合规律性的冲突。

合目的性与合规律性的关系一直是历史观研究关注的问题，哲学史上率先对这一问题作出系统且深刻探讨的是德国哲学家康德。康德创作了三大"批判"，致力于说明人生存于世所追求的真善美的统一。对真善美的探讨实质上体现着他作为一位启蒙思想家对人和人生的关怀。正是基于对人及社会历史研究的关注，康德在被称为第四批判的"历史理性批判"研究中对社会发展问题作出了系统的思考，深刻地阐述了合目的性与合规律性的关系。

在康德那里，目的论是以对历史发展合规律性的肯定为前提的。人类历史受普遍规律支配，是康德历史哲学的基本信念。在康德之前，维柯就提出了各民族历史发展具有重复性的思想。在康德时代，这种重复性较之于维柯时代更为明显。随着世界贸易的扩展和各民族文化交流的增强，启动了"世界历史"的进程，为"普遍历史观念"的确立提供了现实背景。康德在思维方式上深受牛顿自然法则思想的影响。他继承了这一思想并将其运用于理解社会历史，认为社会历史与自然史一样，亦遵循着某种自然法则，他称之为"大自然的隐蔽计划"。在他看来，人类历史是大自然隐蔽计划的实现，受普遍规律决定。"无论人们根据形而上学的观点，对于意志自由可以形成怎么样的一种概念，然而它那表现，即人类的行为，却正如任何别的自然事件一样，总是为普遍的自然规律所决定的。……它们有一种合乎规律的进程。"[1]

人类历史是大自然隐蔽计划实现的观点，是康德目的论的前提，目的论则是这一观点的逻辑延伸。康德认为："人类的历史大体上可以看做是大自然的一项隐蔽计划的实现，为的是要奠定一种对内的并且为此

---

[1]　康德：《历史理性批判文集》，商务印书馆1990年版，第1页。

目的同时也就是对外的完美的国家宪法，作为大自然得以在人类的身上充分发展其全部禀赋的唯一状态。"① 这里的大自然的隐蔽计划就是大自然的目的。大自然的隐蔽计划显然是一种拟人化的说法，此处的大自然当然不限于与社会和人相对立意义上的自然，而有着更广泛的含义，或应理解为通常意义上的宇宙。大自然在这里被理解为某种主体，这种主体虽然是抽象的，但比之于设定"天意"、"神"等为主体却更为优越。用"自然"充任历史计划和目的的主体，蕴涵着将历史规律与自然规律等同看待之义，强调了历史规律的确定性与可理解性。

关于合规律性与合目的性的关系，康德在《世界公民观点之下的普遍历史观念》之"命题一"中作出了阐述，他指出："一个被创造物的全部自然禀赋都注定了终究是要充分地并且合目的地发展出来的。对一切动物进行外部的以及内部的或解剖方面的观察，都证实了这一命题。一种不能加以应用的器官，一种不能完成其目的的配备，——这在目的论的自然论上乃是一种矛盾。因为我们如果放弃这条原则的话，那么我们就不再有一个合法则的大自然。"② 这里明确地将合目的与合法则（即合规律）联系了起来，合法则是合目的之前提，合目的是合法则之必然结果，只有合目的才是合法则的，或者说，合法则最实质的内容就是合目的。康德的如是理解，事实上强调了合目的性的基本地位。当然，这种合目的性还是就"大自然"而言的。然而应该看到的是，大自然的合目的性是其将要设定的人的合目的性的终极根据。这个"大自然"显然是不可"道"之"道"，或"道法自然"之"自然"。

康德的目的论当然不在于说明"大自然"本身的目的性，而在于突出人的地位，确定人的目的性。说明大自然的目的，正是为了说明人是目的。对于人之目的性，康德在《判断力批判》的附录"目的论判断力的方法的理论"中进行了专门的讨论，讨论的问题为目的论的地位、内在目的和外在目的、大自然的最高目的等，而其核心结论即"人是目的"。

---

① 康德：《历史理性批判文集》，商务印书馆1990年版，第15页。
② 康德：《历史理性批判文集》，商务印书馆1990年版，第3页。

关于目的论的地位。康德认为，他的目的论与宗教神学的目的论是不同的，宗教神学的目的论是要假定某种不可说明的最终根据，是为了确定性的判断力，而他的目的论是要确定自然（当然是最普遍意义上的自然）的产生方式及其原因。虽然它与神学一样是指向在自然之外且又在自然之上的根据，但其目的却是为了通过这一根据来指导人们对世界上种种事物的判定。康德还认为，目的论也不同于具体科学，科学只是追溯某种事物或现象的具体原因，只是属于按照某种线索对于自然的叙述，目的论却包含着先验的原理，追溯事物或现象的终极原因。

关于目的的内在性与外在性。康德认为，目的有内在与外在之分："我的所谓外在的目的性是指这种的目的性说的，即在自然中一个东西帮助另一个东西作为达到一个目的的手段的。"① 就是说，一事物以他事物为目的或作为他事物达到目的的手段，那么他事物的目的对该事物就是外在的目的。内在的目的性则不同，"内在目的性是和对象的可能性联系在一起的，不管那对象的现实性本身是否是一个目的。"② 内在目的性就是事物自身的原因和根据。康德致力于探讨的，显然是内在目的。

康德目的论讨论的核心是确立人是目的观念。他认为，大自然的目的性不是单一的，而是有层次之分。在大自然复杂的目的结构中，必有其最终目的。那么，大自然最终的目的究竟是什么？这首先涉及何为最终目的。"一个最后的目的就是这样的一个目的，它的成为可能是不需要任何其他目的作为条件的。"③ 这就是说，最后的目的只能是他事物的目的，而不再以其他事物为目的，即不再作为其他事物的手段。那么，在大自然隐蔽的计划中，何者是最终或最后的目的？是人。康德反复指出并从不同角度论证了这一点。

康德的论据至少有三点：首先，人是大自然的最后目的，是因为只有人才有理性，才能形成目的的概念。"人就是现世上创造的最终目的，因为人乃是世上独一无二的存在者，能够形成目的的概念，能够从

---

① 康德：《判断力批判》（下卷），商务印书馆1964年版，第87页。
② 康德：《判断力批判》（下卷），商务印书馆1964年版，第87页。
③ 康德：《判断力批判》（下卷），商务印书馆1964年版，第98页。

一大堆目的而形成的东西，借助于他的理性，而构成目的的一个体系的。"① 其次，人是大自然的最后目的，是因为人才有自由的能力。"人乃是唯一的自然物，其特别的客观性质可以是这样的，就是叫我们在他里面认识到一种超感性的能力（即自由），而且在他里面又看到因果作用的规律和自由能够以之为其最高目的的东西，即世界的最高的善。"② 再次，人是大自然的最后目的，是因为人是唯一适用于道德律的存在。"人就是创造的最后目的。因为没有人，一连串的一个从属一个的目的就没有其完全的根据，而只有在人里面，只有在作为道德律所适用的个体存在者这个人里面，我们才碰见关于目的的无条件立法，所以唯有这种无条件的立法行为是使人有资格来做整个自然在目的论上所从属的最后目的。"③

康德关于人是世间万物最后目的的论述，抓住了人不同于或高于其他一切事物的根本特点，站在人的立场看，其论证是有相当说服力的。康德这一看法，得到了黑格尔的赞同。他认为，人类与其他生物不同，就"'目的'的真实内容来说，他们便是他们的生存目的。他们具有不属于单纯的工具或者手段范畴内的那些东西，如像道德、伦常、宗教虔敬。这样说来，人类自身具有目的，就是因为他自身中具有'神圣'的东西，——那便是我们从开始就称做'理性'的东西。又从他的活动和自决的力量，称做'自由'"④。这一观点及其论据几乎与康德如出一辙。

人是大自然的最后目的，那么大自然怎样对待人这一目的呢？对此，康德作出了颇有见地的论述。他认为，大自然以人为最后目的，并不在于为人的生存提供现成的条件；为人创造幸福远不是创造的最后目的，而且就自然把人作为优于其他创造物而言，幸福也不成为自然的一个目的。大自然以人为目的，就在于促进人的发展。这种目的性主要体现在三个方面：一是最节省原则，二是赋予人以理性，三是以对抗促进人的进步。

---

① 康德：《判断力批判》（下卷），商务印书馆1964年版，第89页。
② 康德：《判断力批判》（下卷），商务印书馆1964年版，第100页。
③ 康德：《判断力批判》（下卷），商务印书馆1964年版，第100页。
④ 黑格尔：《历史哲学》，上海世纪出版集团2001年版，第34页。

康德认为，大自然以人为目的的表现之一，就是以对抗促进人类进步。对抗是社会进步和人的发展的手段，是康德历史哲学中最有特色的思想。康德认为，对抗是大自然目的性的体现方式："大自然使人类的全部禀赋得以发展所采用的手段就是人类在社会中的对抗性。"① 所谓对抗，是源于人的本性的一种矛盾：一方面，人有一种社会化倾向，必须与他人交往并参与社会生活；另一方面，人又有一种单独化的倾向，总想按自己的利益和意愿来行动。两种倾向是截然对立的，因而必然产生矛盾即对抗。与以往思想家不同的是，康德肯定并揭示了对抗的积极意义。他认为，对抗的积极意义首先在于它唤起了人类的全部能力。由于人的社会化倾向，他们必然要结合起来，由于人的单独化倾向，他们又相互争斗而互为阻力。这种争斗不仅有负面的作用，更有正面的作用。"正是这种阻力才唤起了人类的全部能力，推动着他去克服自己的懒惰倾向，并且由于虚荣心、权力欲或贪婪心的驱使而要在他的同胞们——他既不能很好地容忍他们，可又不能脱离他们——中间为自己争得一席地位。于是就出现了由野蛮进入文化的真正的第一步……于是人类全部的才智就逐渐地发展起来了。"② 对抗引起竞争，唤醒和激发人的能力，因而既促进对自然和社会的改造，又锻炼人的才智并发挥他们的禀赋。对于对抗在人的发展中的作用，康德作了形象的比喻，他指出，人的发展"犹如森林里的树木，正是由于每一株都力求攫取别的树木的空气和阳光，于是就迫使得彼此双方都要超越对方去寻求，并获得美丽挺直的姿态那样；反之，那些在自由的状态之中彼此隔离而任意在滋蔓着自己枝叶的树木，便会生长得残缺、佝偻而又弯曲"③。他还指出，如果没有对抗，人类的全部才智就会在一种完满的和睦、安逸与互敬互爱的牧歌式生活中，永远被埋没在他们的胚胎里，人就难以创造出比自己的家畜更大的价值来。

与肯定对抗的作用相联系，康德认为历史发展的动力是人性中恶的本质。他提出了自私是道德的磨石的论断，认为人有一种自私的倾向，

① 康德：《历史理性批判文集》，商务印书馆 1990 年版，第 6 页。
② 康德：《历史理性批判文集》，商务印书馆 1990 年版，第 7 页。
③ 康德：《历史理性批判文集》，商务印书馆 1990 年版，第 9 页。

虽然他不是建立在理性准则的基础上，但却会始终存在，并充当了砥砺道德的磨石。他认为，恶的本性是历史发展的动力，是因为人的利己本性和不满足心理推动人的创造活动和社会进步。恶的本性导致人们之间的不平等，而不平等则具有二重性："它是那么多的坏事的但同时却又是一切好事的丰富的泉源。"① 恶虽然在道义上是不足取的，但对社会发展却可资利用，例如大自然就往往通过人的自私自利，通过人们对商业利益的追求而促进和平。

与康德相似，黑格尔特别注重历史进程的合规律性，认为"历史上的事变各个不同，但是普遍的、内在的东西和事变的联系只有一个"②。他肯定恶是历史发展的动力。他在评价一些历史人物时指出："一个'世界历史个人'不会那样有节制地去愿望这样那样事情，他不会有许多顾虑。他毫无顾虑地专心致力于'一个目的'。他们可以不很重视其他伟大的甚或神圣的利益。这种行为当然要招来道德上的非难。但是这样魁梧的身材，在他迈步前进的途中，不免要践踏许多无辜的花草，蹂躏好些东西。"③

马克思主义在批判继承前人的基础上，强调社会发展合规律性与合目的性的统一。他们对社会发展合目的性的强调，集中表现于前述人的发展理论中。在社会发展合规律性的认识上，他们超越了黑格尔以哲学家头脑中臆造的联系来代替应当在事变中去证实的现实的联系的做法，致力于"发现现实的联系……发现那些作为支配规律在人类社会的历史上起作用的一般运动规律"④。深入系统地揭示了社会发展规律的客观性。他们肯定合规律性与合目的性矛盾在社会发展过程中的作用。马克思曾深刻地指出："个性的比较高度的发展，只有以牺牲个人的历史性为代价。……因为在人类，也像在动植物界一样，种族的利益总是要靠牺牲个体的利益为自己开辟道路的。"⑤ 恩格斯则赞同黑格尔关于恶是历史发展动力的表现形式的看法，认为这一看法比费尔巴哈伦理学更

---

① 康德：《历史理性批判文集》，商务印书馆1990年版，第73页。
② 黑格尔：《历史哲学》，上海世纪出版集团2001年版，第5页。
③ 黑格尔：《历史哲学》，上海世纪出版集团2001年版，第32—33页。
④ 《马克思恩格斯选集》第4卷，人民出版社1995年版，第247页。
⑤ 《马克思恩格斯全集》第26卷下编，人民出版社1973年版，第124—125页。

为深刻。

手段与目的的错位甚至手段遮蔽目的，是社会现代化进程中值得探究的深层次问题。一般地说，目的与手段的矛盾贯穿人类生存发展的始终，但是这一矛盾在社会现代化进程中表现得尤为突出和尖锐。现代化强调科学精神，强调求真求实，强调认识和实践的正确性与有效性，强调不平衡和激励，强调功利、竞争、效率和经济发展，一言以蔽之，特别强调社会发展的合规律性，相对地，人生的意义和价值、社会的和谐与公平、人的道德意识和要求等目的性因素便退居次要地位。合规律性与合目性的偏离或错位，必然导致认识与价值、利与义、效率与公平、物质需要与精神等相辅相成的双方脱节，引发一系列社会矛盾。

当代社会目的与手段的错位最突出的表现，是将经济发展作为社会发展唯一乃至最终目标。经济发展是社会进步的基础当然也就是人的发展的手段。为了促进社会进步，在一定时期和一定意义上，必须将经济发展作为追求的目标，然而，这种阶段性目标强调到一定程度，就会取代原有的目的。正如丹尼尔·贝尔所指出的："按照科技治国的方式，目的只是追求效率和产量，目的已经成为手段，它们自身就是目的。科技治国的方式已经确定下来，因为它是讲求效率的方式——讲求生产、计划和'完成任务'。"① 这里所讲的，正是现代化过程中目的与手段的异化。

在当今，人活动过程中目的与手段的异化之所以较以往任何时代都更为严重，追究起来，似主要与下述原因相关：其一，在以往手工生产时代，由于生产工具简陋，生产效率和质量主要取决于人们的经验和技能，在生产过程中，人明显居于主导地位，人与工具的关系是人支配工具而不是相反，因而一般不存在人对生产工具和过程的依附与崇拜；机器大工业时代以来，特别是现代社会，生产工具发达并功能巨大，生产过程复杂且自组织性强，在生产过程中，操作机器的人往往被机器所操作，似乎成了工具系统的附属物，这便模糊了人在生产过程中的地位和作用，进而不断强化着人们对工具、过程等手段性因素的重视甚至崇

---

① 丹尼尔·贝尔：《后工业社会的来临》，商务印书馆1984年版，第392页。

拜。其二，在自然经济条件下，生产目的是满足生产者的需要，这种自给自足的模式直接体现出生产活动的为人性；在为交换而生产的现代化商品经济中，生产的目的则是通过交换获取利润、增值资本，活劳动服务并服从于死劳动，这便必然产生"商品拜物教"或"货币拜物教"倾向，或如弗洛姆所说，占有代替了生存。其三，以往社会运行节奏缓慢，人们总是安于现状，缺乏发展和竞争意识；当今社会运行节奏明显加快，加剧了发展的不平衡性，拉大了个人、群体以及国家和地区之间社会经济发展的差距，从而强化了人们的发展意识。发展的不平衡和竞争意识的增强，极大地增强了人们对社会发展特别是经济发展的紧迫感，导致人们视物质财富的增长为唯一的、至高无上的追求目标，似乎经济增长和发展速度就是一切，"时间就是金钱，效率就是生命"的口号，就是其生动的写照。

主要由于以上原因，在现代化过程中，人生存发展的目的往往被手段遮蔽，手段反过来成了目的——不仅是阶段性目的，甚至还是唯一、终极的目的。

手段被视为阶段性目的，在特定的时期中具有合理性，因为这强化了手段的地位，从而有利于最终目的的实现，但是，如果超出了特定的限度，使手段反客为主地成为最终目的，取代或遮蔽了其所依从的目的本身，势将导致社会发展合目的性的缺失。在此背景下，社会公平、道德、人的社会价值和意义、人的精神需要及人的全面发展要求等人文精神所关注和追求的东西便退居次要地位甚至被忽视。遗憾的是，这种情况在现代化过程中绝非偶然。正如法兰克福学派所指出的，现代人已完全承袭了工业社会控制力量为维护既存统治秩序所强加给他的那种人格模式、思维方式、情感模式、认知模式。这诸种模式的核心，就是重手段甚于重目的。

手段与目的的关系直接影响到可持续发展的实现。可持续发展作为人们自觉选择的协调和处理人与自然关系的一种发展战略和路径，内在地蕴涵着合目的性与合规律性相统一的要求。合目的性与合规律性的脱节，不仅导致人与人关系的错位甚至异化，也危及着人与自然的和谐。

可持续发展要求合目的性。当代人类所以选择可持续发展战略，是因为传统的发展模式严重地破坏了人类的生存条件，造成了人类当下特别是未来生存发展的危机，而只有选择可持续发展的战略和发展模式，才能保障人类的持续生存和发展。说到底，可持续发展模式优于传统的发展模式，在于它以人的发展为根本目标和价值取向，追求人与社会以及人与自然之间健康、协调的发展。从这个意义上说，可持续发展作为人类发展观的一次重要的嬗变，表征着人类对其生存发展合目的性的自觉。在人的发展和可持续发展之间，人的发展是目的，可持续发展是手段，自然的发展虽然十分之重要，但相对于人的发展而言只能是手段。一些生态论者在相关讨论中离开人的发展、离开人生存的要求谈论环境保护，甚至将人视为可持续发展的障碍，称为地球上的"害虫"，显然是本末倒置，骇人听闻。离开有利于人的生存发展这一合目的性谈论资源环境问题，可持续发展将偏离正确的轨道而迷失方向。更为重要的是，离开人的生存发展需要谈论可持续发展，可持续发展将不可能得到人们的广泛认同，更不可能变为人们的自觉行动，其本身就将不可持续。

可持续发展要求合规律性。可持续发展的直接目标是保障自然的持续发展。为实现这一目标，不仅要有坚定明确的信念，还必须正确地认识和对待自然，正确地理解和处理人与自然的关系，科学地利用自然资源和环境。也就是说，可持续发展必须建立在科学认识的基础上，以正确认识并遵从自然的规律和性质为前提。为此，应进一步加深对环境、生态、能源等的科学研究，加强对人与自然关系特别是人的活动双重效应的认识，降低在处理人与自然关系上的盲目性，尽量减少认识和实践上的失误。与此相联系，人类的生活方式和生产方式也必须充分考虑自然发展的要求，考虑资源环境的承受能力，既不能无视自然发展的要求，更不能以损害自然为代价而任意妄为。一味强调个人、利益集团或当代人的利益和享受，片面追求经济效益和经济指标，不顾自然自身的运行规律和发展要求而为所欲为，可持续发展将流于空谈。

人类是在对抗中进步的，可持续发展之合目的性与合规律性的统一也只能是对立中的统一。着眼于人全面发展并可持续发展要求，对可持续发展进程中的合目的性与合规律性的矛盾应从两个方面来理解。

首先，应正视目的与手段矛盾的历史必然性与合理性，这是正确理解和解决问题的前提。纵观人类历史进程，生产力发展是社会进步的根本动力，经济发展是人的全面发展的基础。从实现社会进步和人的发展的总趋势和总目标上看，社会现代化特别是生产力发展和社会物质财富的增长根本上是有利于人的全面发展的，是实现人类生存发展目的之必然途径。对可持续发展而言亦是如此，只有经济和科技的进步，人们才可能具备保护资源和环境的知识和愿望，才能有相应的经济实力和技术条件。从当代社会发展的现实看，强化手段的地位是必然的也是合理的。在综合国力竞争日趋激烈的当代，对于在竞争中处于弱势地位的国家或地区来说，发展经济显得尤为重要和迫切，只有注重手段的合理性，着力提高效率，充分激发和调动个人、群体和整个社会的创造性和潜力，才能尽快增强经济总量并提高综合国力，就可持续发展而言，只有具备雄厚的经济基础和技术手段，才能合理地利用资源，开发出更加环保的替代资源，也才能更有效地治理环境。这就意味着，在社会现代化的一定时期中，应该甚至必须将科技发展和经济增长作为目的加以强调。约言之，从目的与手段的关系来说，为了更好地实现目的，在一定时期中可以也应当将手段当做目的来对待。由此可见，在社会现代化过程中，手段的相对强势和目的在一定时期中被搁置甚至遮蔽是必然的，具有一定的历史合理性，对此应加以历史的判断。

其次，在推进经济建设和科技进步的同时，应切实确立以人为本的观念，以人的发展和需要引领可持续发展，以人的持续发展要求协调人与自然的关系。为了实现可持续发展的总目标，在可持续发展中强调自然的权利，强调尊重和保护自然，将资源环境保护作为主要目标，对人类的生产和生活行为作出限制（例如将节能减排等设定为约束性指标），无疑是合理的也是必要的。但与此同时必须认识到，保护自然本身并不是最终目的，归根到底是为了保护人类的家园，保障人类的持续发展。在保护自然的过程中人并未退场而是一直在场，并且始终是主角。在可持续发展中切忌因保护自然而忘了人自身，因为这种"遗忘"不仅会导致人与自然地位的异化，也会造成对人的歧视，从另一方面导致人与自然关系的紧张，加速资源环境的危机。在可持续发展战略和模式上离开合目的性而仅仅强调合规律性，只见自然不见人，必然会影响人与自然的和谐，反过来危及可持续发展战略的实现，使我国的可持续发展乃至整个现代化进程欲速则不达，付出更大的代价。基于合规律性与合目的性相统一的尺度，必须消除手段对目的的遮蔽，超越发展上的片面性，使可持续发展始终为人的发展服务，以人的生存发展要求引导、限定和矫正可持续发展进程，引领社会生产和人们消费的方向。由于制度的原因，我们在实现可持续发展战略的过程中应更重视人的全面发展的目的导向，更重视社会发展的价值合理性，更重视满足人的物质文化以及环境需要，更重视人的素质特别是文素质的提高，更重视人与自然的和谐。

与其他领域比较，可持续发展尤其体现着目的对手段的规范和制约。从一定意义上说，可持续发展本质上是一种有限制性的发展模式，"可持续"是对发展的一种规定。规定是限定也是否定，可持续发展是对其他发展模式尤其是传统的手段与目的异化、合规律性取代合目的性发展模式的否定，它凸显了人的生存作为社会发展目的的意义。可持续发展模式之所以要以"可持续"限定发展，无疑是着眼于人的发展这一最终目的。反过来说，正是目的的强制要求将资源环境作为社会发展约束性因素，使保护环境资源以及可持续发展成为必要。

四、工具理性反思

现代性反思的另一重要内容是对工具理性张扬的矫正。现代化进程之所以加重了资源环境危机，除了片面强调经济、财富的增长及手段取代目的之外，又一重要的原因是工具理性的过度张扬。马克斯·韦伯在20世纪初就敏锐地看到，随着现代化进程的深入，人们的价值认同已经定位在科学合理性之上，与之相关，支撑现代社会发展的资本主义精神贯穿着工具理性的新教伦理理念。他认为，新教伦理的重要特征，是张扬工具理性，塑造出一种以工作为目的、为创造而创造的精神或文化。"这种伦理所宣扬的至善——尽可能地多挣钱，是和那种严格避免任凭本能冲动享受生活结合在一起的，因而首先就是完全没有幸福主义的（更不必说享乐主义的）成分掺在其中。这种至善被如此单纯地认为是目的本身，以至从对于个人的幸福或功利的角度来看，它显得是完全先验的和绝对非理性的。人竟被赚钱动机所左右，把获利作为人生的最终目的。在经济上获利不再从属于人满足于自己物质需要的手段了。"① "一个人对天职负有责任——乃是资产阶级文化的社会伦理中最具代表性的东西，而且在某种意义上说，它是资产阶级文化的根本基础。"② 韦伯所说的新教伦理精神，正是工具理性的典型体现，它使工具理性本身具有了目的性的价值和意义。

工具理性已成为现代资本主义社会的精神内核。巴伯认为，每一个社会都有标志某些种类的社会活动的一组文化价值、一组道德偏好，以区别于另一些社会活动。他通过系统梳理，概括并描述了现代社会的文化价值及其特征。他列举的这类价值有："合理性价值"、"功利主义价值"、"普遍主义价值"、"个人主义价值"、"'进步'与改善主义价值"。③ 这几种价值的共同特点，是内含着工具理性，它们共同的渊源，正是萌芽于古希腊的逻各斯中心主义。他还指出，在当代，"相信理性是一种精神善，是'理想型'自由社会的一个构成要素。……承认理性之至高无上的威力是科学社会组织的一个中心精神价值。"④ 回溯思想史便不难看到，几乎在任何时代，当人们欲强调某种理念的正当性时，总是将其提升到善的高度。在西方古代，快乐主义认为每一种快乐都是善，在中世纪，禁欲主义却认为放弃欲望、皈依上帝就是善。虽然观点截然对立，但标准却何其相似！把理性提到善的高度，无疑表征着对理性的崇拜达到了极致。把工具理性抬至价值的层面并不是对价值的肯定，而是将价值降低到了工具和手段的地位。

韦伯揭示了工具理性在现代社会发展中的基础性作用，他指出，理性主义是资本主义精神的来源，资本主义是理性主义的现代发展："资本主义精神的发展完全可以理解为理性主义整体发展的一部分，而且可以从理性主义对于生活基本问题的根本立场中演绎出来。"⑤ 与通常的理解不同，他认为"获利的欲望、对赢利、金钱（并且是最大可能数额的金钱）的追求，这本身与资本主义并不相干。这样的欲望存在于并且一直存在于所有的人身上，……对财富的贪欲，根本就不等同于资

---

① 马克斯·韦伯：《新教伦理与资本主义精神》，商务印书馆 1987 年版，第 37 页。
② 马克斯·韦伯：《新教伦理与资本主义精神》，商务印书馆 1987 年版，第 38 页。
③ 参见巴伯：《科学与社会秩序》，商务印书馆 1991 年版，第 73—79 页。
④ 巴伯：《科学与社会秩序》，商务印书馆 1991 年版，第 102 页。
⑤ 马克斯·韦伯：《新教伦理与资本主义精神》，商务印书馆 1987 年版，第 56 页。

本主义，更不是资本主义的精神。倒不如说，资本主义更多的是对这种非理性欲望的一种抑制或至少是一种理性的缓解。"①"资本主义精神和前资本主义精神之间的区别并不在赚钱欲望的发展程度上。"② 在他看来，理性主义从而以新教伦理为核心的资本主义精神是对资本主义自发倾向的制约和引导。这一看法与哈贝马斯如下观点不无相似之处：现代性是一种启蒙理性，即怎样运用自己的思想去思考一切并运用理性对一切作出审察。

韦伯对资本主义精神的评价显然过于理想。丹尼尔·贝尔在《资本主义文化矛盾》一书中提出了不同的见解，他公正地指出，资本主义精神显然包括两个方面："韦伯强调加尔文教义和清教伦理——具体指严谨工作习惯和对财富的合法追求——是促使以理性生产与交换为特征的西方文明兴起的基本原则。然而资本主义有着双重的起源。假如韦伯突出说明了其中的一面：禁欲苦行主义，它的另一面则是韦尔纳·桑姆巴特长期遭到忽视的著作中阐述的中心命题：贪婪攫取性。"③ 如果说获利的欲望、对金钱的追求等并非始于资本主义，那么资本主义至少是将其张扬到了顶点，极大地膨胀了人无限追求利润增值和财富增长的欲望。综合地看，对金钱的追求、以创造财富为天职的理念成为基本的精神价值，使物质追求具备道德意义上的合法性等等，在有力地推动了西方的现代化进程的同时，也导致了人们价值取向的异化和手段的目的化。对于资本的所有者来说，资本的增值就是一切，是目的，是快乐，也是善。财富成了衡量价值的唯一尺度，以至于成了价值本身。从这个意义上说，韦伯对理性主义在资本主义精神中特殊地位的强调也不无道理，因为理性主义的确构成了资本主义精神和资本主义规则、制度的内核。

工具理性的过分张扬突出地表现在现代的社会结构和社会运行规则中。资本主义（某种意义上也就是现代社会）的经济体系乃至整个社会体系，是一个由无数种理性的规则构成的自主的体系，人仅仅是这一

---

① 马克斯·韦伯：《新教伦理与资本主义精神》，商务印书馆1987年版，第7—8页。
② 马克斯·韦伯：《新教伦理与资本主义精神》，商务印书馆1987年版，第40页。
③ 丹尼尔·贝尔：《资本主义文化矛盾》，商务印书馆1989年版，第27页。

庞大体系中的要素之一。这显然是工具理性在社会运行中的又一重要表现。正如弗洛姆所说："高度集中、高度分工的企业，产生了一种相应的组织劳动的方法，在这种方法下，个人失去了其个性，他成为机器的一个可磨损的齿轮。"① 对于工具理性的制度性张扬，丹尼尔·贝尔曾有过生动的描述："工业社会是围绕生产和机器这个轴心并为了制造商品而组织起来的。"② "工业社会，由于生产商品，它的主要任务是对付制作的世界。这个世界变得技术化、理性化了。机器主宰着一切，生活的节奏由机器来调节。……技艺被分解成简单的操作步骤。昔日的工匠被两种新式人物所取代：工程师，主管工作的设计和流程；半熟练工人，他是机器不可缺少的附属物，直到工程师的技术才能创造出新机器把他置换掉为止。这是一个调度和编排程序的世界，部件准时汇总，加以组装。这是一个协作世界，人、材料、市场，为了生产和分配商品而紧密结合在一起。这是一个组织的世界——等级和官僚体制的世界——人的待遇跟物件没有什么不同。"③ "经济体系有自己的测量尺度，即实际效用。……这一体系本身是具体化的世界，其中只见角色，不见人。他在组织图表上突出的是科层关系与功能作用。其中，权威经过职位传递，而不经人遗传。社会交换（必须相互吻合的工作）只在角色之间进行。人因而变成了物件或'东西'。"④ 贝尔的后一论述实际上揭示了工具理性制度化、规则化的原因：经济体系的尺度就是追求利益的最大化，在这种务求实际效用、追求最大利益的语境中，规则和制度的合理性必然具有至高无上的地位，所有其他因素包括人在内，都要服从于这些规则和制度，异化成为被动的因素。对工具理性的信赖以至于信仰，已经成为当代社会的普遍现象，理性主义发展到了新的高度，"在现代社会里，它的轴心原则是功能理性"⑤。人与物地位的颠倒，程序化的生产和生活，理性对人性、自由的遮蔽，如此种种，正是工具理性过度张扬的表现，也是其必然的结果。

---

① 弗洛姆：《为自己的人》，三联书店1988年版，第297页。
② 丹尼尔·贝尔：《后工业社会的来临》，商务印书馆1984年版，第2页。
③ 丹尼尔·贝尔：《资本主义文化矛盾》，商务印书馆1989年版，第198页。
④ 丹尼尔·贝尔：《资本主义文化矛盾》，商务印书馆1989年版，第57页。
⑤ 丹尼尔·贝尔：《资本主义文化矛盾》，商务印书馆1989年版，第57页。

　　工具理性的过度张扬还突出地表现在现代经济理论和实践之中。在理论方面，诚如经济学家们所反复指出的，经济学是一门崇尚理性的科学，它主要的理论假定都建立于人们追求利益最大化的理性行为及其选择之上。早在 18 世纪，亚当·斯密就形象地指明了经济活动的理性特征："我们每天所需的食物和饮料，不是出自屠夫、酿酒家或烙面师的恩惠，而是出于他们自利的打算。我们不说唤起他们利他心的话，而说唤起他们利己心的话。我们不说自己有需要，而说对他们有利。"① 斯密的论述假定了"经济人"及其利益最大化的理性选择。当代经济学的发展进一步凸显了理性及以此为基础的计算和博弈的特征：基于利益的最大化追求，经济学致力于更为精准的计算和预测；为了规避风险及追求长远利益，经济学追求更为理性的交往与获利，制定了更为详尽的游戏规则；与计算的精细化相并行的，经济学倡导的双赢意识；如此等等。正如巴里·克拉克所言："经济学则集中研究个人在市场上对物质利益的追求。利用个人理性假设及货币作为衡量原因与结果的尺度，使经济学能够在很大程度上仿造 19 世纪的物理学建立起理论大厦。"② 在我国也像在西方一样，"就主流经济学的微观部分而言，不论是其所研究的消费者行为问题、厂商行为问题、市场结构问题、分配问题还是一般均衡问题，都是从企业追求利润极大化这一角度出发来立论的，其目的也是告诉企业怎样才能实现利润极大化；就其宏观部分而言，它所探讨的国民收入核算理论、国民收入和就业水平决定理论、通货膨胀理论及政策主张和总体经济均衡原理，也不过是劝导国家以对经济的干预来为厂商创造赢利机会。"③ 在实践方面，在经济活动中，人的行为日趋理性，手段的合理性、实用性和效果（利益）至高无上。值得注意并令人忧虑的是，经济学和经济活动的理性特征和逐利色彩在当代的中国很可能已不逊于近代的西方。

　　应当承认，工具理性的张扬对社会进步和人的发展的意义首先并主要是正面的，因为人生存方式之优越，就在于创造工具理性及相应的科

---

　　① 亚当·斯密：《国民财富的性质和原因的研究》（下），商务印书馆1972年版，第27页。

　　② 巴里·克拉克：《政治经济学——比较的观点》"导言"，经济科学出版社2001年版。

　　③ 叶文虎：《可持续发展引论》，高等教育出版社2001年版，第40页。

学技术。通过理性制度、规则和科技的运用，一方面，放大了自己的体力和智力，提升了活动的效率和效益，改善生产条件、降低了劳动的强度并缩短必要劳动时间，从劳动中解放了人；另一方面，又创造出更多更好的物质和精神财富，提升了人们的生活质量，使人们享受到更为便利、舒适和更有乐趣的生活。正是由于工具理性显而易见的巨大威力，当代人类才创造了以往所不能望其项背的物质文明、精神文明和制度文明。工具理性的发展及其应用范围的扩大和程度的加深，不仅带来了社会器物层面的变化，创造了以往任何时代都不可比拟的物质成就，彻底改观了社会面貌和人们的生活，还创造了巨大的精神财富，促进了人类的思想解放，改变了人们的思维方式和精神面貌。在当今，科学理性与人道、民主等价值因素一起组成了社会运行的基本原则，构成为现代人类基本的精神支撑。正因为如此，人们不遗余力地学习科学，宣传科学，运用科学，以理性、科学作为规范行为、衡量事物的基本尺度。从社会发展的合规律性尤其是现代化的运行逻辑看，注重工具理性并非人们的过错或误入歧途，对工具理性的借重乃至过分依赖在一定时期中是必然的，也具有一定的合理性。问题是，当人们对工具理性的利用达到过度张扬的程度时，就走向了片面的极端。

"毋庸置疑，理性乃是人类所拥有的最为珍贵的禀赋。我们的论辩只是旨在表明理性并非万能，而且那种认为理性能够成为其自身的主宰并能控制其自身发展的信念，却有可能摧毁理性。"[①] 就可持续发展而言，经济理性的冲动加剧了人对自然的掠夺，因为工具理性直接的行为效应是获利欲望及效率意识的增强。须知，现代性语境中的工具理性之"理性"并非人类意义上的普适的理性，而是相对于特定利益主体而言的利益主体的理性。毋庸置疑，如果工具理性是普适的，那么普适理性一定会基于人类的整体利益，必然会与普适价值相一致，必然会内含着维护资源环境（即维护"人类共同的家园"）的目标和行为诉求。现代性语境中的工具理性则不然，这种理性集中表现为特定个人或群体利益最大化的目标设定及行为诉求，贯穿和强化着对物质财富的崇拜，体现着以最少的投入获取最大利益的规则。这类规则表现在人与自然的关系

---

① 弗里德里希·冯·哈耶克：《自由秩序原理》（上），三联书店1997年版，第80页。

上，必然是追求生产规模的不断扩大和速度的不断提升，往往是不计资源环境代价而单纯追求经济效益，甚至以邻为壑或吃子孙饭，损害全人类包括后代人生存发展的权益。

由上述可以看到，一方面，工具理性之兴起对于任何一个国家的社会现代化进程来说都是必要的，并且当一个社会的基本发展目标确定之后，张扬并运用工具理性便至关重要；另一方面，从更高的层面即就人的全面发展目标看，从可持续发展关于当代人的活动不影响后代人利益的要求看，对理性的运用终究应当是有限度的，强调理性不等于唯理性，运用理性不应当异化为理性统治。综上两点，对工具理性的"反思"不等于"反对"，反思之要义在于克服其极端化倾向，使其与价值理性相适应，而不是拒斥工具理性本身；反思的基本原则是趋利避害，充分发挥工具理性的优势又不为其负面效应所困。

五、科技的双重性反思

工具理性的过度张扬及其对价值的遮蔽和替代，突出表现为人们对技术依赖的加深和科技负面效应的凸显。对科技双重性的分析是现代性反思的重要内容。

随着现代社会科技能力凸显尤其是负面效应的增强，包括一些科学家在内的许多有识之士开始认识到，科学技术并不是万能的，反而是一柄双刃剑。"现代科学的诸多发明原则上总是隐藏着两个方面：一些新的机会和一些新的危险。"[①] 科技的双重效应在当代表现得尤为明显，在造福人类的同时，也带来一些危及人类生存发展的问题。当代高新科技前所未有地提高了人类应对自然的本领，提升了人类的生存能力，为人类创造了更多的财富，给人们带来了更为舒适、方便、精致的生活，同时又使人陷入了对技术的依赖，在越来越大的程度上为技术所控制，甚至给自然和人类的发展带来了一些潜在的威胁。有舆论认为："高科技的进步推动了经济的发展，提高了劳动生产率，并且使很多人过上了富裕的生活。然而它的阴暗面也在渐渐失去控制，对我们产生强大的影

---

① 奥特弗里德·赫费：《作为现代化之代价的道德——应用伦理前沿问题研究》，上海译文出版社 2005 年版，第 214 页。

响。它成日成夜地侵犯我们的生活，把我们束缚在计算机跟前，并且不断消磨我们的人性。……技术本来是解放我们、是我们生活得更轻松的工具，然而现在它却起到了相反的作用。它给我们的生活带来了灾难。每个人都被它征服了，不堪重负。"① 从这个意义上说，高科技给人的生存带来了"新的危险"一说绝不是危言耸听。科学技术给人带来了灾难和重负的说法虽然不无偏颇，但就揭示科技的负面影响而言，还是有一定针对性的，也是恰当的。

对于科技的负面影响，有人曾形象地概括为人成了技术的"奴隶"，即人与技术发生了异化。早在 19 世纪 40 年代现代科技和生产发展蒸蒸日上之时，马克思就指出，在资本主义内部，"一切发展生产的手段都变成统治和剥削生产者的手段，都使工人畸形发展，成为局部的人，把工人贬低为机器的附属品。使工人受劳动的折磨，从而使劳动失去内容，并且随着科学作为独立的力量被并入劳动过程而使劳动过程的智力与工人相异化"②。这里虽然直接批判的是资本主义制度，但却敏锐地洞察到工人在现代化生产中沦为机器附庸的本质。他在肯定科技总体上改善人的生活，促进人的解放等同时，还深刻地揭示了科技的两面性特别是其使人非人化的负面效应："自然科学却通过工业日益在实践上进入人的生活，改造人的生活，并为人的解放作准备，尽管它不得不直接地使非人化充分发展。"③"直接地使非人化充分发展"是一个精辟的见解，既显现了科技使人"非人化"的效应，又肯定了"非人化"充分发展是人的解放的条件，亦即"非人化"在一定阶段上的必然性和必要性。在当代，科学技术与人的异化已成为普遍的现象，而且异化的内涵大大超出了马克思的理解。面对这一境遇，西方学者展开了多向度的反思，海德格尔的技术批判，马尔库塞对机械控制人的分析，弗洛姆对于人将成为机器附庸的警示，以及生态主义者对科技给自然带来的影响的分析等，可视为这类反思的代表。

在当代，科学技术与人的异化已渗透到社会生活的各个方面，既表

① 《参考消息》2000 年 9 月 6 日。
② 《马克思恩格斯选集》第 2 卷，人民出版社 1995 年版，第 259 页。
③ 马克思：《1844 年经济学哲学手稿》，人民出版社 2000 年版，第 89 页。

现在生产领域，也表现在生活领域。

一是科学认识对价值取向的僭越和遮蔽。

近代以来，科学的合法性使它的影响超出了工具的范畴，逐渐取代了价值尺度，渗透于社会生活的各个领域，成为衡量、规范和裁判社会生活和人类行为最高的或者唯一的标准，甚至成为了一种权威、一种信仰对象。韦伯在 20 世纪初曾敏锐地指出："唯有在西方，科学才处于这样一个发展阶段：人们今日一致公认它是合法有效的。"① 20 世纪，随着科技对社会生活影响的凸显，一些西方学者开始从各个角度揭示科技对人的负面效应。胡塞尔认为，19 世纪下半叶以来，科学的危机日趋加深，这种危机并非科学自身的危机，而是科学发展及其社会效应造成了人的生存危机，科学张扬了工具理性，却遮蔽了人生存的意义，他指出："在 19 世纪后半叶，现代人让自己的整个世界观受实证科学支配，并迷惑于实证科学所造就的'繁荣'。这种独特现象意味着，现代人漫不经心地抹去了那些对于真正的人来说至关重要的问题。只见事实的科学造成了只见事实的人。……实证科学正是在原则上排斥了一个在我们的不幸的时代中，人面对命运攸关的根本变革所必须立即作出回答的问题：探问整个人生有无意义。"② 从一定意义上说，对技术的依赖无疑已成为商品拜物教、金钱崇拜之外的又一种"物的依赖性"，在这种依赖中，技术已不仅是人生存的外在条件，而是成了人生活的内在因素，成为生活的一部分，成了生存的价值和意义。"在三个世纪中，机械论世界观成了西方文化的哲学意识形态，工业化与自然资源的开发相结合，开始从根本上改变了人类生命的特征和质量。通过大众科学教育，通过经验哲学和自然宗教的常识化，还通过制造业的科学化理性化趋势，17 世纪建立起来的政治官僚机构、医疗和法律体系、力学科学、方法和哲学，逐步被体制化为西方世界的生活方式。"③ 工具理性遮蔽并替代价值理性，科学对价值的排斥，正是现代科学危机的症结所在，也是现代社会精神危机的根源所在。

---

① 马克斯·韦伯：《新教伦理与资本主义精神》，商务印书馆 1987 年版，第 4 页。
② 胡塞尔：《欧洲科学危机和超验现象学》，上海译文出版社 1988 年版，第 6 页。
③ 卡洛林·麦茜特：《自然之死》，吉林人民出版社 1999 年版，第 320 页。

二是人在生产中受到技术的控制，成了机器的组成部分甚至附属物。

巴里·康芒纳曾清醒地看到，在理性为基本原则的制度体系中，"技术似乎经常是作为一种相对独立的自主力量在起作用，比操纵它的人类还有力量"①。"技术变成有自主权的了……技术一步步控制着文明的一切因素……人类自己也被技术击败，而成为它的附庸。"② 这显然是一种异化，人对机器等技术装置的异化，这又是一种主客体的颠倒，技术装置成了主体，控制人，人则成了机器的部件，在生产过程中被客体化，成了附属于机器并被动地围绕机器转动的部件。技术装置在生产中对人的控制，直接导致人的能力及其活动的片面化，完整的人被片面化为单向度的人，只能从事某一种、某一项甚至某一个环节的工作。人可以被机器置换，并且离开了机器这一"主体"，人便一无所能，一无所是。

具体地说，机械化大生产彻底改变了以往社会的生产和行为模式。在自然经济的手工生产条件下，工具完全为人所控制和掌握，生产过程适应人的活动节奏，人在整个活动中处于主动的地位，工具的地位仅仅是手段性的。机器大工业生产过程中，工具逐渐演变成自组织系统，有自己的运行方式和节奏，人则成了机器的附属物、机器的配件，随着机器的运转而动作。在这种"人—机"系统中，机器成了主体，人则成了附件，主客体倒置了过来。《自然之死》一书在论及人对自然态度和行为失当的原因时指出："机械主义的兴起为宇宙、社会和人类的新综合奠定了基础，它被解释为一个有序的、由机械的部分所组成的系统，各部分服从法律的控制和演绎推理的可预见性。新概念下的自我是寄属于机器一样的身体中支配情欲的理性控制者，这个新的自我概念开始代替与宇宙和社会相统一的、作为各有机部分紧密结合的和谐中一个完整部分的自我概念。机械主义使自然实际上死亡了，把自然变成可从外部操纵的、惰性的存在。"③

---

① 巴里·康芒纳：《封闭的循环》，吉林人民出版社1997年版，第142页。
② 巴里·康芒纳：《封闭的循环》，吉林人民出版社1997年版，第142—143页。
③ 卡洛林·麦茜特：《自然之死》，吉林人民出版社1999年版，第235页。

机器大工业的运用，特别是信息技术的运用放大了人的能力，也使人产生错觉，似乎机器设备成了有生命的自组织系统，一方面，机器有了独立于人的需要和运行轨道；另一方面，科技的力量增强，使其超越了人的控制而在一定程度上成为控制人的力量。"在现代工业社会里，社会与它所依赖的生态系统之间的最重要的联系是技术。……科学技术在现代社会中的特殊地位是很重要的。"① 技术成为权威或权威的根据，被抬举到近乎宗教的地位，异化为人顶礼膜拜的对象。海德格尔指出："在此在的一切领域中，为技术设备和自动装置所迫，人的位置越来越狭窄。以任何一种形态出现的技术设备装置每时每地都在给人施加压力，种种强力束缚、困扰着人们——这些力量早就超过人的意志和决断能力，因为它们并非由人做成的。"② 当然，科技的自主性在表层看，是技术本身的异化，人的创造物成了他的主人，人们在它面前惊讶甚至膜拜；在深层看又是人的异化，是人对资本的力量和主体性，对资本逻辑的依附和崇拜。对科技的崇拜不仅由于它自身的神奇，更因其非凡的创造财富的功能。科技本来是人改变生存状态、提高生存质量的手段，但由于具有迅速增值资本的功能，这一手段在运用中便异化成为目的。从这个意义上看，科技崇拜在一定意义上正是资本崇拜的逻辑延伸。

三是人在生活中对技术的依赖、痴迷和崇拜。

在现代社会，科技迅速发展，以信息技术、生物技术、材料技术、航天技术等为标志的高新技术，无论在宏观还是微观层面，都极大地改变了自然的现状，科技的力量似乎无所不及、无所不能，新技术的浪潮席卷全球，各个国家、地区和企事业组织唯恐因落后而被时代抛弃，争相融入这一大潮。科技已渗入社会生活的几乎所有方面和层面，社会、群体和个人对科技的依赖已难以逆转。

科技发展在给人带来生活上的舒适和便捷的同时，也造成了人们对技术的依赖，导致了人对自身的轻视和对外在力量的迷恋，正如弗洛姆所言："工业社会蔑视自然界和一切非机器生产的东西以及那些不能生产机器的人们。今天，使人着迷的是机械性的东西、巨大的机器、无生

---

① 巴里·康芒纳：《封闭的循环》，吉林人民出版社 1997 年版，第 141—142 页。
② 《海德格尔选集》（下），上海三联书店 1996 年版，第 1237 页。

命的东西，人甚至越来越迷恋毁灭力。"① 科技给我们生活带来的便利实在太大，对我们生存的介入太深，成为现代人生存方式的内在因素，以至于人们完全沉溺于其中而难以自拔。人们举手投足，吃、住、行、用，几乎没有一项活动能离开技术的支撑。不能设想，现代的人们离开了飞机、火车、汽车等交通工具，离开了电灯、电话、水、电、煤、气，离开了各式各样的家用电器将如何生存。且不说生活质量极大降低，就是能否继续生存下去都成了问题。没有现代技术，就没有现代人的生活方式和生活质量，就没有现代人的生存。更为严重的是，人对技术的依赖已经不仅反映在生理机能上，更表现在心理上，并且技术越是先进，这种依赖性就越强。"后现代的技术已经完全不同于现代的技术，昔日的电能和内燃机已经被今天的核能和计算机取代，新的技术不仅在表现形式方面提出了新的问题，而且造成了对世界完全不同的看法，造成了客观外部空间和主观心理世界的巨大改变。……显然后现代人已经被这种高度发展的新技术搞得心醉神迷，因此，当前像对电脑和信息处理机之类的新技术的狂热追求和迷恋，对我们所说的文化逻辑来说就远不是外部的了。"② 技术已成为当代人生存境遇的内在要素，对技术的依赖已深深地渗透于人们的生活世界和心理世界。在当代，人对技术的心理依赖如此强大，以至于不仅离开了技术不知道如何生存，甚至根本就不能想象如何去生存，如何寻找丢失的自我。对技术和机器的盲从和迷恋，不仅使人沦为技术和机器的附属物，造成人的片面发展，同时也造成技术的滥用，给资源环境带来新的负担。

四是人们对科技的不当使用。

以爱因斯坦为代表的一些有识之士指出，科技是一柄双刃剑，在给人类带来幸福的同时，也可能造成灾难。他们认为，科技的社会作用取决于对它的利用，科技的不当利用例如运用于战争，将放大人类的破坏能力，甚至毁灭人类。弗洛姆就曾指出："技术的进步不仅威胁着生态平衡，而且也带来了爆发核战争的危险，不论是前种危险还是后种危险

---

① 弗洛姆：《占有还是生存》，三联书店1989年版，第10页。
② 詹明信：《晚期资本主义文化逻辑》，三联书店1997年版，第292—293页。

或两者一起，都会毁灭整个人类文明，甚至地球上所有的生命。"① 这是一个个案，但既不是危言耸听，更不是绝无仅有。随着冷战的结束，爆发核战争的危险已大大减弱，但军备竞赛包括核扩散的危险并未终结，同时，科技在其他方面的不当运用更是呈愈趋扩大之势。例如克隆技术、转基因技术等的使用，就给自然的变化包括人的生理变异带来了潜在的风险，也对传统的社会伦理提出了挑战。以往的生物或医学技术对人的作用，是按照人自身的生物机理对人的身体缺陷进行弥补或调整，以恢复至正常状态，其功能总体上是修复性的。当代科学技术则不然，克隆人、基因工程、转基因生物等高新科技，目标和结果都在于改变生物乃至人原有的状态，是对生物的重新设计和改变，并且，所改变的往往不只是外在的形式，而是内在的性质。这种对生命内在的干预，固然带来了许多正面的影响，但也潜存着危机，包括我们已经意识到和尚未意识到的危机。因为物种的改变可能是改（为）"善"，也可能是改（为）"恶"。当今时代，科技的负面效应常常使海德格尔所谓的"畏"缠绕在人们的心头。

五是对科技的过分依赖导致人的机体功能的退化。

现代科技和生产在改善人们生活、方便人的活动的同时，造成了人对科技的依赖，甚至导致了人的某些生理机能的退化。达尔文的进化论早已证明，人的生理器官及其机能的进化规则是"用进废退"。科技在替代人的某些机能的同时，也就阻碍了这些机能及相应器官的继续进化。弗洛姆曾分析过人在生物学意义上的软弱性："人和动物存在上的首要区别是一个消极的因素：人在适应周围环境的过程中，相对来说，缺乏调节的本能。而动物适应环境的方式却始终如一；……动物能通过主动地改变自身而使自己适应变化着的环境；……人是所有动物中最无能的，但这种生物学意义上的软弱性正是人之力量的基础，也是人所独有的特性之发展的基本原因。"② 这里人与动物的比较，本意在于说明人生存上的优越性，然而更值得注意的是，它同时也显示了人在生存能力上逊于动物之处及其原因。技术依赖使人在生存能力上逊于动物。表

---

① 弗洛姆：《占有还是生存》，三联书店1989年版，第4页。
② 弗洛姆：《为自己的人》，三联书店1988年版，第55页。

面上看，人能够改变环境，使环境适应于人，一直以来，我们都以此为荣，然而这里却潜藏着危机。正如人们所看到的，通过运用技术而最有能力的人，也是在生理上最无能（适应自然能力）的人，因为正是人的能力及其带来的自信，遮蔽了人自身提高适应环境能力的必要与可能，妨碍了人生理上的继续进化。由于屡次改变环境的成功，对于人类而言，协调自身与环境的关系，与其改变自身，不如改变环境。其结果是，科学技术和生产在带给人巨大的能力和舒适的生活的同时，也将人置于了高度的风险之中，因为一旦外部环境发生超出技术控制范围内的变化，人类似将面临生存的危机。这绝不是耸人听闻。时至今日，人类无疑是所有动物中最依赖于技术的生命体，以至于可以说，离开了技术力量的支撑，人势将成为所有高等动物中最弱势的种类。

上述问题都是就其比较极端的情形而言的，但绝不是无中生有。科学技术成为某种独立于甚至凌驾于人和社会的力量显然是不正常的，从人们发明创造的本意看，科学技术应该增强人的力量、改善人的生活，推进人的发展，也就是说科技的价值不仅取决于自身，也取决于人们对它的合理运用，科技社会作用的实现离不开价值的引领。巴伯曾正确地定位了科学和价值各自的社会功能："作为一个整体的社会是建立在一系列道德价值之上的，而科学总是在这些价值的范围之内发挥作用。这些社会价值提出某些非经验的问题，即意义、邪恶、正义和拯救的问题，只关心经验问题的科学是不能对这些问题给出答案的。"[1] "科学的社会后果是不可避免的，因为科学在我们的社会中具有独特的强有力地位，所以它将不断地与社会的其他部分互动，既对于良好的事情也对于糟糕的事情。我们已经看到，这个问题是一个'社会问题'，一种社会安排和社会价值的问题。"[2] "我们不可能在总体上，特别是在长期预言某种科学发现将具有何种特殊的社会后果。……科学的社会后果是社会和政治的问题，它们只能通过社会和政治的过程加以控制。"[3] 这些论述表明，科学技术或者工具理性，本身主要是手段性的，科技的社会效

---

① 巴伯：《科学与社会秩序》，商务印书馆1991年版，第265页。
② 巴伯：《科学与社会秩序》，商务印书馆1991年版，第268页。
③ 巴伯：《科学与社会秩序》，商务印书馆1991年版，第268—269页。

应取决于人们对它的运用，对科技的运用必须加以价值的导向和规范。

对科技的过度依赖和科技的不当运用不仅制约着人的发展，也给自然带来了严重影响，加速和加深了资源环境的危机。

"机械主义作为一种隐喻，以一种新的方式安排和重新建构了实在，……它最有影响力之处在于，它不仅用作对社会和宇宙秩序问题的一种回答，而且还用来为征服自然和统治自然辩护。"① 科技充当了人征服自然的辩护者，引导和推动着人类不断加深对自然过程的介入。由于科技发展和利用造成了人的依赖性，因而人们越是依赖于技术生存，就越是要推进技术向更高的层面发展；反之，技术越是进步，人对它的依赖性也就越深，又反过来进一步推进技术的发展。从这个意义上说，技术似乎具有某种自组织性、自我复制性或自我超越的特征。技术的发展与人对技术依赖的互动对自然造成的影响是致命的，因为技术发展放大了和加强了人的能力也进一步刺激了人的需要和欲望，使人类试图并能够在更大的范围和更深的程度上改变自然的现状，获取更多的自然物资。问题的严重性还在于，人类对其活动长远结果的预见往往跟不上活动本身的发展。如果人们不能够合理地利用科技，不能够正确定位自己的需要，不能预见和驾驭他们活动的结果，他们手中的科技就会成为儿童手中的利刃，甚至成为无法收拾的"潘多拉的盒子"，给自然带来难以弥补的损害。当年 DDT 杀虫剂的大规模运用给生态环境带来的毁灭性灾难就是值得深思的一例。蕾切尔·卡逊在《寂静的春天》中写道："这些喷雾器、药粉和喷洒药水现在几乎已普遍地被农场、果园、森林和家庭所采用，这些没有选择性的化学药品具有杀死每一种'好的'或'坏的'昆虫的力量，它们使得鸟儿的歌唱和鱼儿在河水里的欢跃静息下来，使树叶披上一层致命的薄膜，并长期滞留在土壤里——造成这一切的本来的目的可能仅仅是为了少数杂草和昆虫。"② "自从 DDT 可以被公众应用以来，随着更多的有毒物质的不断发明，一种不断升级的过程就开始了。……而所有的生命在这场强大的交叉火力中都被射

① 卡洛林·麦茜特：《自然之死》，吉林人民出版社 1999 年版，第 236 页。
② 蕾切尔·卡逊：《寂静的春天》，吉林人民出版社 1997 年版，第 6 页。

中。"① 这种灾难性后果显然是人们所始料未及的。

人类对自然介入愈趋深入的趋势是不可逆转的，在实现可持续发展过程中，必须对科技的自发倾向和社会运用作出适时的调节。这种调节包括两个方面：其一是使人类对自然的影响朝着有利于自然持续发展的方向作用。由于现代技术极大地提高了人变革自然的能力，亦由于人们对技术负面影响的理解往往滞后于对其正面影响的认识，因而对深度影响自然性质和改变自然运行方式的各种新技术的运用必须慎之又慎。其二是基于科技的双重性必须对其进行价值规范。所谓价值规范，就是以人类的整体利益、普遍价值和普适理性规范和约束特定利益群体的利益追求，使之适应并有利于可持续发展，适应并有利于人类的持续发展。

近些年我国出现了对科技双重性反思的热潮，对此应当清醒地对待。我们绝不应重蹈西方工具理性遮蔽价值理性、科技发展与人的发展相分离和异化的覆辙，同时对科技双重性的反思及批判又不应走向反科学的极端。在这一点上卢梭的前车之鉴值得吸取。卢梭当年在回答法国第戎学院征文所作的《论科学与艺术》和《论人类不平等的起源与基础》等文中曾断言：科学与艺术的发展激发了人类的物质享受欲望，引发了人类种种罪恶的产生，使人在物质上文明起来了而在精神上堕落了，恶化了社会环境，毒化了社会风气。在近代科技初露端倪的 18 世纪，卢梭就正确而深刻地预见到科学的负面效应，确属难能可贵。但问题的另一方面是，虽然卢梭曾声言"我自谓我所攻击的不是科学本身，我是要在有德者的面前保卫德行"②，但同样毋庸置疑的是，他对科学社会意义和精神蕴涵的整体解读无疑是片面的，或只是片面的深刻，与社会发展的总趋势背道而驰。

科技的双刃剑效应或双重性，实质是人们对科技理解和运用的两面性。就其负面效应而言，深层次原因是人们认识的局限性——他们对人与自然关系的片面理解，以及（特别是）人们价值定位和价值取向的失当。如果说科技的不当运用加速和加深了对自然的损害，那么同样的道理，科技的恰当运用必将加速环境危机的缓解。海德格尔曾提出外在

---

① 蕾切尔·卡逊：《寂静的春天》，吉林人民出版社1997年版，第6—7页。
② 卢梭：《论科学与艺术》，商务印书馆1963年版，第5页。

地对待技术的态度，即在手段层面利用技术，同时又不为其所奴役："盲目抵制技术世界是愚蠢的。欲将技术世界诅咒为魔鬼是缺少远见的。我们不得不依赖于种种技术对象：它们甚至促使我们作出精益求精的改进。而不知不觉地，我们竟如此牢固地嵌入了技术对象，以至于我们为技术对象所奴役了。但我们也能另有作为。我们可以利用技术对象，却在所有切合实际的利用的同时，保留自身独立于技术对象的位置，我们时刻可以摆脱它们。我们可以在使用中这样对待技术对象，就像它们必须被如此对待那样。我们同时也可以让这些对象栖息于自身，作为某种无关乎我们的内心和本真的东西。"① 这一论述，昭示着一种理性选择的可能：合理地运用技术，推进包括可持续发展在内的社会的全面进步。

科技的负面效应加深并加速了资源环境危机，但这并非科技发展的宿命，而只是人们对它的不当使用所致。解铃还须系铃人。限制乃至消除科技的负面作用，绝不等于限制甚至摒弃科技，而是要对科技加以正当的利用，前瞻性地分析和预测科技发展可能带来的双重性，趋其利而避其害，自觉地限制其负面效应。具体到科技与环境关系问题上，仅看到科技应用给资源环境造成的危害，甚至简单地断定科技进步与环境保护截然对立，无疑是片面的。从总体的、长远的观点看，不仅经济和社会发展取决于科技的进步，实现可持续发展，合理地利用资源及保护环境同样有赖于科技的进步。正如辩证法启示我们的，发展中出现的问题要靠新的更高层次的发展来解决，资源环境问题的解决亦不能例外。

实现可持续发展涉及诸多领域，包括控制人口增长与提高人口素质，改善人类居住环境，建筑节能和提高居住区能源利用效率，农业自然资源可持续利用与生态环境保护，开展清洁生产和生产绿色产品，提高能源效率与节能，推广少污染的煤炭开采技术和清洁煤技术，开发利用新能源和可再生能源，水资源、土地资源、森林资源、海洋资源、矿产资源、草地资源的保护与开发利用，生物多样性的保护，荒漠化土地综合整治与管理，防灾减灾体系建设，大气层的保护，固体废物的处理与管理，生活垃圾管理和无害化系统建设，等等。所有这些问题的解

---

① 《海德格尔选集》（下），上海三联书店1996年版，第1239页。

决，都有赖于科学技术。

科学技术在实施可持续发展战略中至关重要且大有可为：科学技术可以加深人类对自然规律和性质的认识，为可持续发展的决策提供依据和手段，促进可持续发展管理水平的提高；可以开拓新的可利用的自然资源领域，提高资源综合利用效率和经济效益，提供保护自然资源和生态环境的有效手段；可以缓解中国人口与经济增长和资源有限性之间的矛盾，扩大环境容量进而相应扩大生存空间和提高生存质量。为此，在实施可持续发展战略中必须大力推进科技进步，包括环保科技的发展和应用。科技是第一生产力，发展经济如此，节约资源和保护环境亦复如此。正如《中国的 21 世纪议程》中所指出的：科学技术是综合国力的重要体现，是可持续发展的主要基础之一。没有较高水平的科学技术支持，可持续发展的目标就不可能实现。科学技术的不断进步可以有效地为可持续发展的决策提供依据和手段，促进可持续发展管理水平的提高，加深人类对自然规律的理解，开拓新的可利用的自然资源领域，提高资源综合利用效率和经济效益，提供保护自然资源和生态环境的有效手段。总而言之，科学技术对于缓解中国人口与经济增长和资源有限性之间的矛盾，扩大环境容量进而相应扩大生存空间和提高生存质量尤为重要。

不仅科学技术的社会效应具有双重性，其对自然的影响同样具有双重性。科学技术既可能加深和加速对自然的负面影响，也可以对自然进行修复，因而对科技的运用应当趋其利而避其害。弗罗洛夫曾经指出："与过度的'技术统治的乐观主义'以及'生态学的悲观主义'相反，马克思主义无论在理论上还是在实践上都坚决主张合理的现实主义，在解决生态问题时，寄希望于发挥科学的作用、广泛的世界性的科学家的合作以及不同社会经济制度国家之间的友好协作。"① 这一看法无疑具有合理性。在技术对生态影响的问题上，绝对的乐观主义和悲观主义都是不可取的。

我们当前不仅面临着对后现代反思的问题，也面临着实现现代化问题，并且从整体上说，实现现代化，提高综合国力和人民生活水平较之

---

① 弗罗洛夫：《人的前景》，中国社会科学出版社 1989 年版，第 153 页。

于反思现代化问题更为迫切和基本。众所周知，我国的社会现代化进程总体上还处于初级阶段，反映在经济指标上，人均 GDP 还处于世界后列，许多地区还处于欠发达状态，几千万人还未实现温饱；反映在科技上，自主创新能力还不强，许多核心的高新技术仍有赖于从国外引进，据统计，全国拥有自主知识产权核心技术的企业，仅占全部企业的约万分之三，国家的核心竞争力亟待提升。就环境资源危机的缓解而言，同样面临着依靠科技进步和经济增长方式转变的问题，因为无论是节能减排、建构绿色农业、修复生态环境，还是寻找替代能源、提高资源利用效率，都有赖于科技和生产的进步。

　　由上述可见，作为正在追求现代化的发展中国家，我们对科技双重性的反思应是理性的而非激情的，全面的而非片面的，这种反思切忌矫枉过正或走极端。正确的态度是：从有利于人的发展这一基本尺度出发规范科技的应用范围和限度。

第八章　可持续发展的公平探析

可持续发展深层次地涉及人与人的关系。社会关系的合理化尤其是社会公平的实现程度，是制约可持续发展的关键因素之一，也是实现可持续发展的难点。可持续发展问题的哲学讨论，拓展和深化了对公平内涵及其实现途径的理解，为进一步解读公平问题提供了一个新的视角。在可持续发展问题上确立公平理念，建构公平合理的社会关系和行为规则，是缓解资源环境危机的治本之策，亦将为社会公平的全面确立提供一种示范。

一、可持续发展的公平诉求

公平是人们的一种价值评判和诉求，是指人们之间利益、权利和义务的合理分配。关于公平，中西方历史上曾有过诸多研究，提出了一系列有价值的思想。中国历史上有代表性的是儒家的公平思想，西方历史上尤其是近代以来，分别提出了契约公平论、功利公平论、权利公平论等。马克思主义公平思想的提出，使公平诉求具有了彻底和现实的性质。在当代，公平问题的探讨再次成为热点，分别涉及经济、政治、文化和社会等领域，凸显了公平在社会现代化进程中的综合性质和意义，在理论与现实的结合上拓展和深化了对公平问题的理解。

在可持续发展领域也像在其他领域一样，公平问题具有至关重要的意义。可持续发展论域公平的基本要求，是人们平等地享用资源和环境。公平问题成为可持续发展讨论的热点议题之一，是因为公平的缺失已成为导致资源环境危机的社会根源。

公平之所以成为制约可持续发展的瓶颈问题，至少与下述三方面因素相关：其一，资源和环境是有限的。人类目前只能生存于地球上，而地球的资源存量和环境承受力都有定数，就资源而言，虽然人们迄今还在不断发掘新的资源，如寻找新的替代能源等，但由于地球物质、空间的有限性，其总量仍然是有边际的，不可能无限扩展。其二，所有人都共同生存于一个地球上，人人皆有平等享用资源和环境的权利，任何人滥用资源或破坏环境，都必然影响到他人资源环境权利的实现，影响到他人的生存质量，甚至影响到人类整体的利益。其三，公平的缺失既会引发利益主体间的恶性博弈，造成资源环境灾难，又必然导致一部分人生活贫困化，迫使这些人为了维持生存滥用资源并污染环境。以上三点表明，公平问题内在于可持续发展的过程中，直接影响着资源环境状况，制约着可持续发展的实现程度。约言之，作为社会论域的公平深刻地制约着人与自然的关系，是可持续发展的基本条件和价值诉求。

可持续发展之所以要求社会公平，既是基于公平乃是社会发展（当然也包括可持续发展）的基本价值，又是因为社会不公是导致环境资源问题的主要根源。

可持续发展要求公平，因为公平之于人类活动具有目的性意义。公平是可持续发展价值维度的直接体现，这是可持续发展讨论得出的重要认识。"增长本身是不够的，高度的生产率和普遍贫困可以共存，而且会危害环境。因此，可持续发展要求：社会从两方面满足人民需要，一是提高生产潜力，二是确保每人都有平等的机会。"[①] 从人权的角度看，平等地享用资源环境的权利是生存权和发展权的重要组成部分，这种权利体现在可持续发展的价值取向上，要求人类的所有行为特别是经济活

---

① 世界环境与发展委员会：《我们共同的未来》，吉林人民出版社 1997 年版，第 53—54 页。

动既要追求效率，也要顾及公平，任何个人或利益群体都不得为了局部利益的最大化而危及甚至剥夺他人的资源环境权。

可持续发展要求公平，因为公平是促进人的行为合理化、维护资源环境的观念、规则和制度保障。许多学者业已认识到，可持续发展不是单纯的资源环境问题，而是与诸多社会问题相互关联、相互制约，是一系列社会问题的综合表现，在这些问题中，核心的问题是财富分配与利用的合理化。巴里·康芒纳在《封闭的循环》中尖锐地指出，环境危机"既不是一个自然的骤然而来的结果，也不是人类的生物学活动的力量用错了方向。地球之所以被污染，既不是因为人是某种特别肮脏的动物，也不是因为我们的人口太多了。错误在于人类社会——在于社会用来赢得、分配和使用那种由人类劳动从这个星球上的各种资源中所摄取来的财富的方式"①。《我们共同的未来》也认为："贫穷、不公正、环境退化和冲突以一种复杂和密切相关的方式相互作用。"② 这些论述指明，以财富分配方式为核心的制度规则不公平所引起的人们之间的利益博弈，正是滥用资源和环境退化的主要社会根源。

社会生活尤其是经济领域公平的缺失，必然对资源环境产生直接而深刻的负面影响。

首先，没有公平的制度和规则，人们必然为了自身的利益最大化而无规则地相互博弈，在侵害他人和社会利益的过程中以最小的代价换取最大的利益，而这些博弈往往会表现为对资源的恶性竞争和浪费，以滥用资源和损坏自然环境为代价。从社会心理的角度看，当机会和资源分配机制公平的时候，人们的利益诉求便可能是有节制的、理性的。事实表明，机会和资源分配机制的公平即使不是人们利益诉求有节制的充分条件，但肯定是其必要条件；反之，公平缺失、道德失范必然助长人们的占有和享乐欲望，造成利益博弈的无序和紊乱，殃及资源和环境。没有公平意识和缺乏公平规则制约，不仅人的欲望有可能会无限膨胀，而且会以不择手段、不计代价的方式满足欲望，因为这样做既不会受到自

---

① 巴里·康芒纳：《封闭的循环》，吉林人民出版社1997年版，第141页。
② 世界环境与发展委员会：《我们共同的未来》，吉林人民出版社1997年版，第381页。

责更不会受到制约和制裁。在这种制度环境中，一些个人或集团为了利益的最大化，就会无所顾忌地攫取资源和滥用环境，同时又千方百计地逃避和推卸责任，将自身的利益诉求建立在他人乃至全社会的资源环境负担之上。正如人们所看到的，由于惩罚和补偿制度缺位，一些企业为了追求高额利润，往往公开或隐蔽地排放污染性废气或废水，将资源环境负担转嫁到他人或整个社会；由于缺乏自律特别是约束性制度，一些发达国家为了保护自身资源和环境，总是将有毒有害的企业及其生产转移到发展中国家或地区。

其次，社会不公以及经济上的两极分化必然导致财富集聚于少部分人手中，引发消费竞赛。财富集聚结果之一，是富者更富，追逐豪华、奢靡的消费主义生活方式，肆无忌惮甚至无限度地消耗资源并污染环境。正如舆论所反复指出的，由于缺乏资源环境消费的偿还机制，富人所得到的财富越多，他们消耗的自然资源就越多，也就比一般消费者更多地干扰了生态系统。贫富悬殊会给富人带来强烈的心理优越感，不仅会激发他们的贪婪心理，而且还会不断刺激他们的消费欲望，以炫耀财富、锦衣玉食为荣，驱使其中的一部分人在生活方式上相互攀比，极力提升消费品的档次和数量，甚至追求奢靡和怪异的生活享受。富人过度享用财富的消费主义生活方式不仅直接造成资源浪费和环境负担，还会对其他阶层的人们产生强有力的示范和引领作用，使社会上大多数人产生羡慕心理，激发他们在占有和消费财富上竞相攀比，在全社会引发一波甚于一波的消费主义浪潮，这无疑是富人的消费主义生活方式给资源环境带来的更为致命的影响。

再次，社会不公以及经济上的两极分化必然导致一些人生活的贫困化，使穷者更穷，陷于持续贫困的恶性循环之中，加重资源环境危机。贫困化的直接效应，是弱势群体为维持基本的生存而滥用资源并污染环境。一方面，经济上的匮乏直接恶化人们的劳动条件、影响生活质量、剥夺受教育的机会，制约着他们素质的提升。衣食足而知荣辱，仓廪实而知礼义，环境意识的形成亦复如此。一般说来，人们在衣食不足、仓廪不实而为饥寒所累的状况下，不可能真正自觉地形成环境资源保护意识，更谈不上自觉保护资源和环境。另一方面，贫富分化必然导致穷人以环境资源为代价来弥补生活的匮乏。马克思恩格斯曾深刻地指出，如果没有生产力的发展和物质财富的增长，"那就只会有贫穷、极端贫困的普遍化；而在极端贫困的情况下，必须重新开始争取必需品的斗争，全部陈腐污浊的东西又要死灰复燃"[①]。贫困对可持续发展的影响也是如此。在社会分配不公平的环境中，贫困阶层生存艰难，甚至衣不蔽体、食不果腹，既缺乏环境资源意识，更无力承担维护资源环境的责任。反之，面对生存的压力，不得不以滥用资源来获取基本的生存资料。他们为了维系基本的生存，往往会将生存负担转嫁于资源环境之中，或乱砍滥伐，或滥用资源，或污染环境。事实一再表明，"贫穷本身是一种邪恶，而可持续发展则是要满足所有人的基本需求，向所有人提供实现美好生活愿望的机会。一个以贫穷为特点的世界将永远摆脱不了生态和其他的灾难。"[②] 在许多发展中国家或一些不发达地区，人们往往以滥采矿产资源或滥伐森林换取生活必需品。例如在一些非洲国家，人们为了生存往往猎杀大象等野生动物，又如在我国西北地区，相当多的贫困人口往往要靠挖干草、搂发菜、开荒造地、滥挖矿藏等过度开发自然资源的方式维持生计。这些行为不仅造成了资源的浪费，也给本来十分脆弱的生态带来了更大的压力。

经济上的不公平较之于社会生活其他方面的不公平，不仅其社会和心理效应更为基本，而且对于资源环境问题的负面影响也更为深刻；没有公平，就谈不上社会和谐甚至稳定，社会发展就将远离共同富裕的目标，同样地，没有公平，资源环境危机就不可能得到根本缓解，可持续发展就只能流于空谈。

公平与可持续发展存在着明显的正相关关系，但遗憾的是，不公平现象在现实生活中仍然大量的存在，严重地阻碍着可持续发展目标的实现。在现实中，由于意识的缺失、制度和规则的缺位，环境资源上的不公平现象广泛存在，一部分人、一些企业、国家或地区成倍地享用资源并污染环境，而造成的恶果又强加于社会，由所有的人来共同承受。这种现象既造成了资源环境占有、利用上的不平等，又导致了权利、利益

---

① 《马克思恩格斯选集》第 1 卷，人民出版社 1995 年版，第 86 页。
② 世界环境与发展委员会：《我们共同的未来》，吉林人民出版社 1997 年版，第 10—11 页。

和责任之间的失衡，而无论是资源环境占有和享用上的贫富悬殊，还是不同利益主体在环境上的利益和责任不对等，都无异于人对人在资源环境权利上的侵占。

可持续发展追求公平，但经济发展和财富增长并不会自发带来社会公正和公平，在社会现代化的初级阶段，情况尤其如此。毋庸置疑，在社会现代化过程中，打破平衡、出现差异是必然的，有利于调动人们的积极性，有利于才智的充分展示和财富的充分涌流，但如果不加调控而任其发展，人们之间的贫富分化就会愈趋拉大，给社会和自然带来的负面效应也会更加严重。也就是说，人们经济社会地位上的差距应有一定的边界，应保持在一个合理的限度之内。如果毫无限制地放任自流，缺乏有效的调控，经济上的贫富分化以及社会地位的差别就会愈趋严重而难以弥合。西方国家的现代化历史和我国当前的现实都已表明，在现代化初级阶段，由于整个社会的注意力都聚焦于经济发展，由于发展不足造成的政府社会调控能力和公共产品供给能力极为有限，亦由于社会转型期个人和群体发展的不平衡，不同的人或社会群体对经济发展成果的享用往往极不均匀，一部分人占有较多甚至很多财富而另一部分人相对甚至绝对匮乏，是各个国家、地区社会现代化进程中普遍的现象。占有资源和享用环境的不平等是资源环境危机最深刻的社会根源。为此，要特别关注人们特别是弱势群体的经济权利和利益，保障经济活动的公平，维护不同人群之间经济发展上的平衡性。建立社会公平，保障每个人都享有基本的生存权利和良好的生活条件，是在全社会确立资源环境意识、实现可持续发展战略的前提。

社会公平是人类古老的理想追求，近代以来表现得尤为强烈。马克思恩格斯在批判继承前人的基础上提出了实现社会全面平等特别是经济平等的要求，使人类的平等观具有了彻底的性质。可持续发展平等理念的提出，无疑是近代以来平等观的新拓展。"布伦特兰定义"所谓"可持续发展是既满足当代人的需要，又不对后代人满足其需要的能力构成危害的发展"[①]的界定，预设了可持续发展的核心目标：实现代内公平和代际公平，所有人平等共享资源环境。从某种意义上说，《我们共同

_____

① 世界环境与发展委员会：《我们共同的未来》，吉林人民出版社1997年版，第52页。

的未来》所以称得上可持续发展的经典文本，就在于特别强调公平的重要，既揭示了可持续发展的价值内涵，又分析了实现公平对实现可持续发展的意义，这无疑是该文献最为可贵之处。

以"布伦特兰定义"为代表的对可持续发展公平的理解和诉求，展现了公平作为可持续发展本质诉求的意蕴，确立了可持续发展理论与实践发展的新的路向，也凸显了在当代重新阐释和深度解读公平的必要性和意义。生态社会主义、生态马克思主义思潮的出现，以及种种"绿色政治"运动的兴起，正是这一要求的真实反映。从"大地伦理"到生态马克思主义和生态社会主义，从反思人与自然的关系到着力变革现行社会制度和价值观，对资源环境问题的反思愈益具有鲜明的政治哲学意蕴，凸显了重新阐释和深度解读公平的必要和可能。基于对公平意义的自觉，西方深生态学、生态马克思主义等否定单纯以技术解决生态问题的做法，认为生态危机根源于社会机制和人们的价值观念，克服生态危机必须彻底变革现行制度和价值观。

生态马克思主义揭示了生态危机的制度根源，从技术批判转向到社会制度和观念的批判，提出了同以往的需要和欲望决裂，通过改变资本主义制度来解决生态危机的主张。正如阿格尔所言："生态学马克思主义的目的也是双重的，它要设计将打破过度生产和过度消费控制的社会主义未来。"[①] 20 世纪 90 年代以来，生态学马克思主义者正是秉持这种认识，对资本主义生态危机作了更为展开的剖析。奥康纳反对资本主义追求利润而对自然进行掠夺性开发，提出了以生态社会主义取代资本主义的构想。克沃尔批判了资本主义生态经济和生态哲学，认为资本主义制度对资源的不合理分配造成了对全球生态系统的严重破坏，提出了生态社会主义必须实行生态化生产的诉求。这些思想，从不同角度彰显了实现社会公平在应对环境资源问题方面的意义，同时，也丰富和深化了人类关于公平的含义及其实现途径的认识。无论生态社会主义的可操作性如何，正如一些学者所指出的："现在，一种反对性的生态社会主义观念和行为路线的发展与扩展，将有助于资本主义的变革，并减少它的

---

① 阿格尔：《西方马克思主义概论》，中国人民大学出版社 1991 年版，第 420 页。

未来损失。"①

1996 年，联合国大会通过"人居议程"，认为宜居的核心内容是实现公平，即在一个社区中，所有人不分种族、肤色、性别、语言、宗教信仰、政治观点、社会出生和财产状况，都应同等地享有公共服务权利，享有充分的食物、洁净的水和空气，享有平等的教育、医疗机会，并平等地取得资源。从那时以来，从生态学到生态社会主义，从"布伦特兰定义"到联合国关于环境的各种宣言和公约，公平已成为可持续发展的主要价值诉求和关键词。

可持续发展要求公平，既要求确立公平的意识，更要求建立公平的规则，缩小不同国家、地区和社会阶层之间的经济、社会差距。

以公平理念重塑人们的价值观念，重构人们的需要定位，重建人们的生活方式，从内在观念上规范和约束人们的生产和消费行为，是缓解资源环境危机、实现可持续发展的治本之道。诚如上文所说，在资源环境问题上，应当确立以人类整体利益为旨归的真正意义上的、名副其实的"人类中心主义"，遵循整体利益优先于个人和群体利益、公平优先于效率和自由的原则，最大限度地实现人与人、群体与群体、国家（地区）与国家（地区）以及当代人与后代人之间在资源和环境享用上的公平。与之相关并同样重要的，是制度安排和行为规则的合理化，通过制度安排，缩小人们之间经济、社会地位上的差距，构建和谐、合理的社会关系。正因为如此，观念和制度建设是实施可持续发展战略的题中应有之义。

可持续发展之所以特别要求公平，是因为在人类生存的有限地域中存在着资源、环境的有限性与人的需要无限性的矛盾，又是因为可持续发展不仅要求满足当代人的需要，而且要求不能危及后代人满足其需要的能力，同时，还是因为解决上述"有限"和"无限"、"当代人"和"后代人"的矛盾，仅仅诉诸知识和技术是不够的。"知识的累积和技术的开发会加强资源基础的负荷能力，但是最终的限度是有的，可持续性要求，在达到这些限度之前的长时期里，全世界必须保证公平地分配

① 戴维·佩珀：《生态社会主义：从深生态学到社会正义》，山东大学出版社 2005 年版，第 357 页。

有限的资源和调整技术上的努力方向以减轻压力。"① 科学和技术只能在一定程度上缓解资源环境的压力，却不能从根本上突破资源环境的有限性，因为这种缓解的效应与人们既有的生活方式特别是趋于无限的需要（乃至一些人的贪婪）比较起来，无异于杯水车薪。人类可以借助的自然资源是有限的，而人们自发的需要趋向则是无限的。虽然人类的创造能力是无穷的，但既要受到资源有限性的制约，又难以满足日趋增长的趋于无限膨胀的需要。如果考虑到人类世世代代的延续，这种"有限"和"无限"的矛盾就更为明显。为此，缓解资源环境危机就不仅要依赖科技，依赖于改变外在对象，更取决于改变人自身。彻底转变观念并确立公平的制度安排，是釜底抽薪地解决问题之道。

二、可持续发展的代内公平

从问题的产生及解决的顺序来看，资源环境领域的公平首先是代内的问题。代内公平问题既存在于不同国家尤其是发达国家与发展中国家之间，又存在于一个国家或地区的社会内部。

代内不公问题突出体现在国家之间特别是发达国家与发展中国家之间。

联合国 2000 年《人类发展报告》指出，迄今为止的全球化是不平衡的，它进一步加深了穷国和富国、穷人和富人之间的鸿沟。一些有识之士曾尖锐地指出，当今世界"一边是过度消费，一边是穷困潦倒，这个世界的两极分化日益明显。……人类不能再这样被消费的鸿沟区分开来，消费的权利也不应仅仅属于占世界人口 28% 的富人"②。英国《卫报》指出，在两极分化的世界里，富人越来越长寿，穷人越来越命短。非洲撒哈拉沙漠以南一些国家人民的平均寿命只有发达国家人民的一半。在最发达的 30 个国家，人的平均自然寿命在 75 岁以上，而在撒哈拉以南的非洲地区，人的平均寿命只有 48.9 岁。③ 在拉美地区，从1998 年到 2000 年，有 2400 万人变成了穷人，使穷人的总数达到 2.24

---

① 世界环境与发展委员会：《我们共同的未来》，吉林人民出版社 1997 年版，第 55 页。
② 《参考消息》2004 年 4 月 6 日。
③ 《参考消息》2000 年 7 月 4 日。

亿。"在拉美增长的只是贫富之间的鸿沟：最富有者的收入比最贫穷者高19倍。"① 西班牙《起义报》的一篇文章指出，全球有17.28亿人生活在"消费社会"中，其中美国有2.42亿，西欧有3.49亿，日本有1.2亿。发达国家共有8.16亿高层次消费者，占这些国家总人口的80%。发展中国家处于同一档次的消费者为9.12亿人，只占其总人口的17%。这17亿消费者人均每天消费20欧元，另有28亿人日均收入不到满足最低生活保障的2欧元，此外，还有12亿赤贫人口每人每天收入不到1欧元。② 收入差距还直接表现为资源消耗上惊人的悬殊，例如美国人年均消费纸张331公斤，非洲大部分地区人均消费纸张却不到1公斤！两相对比，差距之大令人瞠目、扼腕！

尤其令人遗憾的是，就在可持续发展愈趋成为共识、奢侈需求和生活方式受到抨击和摒弃的同时，以自我为中心和以邻为壑仍然是一些人奉为圭臬的行为准则，某些发达国家以种种借口拒绝承担相应的环保责任，不愿意为发展中国家缓解环境危机提供足够的援助。近些年来，发达国家对发展中国家的开发性援助，不仅相对于其国内生产总值的比例连年递减，而且绝对量也呈下降趋势。世界银行的国际机构的最新统计数据显示，发达国家对发展中国家的官方发展援助，从未达到联合国要求的占国内生产总值0.7%的比例，2006年绝对额度还下降了5.1%。正是由于对危机负有主要责任的发达国家回避责任并拒绝承担应尽的义务，使得危机的缓解迁延时日、步履维艰。

可持续发展是全人类的事业，"只有为了共同的利益，对公共资源的调查、开发和管理进行国际合作和达成协议，可持续发展才能实现"③。经过长期协调，国际社会确认了解决环境危机过程中"共同但有区别的责任"的公平原则。《里约环境与发展宣言》指出：各国应本着全球伙伴关系的精神进行合作，以维持、保护和恢复地球生态系统的健康和完整。鉴于造成全球环境退化的原因不同，各国负有程度不同的共同责任。发达国家承认，鉴于其社会对全球环境造成的压力和它们掌

---

① 《参考消息》2000年5月30日。
② 《参考消息》2004年4月6日。
③ 世界环境与发展委员会：《我们共同的未来》，吉林人民出版社1997年版，第341页。

握的技术和资金，它们在国际寻求持续发展的进程中承担着责任。各国应进行合作，通过科技知识交流提高科学认识和加强包括新技术和革新技术在内的技术的开发、适应、推广和转让，从而加强为持续发展形成的内生能力。《联合国气候变化框架公约》申明：注意到历史上和目前全球温室气体排放的最大部分源自发达国家；承认气候变化的全球性要求所有国家根据其共同但有区别的责任和各自的能力及其社会和经济条件，尽可能开展最广泛的合作，并参与有效和适当的国际应对行动。在确认上述原则的基础上，《联合国气候变化框架公约》还进一步指出：各缔约方应当在公平的基础上，并根据他们共同但有区别的责任和各自的能力，为人类当代和后代的利益保护气候系统。因此，发达国家缔约方应当率先采取行动应对气候变化及其不利影响。应当充分考虑到发展中国家缔约方尤其是特别易受气候变化不利影响的那些发展中国家缔约方的具体需要和特殊情况，也应当充分考虑到那些按本公约必须承担不成比例或不正常负担的缔约方特别是发展中国家缔约方的具体需要和特殊情况。

《联合国气候变化框架公约》的社会意义在于：确定了各缔约方应在公平的基础上，根据他们共同但有区别的责任和各自的能力，为人类当代和后代的利益保护气候系统的原则。"共同但有区别的责任"原则包括三方面内容：一是发达国家缔约方应率先采取行动应对气候变化及其不利影响；二是发展中国家的具体需要和特殊情况应得到考虑；三是应加强国际合作，发达国家应在资金和技术等方面对发展中国家给予更大的支持。

"共同但有区别的责任"原则是一个较好地体现权利与义务对等的公平的原则。以气候问题为例，一方面，发达国家长期以来在工业化、现代化过程中排放了大量的温室气体，是长期以来气候变暖的主要责任者，并且，通过经济全球化实现了产业结构的更新换代和转移，将高耗能、高污染产业大批地转移到发展中国家，因而迄今仍是气候问题的主要责任者；另一方面，它们通过无偿排放等获取了大量的经济利益，换取了经济、科技的发展，有能力也有资金应对气候问题。因此，无论基于责任还是现实能力，发达国家都应该为解决环境问题作出更大的贡献，率先减排，并向发展中国家提供更多的经济和技术援助。反之，发展中国家处于全球产业分工的低端，多是为国际市场提供资源性产品和高耗能、高排放产品，产业结构极不合理，资金、技术短缺，应对环境的条件和能力十分有限，发展经济和改善民生是第一要务。鉴此，虽然解决气候问题有赖于所有国家的共同努力，但发达国家和发展中国家应承担的责任又显然不能等同。正因为如此，中国政府在联合国环境与发展大会上提出的关于加强国际合作和促进世界环境与发展事业的主张中指出：保护环境是全人类共同的任务，但是经济发达国家负有更大的责任；处理环境问题应当兼顾各国现实的实际利益和世界的长远利益。这一合情合理的主张得到了越来越多国家的认同。"共同但有区别的责任"原则理应为国际间解决资源环境问题所遵循。

应该肯定，自从该原则确定以来，资源环境问题上的国际合作有了很大的加强，发展中国家的状况受到关注，一些发达国家采取了积极的行动，情况有了很大的改观。然而，正是在确立这一原则的背景下，少数发达国家却置若罔闻，在责任问题上不分主次，与一些发展中国家攀比，拒绝承担应有的主要责任。

1997年12月，"联合国气候变化框架公约"参加国第三次会议在日本京都制定了"联合国气候变化框架公约"的《京都议定书》，规定：工业化国家要减少温室气体的排放，发展中国家没有减排义务。到2010年，相对于1990年的温室气体排放量全世界总体排放要减少5.2%，包括6种气体，即二氧化碳、甲烷、氮氧化物、氟利昂（氟氯碳化物）等。到2008年至2012年的5年间，欧盟国家应减少8%，美国7%，日本6%，加拿大6%等。中国年排放28.93亿吨二氧化碳，人均2.3吨，美国年排放54.1亿吨二氧化碳，人均20.1吨，欧盟年排放31.71亿吨二氧化碳，人均8.5吨。各个国家之间可以互相购买排放指标，也可以以增加森林面积吸收二氧化碳的方式按一定计算方法抵消。《联合国气候变化框架公约》和《京都议定书》奠定了应对气候变化国际合作的法律基础。然而，问题并非就此解决。美国曾于1998年11月签署了《京都议定书》，2001年3月却又单方面退出。发达国家因与发展中国家攀比而拒签《京都议定书》，既拖延着环境危机的缓解，又有悖于"共同但有区别的责任"这一权利与义务对等的公平原则，造成了资源环境问题上新的不公平。

　　发达国家和发展中国家之间日趋严重的贫富分化，对环境的影响至为深刻。与当代国际政治权力结构相似，当代国际经济秩序也呈现出"中心"与"外围"、"高端"与"低端"日趋分化的态势。发达国家由于先发展优势，处于经济链条的高端，大多从事高附加值低能耗产品的生产，如高新技术产品的研发，金融、信息等服务产品的提供，文化创意产品的创造等，第一、第二（军工除外）产业相对萎缩，或转向发展中国家，第三产业的快速增长。反之，发展中国家，尤其是一些经济特别落后的欠发达和不发达国家，则往往产业结构单一、畸形，主要依赖出口自然资源或低层次人力资源维持经济运转。这种不合理的经济、产业活动分工固然有历史和技术的原因，但不容否认的是，现行不合理的国际经济结构强化了这一态势，迫使贫困国家和地区不得不依赖过量的资源消耗维系生存，滥开矿产、滥伐树木，捕杀野生动物，陷入了"贫穷——滥采资源——环境和生态恶化——更加贫穷"的恶性循环之中。

　　正如一些有识之士所指出的，在实现可持续发展过程中，从问题的严重程度及其解决的前景看，各国家或地区是很不平衡的。发展中国家实现可持续发展是整个人类环境保护中的难点也是重点，它们同时面临着发展经济、解决温饱和实现可持续发展的双重任务，面临资源环境保护和加速发展经济的尖锐矛盾。"在经济增长同民族利益不是相互加强就是相互削弱的微妙而又紧要的关头，发展中国家面对着特有的挑战。"[1] 正如一些发展中国家的政府和学者所强调的，在欠发达甚至不发达状态下，解决发展问题，满足人民的基本生活条件，较之于保护资源环境更为迫切，也更容易成为共识和现实。发展中国家陷入资源环境困境的根本原因是贫困，贫困给它们带来了双重压力。一是大量人口生存的压力，二是国家生存的压力。"由于人口压力和极度贫穷的缘故，对经济增长的要求也就普遍地更为迫切。"[2] 生活资料的匮乏使养活日益增长的人口成为迫在眉睫的问题。面临贫困的压力，任何一个国家都

---

　　① 芭芭拉·沃德、勒内·杜博斯：《只有一个地球》，吉林人民出版社1997年版，第178页。
　　② 芭芭拉·沃德、勒内·杜博斯：《只有一个地球》，吉林人民出版社1997年版，第177页。

会将发展经济作为第一要务,然而问题在于:"我们应当牢记,在许多重要方面,发达国家和发展中国家有着明显的不同。"① 在发展中国家,摆脱贫困的代价往往是加速和加深资源环境危机。

在国际经济、政治和安全竞争日趋激烈的背景下,经济发展已成为民族生存发展的关键。为了应对双重压力,发展中国家对于经济发展的急迫往往使其难以更周全地考虑或顾及资源和环境因素。有鉴于此,联合国有关文件也充分考虑了发展中国家的特殊性特别是发展经济的要求。《联合国气候变化框架公约》第四条第7款就规定:发展中国家缔约方能在多大程度上有效履行其在本公约下的承诺,将取决于发达国家缔约方对其在本公约下所承担的有关资金和技术转让承诺的有效履行,并将充分考虑到经济和社会发展及消除贫困是发展中国家缔约方的首要和压倒一切的优先事项。一些专家在谈及解决气候变化问题的国际合作时公允地指出,气候变化问题主要由工业化国家造成,因为有"历史责任",所以发达国家在解决气候变化问题上要负起更大的责任。许多发展中国家正在开始发展经济,需要发展经济的空间,包括中国、印度在内的许多发展中国家愿意为应对气候变化而行动,但要求发达国家尊重它们的"发展关切"。发展中国家普遍要求发达国家应承担大部分减排成本并采取更多行动,因为它们以污染为代价发展了本国经济。少数发达国家则表示,只有发展中国家的污染大国也承诺减少温室气体排放才是公平的,试图抹杀不同国家在责任上的区别。中国在2007年12月召开的联合国气候变化大会上,坚持"共同但有区别的责任",坚持发展中国家在气候变暖问题上不承担历史责任,并特别强调了发达国家"奢侈排放"与发展中国家"生存排放"的区别。这一观点显然具有普遍意义。

代内公平问题又存在于一个国家或地区社会的内部。

自从进入文明社会以来,贫富分化问题一直困扰着人们,制约着人的发展和社会进步。这一问题迄今仍未得到根本的改观,无论在发达国家还是在发展中国家,贫富悬殊、社会分化等不平等现象普遍存在。在

---

① 芭芭拉·沃德、勒内·杜博斯:《只有一个地球》,吉林人民出版社1997年版,第177页。

发展中国家例如在印度，"日益增多的中产阶级（他们有汽车、笔记本电脑和移动电话，能够到泰国和新加坡度假）越来越不加掩饰地赞扬自己的成就和物质财富。……约有53%的印度人的生活费用低于每日1美元——世界银行的极度贫困线。"① 在发达国家，这一问题同样严重。资料表明，在美国等西方国家，经济的高度发展并没有带来共同富裕，反而加剧了财富的集中，社会的阶层分化还在加剧。近20年来，富裕的美国人与中等和下层美国人之间的收入差距已日趋加大。据美国人口调查局提供的数据，1973年，20%最富有的家庭收入占美国总收入的44%；而到2002年，这一比例已经增至50%。对社会最下层的20%的家庭而言，他们的收入占美国总收入的比例从1973年的4.2%，降至2002年的3.5%。②

随着改革和现代化进程的深入，我国的社会面貌发生了深刻的变化，原有的社会平衡被打破，社会发展活力倍增，在生产力有了巨大发展、综合国力迅速提升、人民生活水平显著改善的同时，社会公平问题也逐渐凸显。如果说在计划经济时代公平问题主要存在于社会政治生活领域，那么在市场经济条件下，则更多地体现在经济生活中，特别是收入差距和财富占有的悬殊。

通常讨论当代中国人的发展问题，是在一个整体平台上进行的，较少考虑到地域性、群体性等方面的差异。事实上，在我国当代，人的发展是很不平衡的。从地域上看，东、中、西部社会发展程度差异很大，东部沿海地区一些省市人均GDP已接近甚至达到中等发达国家水平，西部地区人均GDP则只有前者的几分之一；从群体上分，社会各阶层分化日趋明显，人们的收入、生活方式、生活质量差距拉大，分别处于富裕、小康、温饱和贫困层面。这种不平衡性，决定了我国人的发展问题的复杂性。在讨论人的发展问题时，既要从总体上把握，又不能一概而论，而应作具体的分析。从社会发展及人的发展的大尺度上看，我国人的发展面临的问题分属于前现代、现代、后现代性质，因而问题的表现、原因和解决途径各不相同。为此，应关注人的发展的主体范围和相

---

① 《参考消息》2000年8月29日。
② 新华网华盛顿2004年8月17日电。

对平衡问题。人的发展立足于个人，但应是每一个个人，仅仅少部分人的发展不是真正的人的全面发展。西方的经验表明，现代化本身不能解决价值合理性问题，现代化为人的发展提供了条件，却不会自然带来一切人的共同发展。人们在权利和利益上的不平等，不仅不会随着现代化的实现而消失，反而有可能较以往更为严重。在通常情况下，人们对现代化成果的享用往往是不均衡的，一部分人占有较多甚至很多财富而另一部分人相对甚至绝对匮乏的现象，是现代化的普遍现象。讨论人的发展要注意现代性和后现代问题，也要关注前现代问题，在注重避免现代化陷阱的同时，又要注重一些地区和人群如何早日进入现代化进程，拥有现代化的生活条件。由于历史和现实的原因，在我国，社会不公制约着许多人的生存和发展，不仅有违我国社会主义现代化建设的目标，背离人的发展要求，也严重地影响着人与自然的和谐，阻碍可持续发展战略的顺利实施。通过反思进而政策的调整缩小不同地区和群体人的发展的差距，是现代化建设也是可持续发展的本质要求。

贫困与环境恶化的循环是当今世界性环境资源危机的症结所在。可持续发展不是停止发展，而是主张世界各个（富裕的和贫穷的）国家、地区和所有人的共同发展。共同发展诚然不是同步发展，但却要求发达国家和地区在发展自己的同时顾及并帮助落后国家和地区的发展，要求消除或缩小各阶层之间的社会不公，退一步说，至少要求每一个国家或地区的发展不应危及其他国家和地区的发展，要求特别关注弱势群体的发展。从这个意义上说，可持续发展固然是不影响后代人的发展，但首先是不影响同时代他人的发展。不影响他人的发展，应是可持续发展的基本要求。

三、可持续发展的代际公平

以往对社会公平的理解，主要涉及同时代不同的个人、群体、国家或地区间的关系，即主要限于代内的公平。"布伦特兰定义"的提出及其所引发的可持续发展公平问题讨论，明确区分了代内公平和代际公平，并将代际公平提升到与代内公平同等重要的位置。

《里约环境与发展宣言》指出：必须履行发展的权利，以便公正合理地满足当代和世世代代的发展与环境需要。代际公平即当代人需要的满足不能危及后代人满足需要的能力，其基本诉求，是平衡当代人和后代人的生存条件和权利。代际公平问题进入可持续发展论域的根据是：公平的主体是整个人类，包括所有的当代人和后代人；人类不仅现在而且将来都只有一个地球，他们对资源环境的权利是相互制约的，当代人在资源环境上的行为必将影响到后代人，并且这种趋势不可逆转，难以弥补。代际公平问题在可持续发展论域中得以凸显的原因，则是人类对资源环境的影响愈趋增强，已经危及后代人的生存条件。

代际公平诉求的提出，表征着人类公平价值取向的彻底性。然而，与代内公平相比较，代际公平情况更为复杂，其实现过程也更为不易。

首先，代际公平比代内公平更难实现，是因为代际之间的权利是天然不平等的。所谓天然不平等，就在于在代际关系中，存在着"后代人"主体缺席的问题。代际公平涉及当代人与后代人的利益关系，但当代人与后代人之间"关系"的定位和协调者却只能是当代人，后代人的利益只能由当代人来确定和保障，也就是说，在界定和实现代际公平过程中，行为主体（当代人）与受益对象（后代人）之间是分离的。由此，在代际利益的确定和分配中，当代人是强势的一方，后代人则是弱势的一方。当代人是代际关系的定位者、协调者和决策者，他们的行为必然会影响到后代人，而后代人则由于尚未出生或没有足够的话语权，既无从参与决策，更缺乏对当代人决策和行为的约束，只能无条件地、被动地承受其结果。

其次，代际公平比代内公平更难实现，是因为代际公平必须以代内公平为前提。代内公平和代际公平虽属不同领域却又相互关联。代际公平是代内公平在价值取向上的逻辑延伸。一般而言，代内公平是代际公平的前提，代际公平是代内公平的延伸。无论从逻辑还是心理上看，满足（或不影响）后代人需要和利益的前提无疑首先是满足当代人的需要和利益。不实现代内公平，人们在利益上相互分离甚至对立，其注意力必然集中于相互间的代内利益博弈，根本无法真实地关注后代人的利益。由于主体缺位，后代人不可能亲自维护自己的权利，他们的权利必须要由当代人来代理，又由于这"当代人"不可能只限于某一部分人而只能是整个人类，因此，实现代际公平必须有赖于代内公平的解决，有赖于全人类的共识和共同行动。不实现代内公平，一部分人连自己的需要和利益都得不到满足和保障，显然不可能去追求后代人的利益。也就是说，如果在同时代人中弱势群体的利益尚难以得到切实保障，那么要求人们一致地、设身处地地考虑后代人的利益，显然是不现实的。此外还应看到，如果在现实中各利益群体总是处于相互博弈的状态，受到损害的就不仅是弱势的一方，还有作为第三者的后代人。事实表明，后代人常常是当代人利益博弈中最终受害的第三方。概言之，不实现代内公平，代际公平只能流于空谈。

再次，代际公平比代内公平更难实现，是因为当代人对后代人利益的关注更多的是出于道义。一般来说，道义对人的行为具有引导作用，但相对于现实利益而言却比较软弱无力，更何况在现实中，当代人之间的公平仍是一个悬而未决、有待厘定和解决的问题，在这种境遇中，人们就更难以设身处地地考虑后代人的利益，或即使有所考虑，也易于停留在理论的层面而无具体企划，难以付诸实践。《我们共同的未来》清醒地指出："如果没有各国对于全球公共领域的权利和义务的协商一致的、公正的和可行的国际准则，那么，随着时间的推移，人类对有限资源需求造成的压力将破坏生态系统的完整性，人类的后代将陷入贫困。而受害最严重的是那些最无能力要求获得那些人人均有权获取的免费资源的穷国的人民。"①

最后，代际公平比代内公平更难实现，是因为当代人对后代人的关注具有间接性。代际公平涉及的是后代人即未来人的利益，时间跨度应超越几十年、上百年甚至更长时间。后代人的需要和利益是"未来时"，又要由当代人来确定和保障。虽然中国古人曾有"人生不过百，常怀千年忧"一说，但就现实而言，人们对未来事情的关注程度往往会随着时间的愈益遥远而降低。《增长的极限》曾指出，人对事物的关注分不同的层次："人类所关心的每一件事，……其位置取决于它所包含的地理上的空间有多大和它在时间上的延续有多久。……对这些人来说，生活是困难的，他们几乎必须逐日把他们的全部努力都用于养活他们自己和他们的家庭；另外一些人思考的问题和行动，则在空间和时间

---

① 世界环境与发展委员会：《我们共同的未来》，吉林人民出版社1997年版，第341页。

轴线上的更远位置，他们所察觉的压力不仅包括他们自己，而且包括他们所参与的共同体。他们采取的行动不是向未来延续几天，而是几周或者几年。……一个人在时间和空间上正确地观察事物相互关系的能力，取决于他的教养，他过去的经验，以及他在每个层次上面临的问题的紧迫性。大多数人在把他们所关心的事情伸展到较大领域里的问题以前，必须已经成功地解决了较小领域里的问题。一般说，与问题有关的空间越大，时间越长，真正关心其解决办法的人数就越少。"① 这段话可分解为几层意思：其一，人对某一事物的关注程度既同其与自身利益的密切程度相关，又与该事物发生时间的远近相关。人们对未来关注的时间跨度不会太久远。其二，在物质生活条件相对甚至绝对短缺的情况下，大多数人会仅仅或更多地关注眼前的利益。其三，对人类整体特别是未来利益关注的程度取决于人自身的素质，如一定的教养、觉悟和境界。这里的分析虽然不具有量上的精确性，但显然是符合常理而值得深思的。如果这一分析总体上成立的话，那么就实现代际公平而言，前景显然不容乐观。

由上述几点可见，当代人对后代人生存条件的关注，不仅具有时间上的间隔性或时间间距，而且更多的是出于道义而非实际利益，因此，代际间利益的协调，当代人对后代人利益的考虑总体上说只能是兼顾，并且往往理想大于实际。其结果是，后代人的需要和利益往往被虚化甚至被搁置，难以真正落实和保障。这些原因，决定了代际公平殊难兑现。

代际公平虽然难以实现，但却不等于乌托邦式的空想。代内公平是代际公平的前提，并不是意味着只有完全解决了代内公平才能谈论代际公平。在现实中，两种公平的实现是一个统一的过程。代际公平理念的确立是公平观念在当代最具有实质性的发展，代际公平诉求使人类的公平理念和行为具有了彻底性和持续性。正如下文将要指出的，代际公平的追求将为代内公平问题的解决提供启示。就可持续发展来说，实现代内公平既是一种理想的追求也是一个现实的课题。从必要性来看，由于只有一个地球，由于地球资源环境的有限性及人类活动对其影响的不可

---

① 丹尼斯·米都斯：《增长的极限》，吉林人民出版社 1997 年版，第 12—13 页。

逆转性，可持续发展领域的代内公平不同于其他社会领域的代内公平，绝不能迁延时日、等待后代人来实现。代际公平的实现虽然比之于代内公平会受制于一些特殊的因素，但相对而言或者从可能性来看，实现代际公平比之于实现代内公平也有一些优势。正像代际公平难以实现是因为它无涉当代人的利益一样，代际公平易于实现的原因亦在于它远离于人们的切身利益，或者更确切地说，远离于当代人之间的利益博弈。当代人考虑后代人的利益，本质上是向后代人让利，在这里，后代人实际上是有别于博弈双方的利益"第三方"。在现实中，博弈双方将利益让渡给第三方，往往比较容易为对方所接受，更何况，这种让利具有毋庸置疑的道义根据，并且让利的受惠者是包括博弈双方在内的所有人的后代。由此可见，代内公平的实现是有限度的，但通过努力是可以逐步实现的。

实现代际公平必须从两个方面入手：一是给未来的人类留下生存和发展的资源和环境空间，这是最基本的要求。二是为后代人创造持续发展的条件。"可持续发展寻求满足现代人的需要和欲望，而又不危害后代人满足其需要和欲望的能力。它绝不是要求停止经济发展，它认识到，除非我们进入一个发展中国家发挥重大作用并获取重大利益的新的发展时代，世界上的贫穷和落后的问题便不能得到解决。"[1] 从一定意义上说，后一点更为重要也更为基本。以能源为例，现在已知的能源的使用年限是确定的，即使合理使用，也有明确的期限，出路在于利用新的科技开发新的能源，只有这样，才能使新能源的开发生生不息，满足后代人永续生存和发展的需要。《纽约时报》网站最新的一篇文章指出，抑制全球变暖需要新思路，技术政策而不是排放政策应该占据主导地位。因为"就目前的技术而言，即使减少不必要的能源消耗，我们也无法同时实现二氧化碳排放量下降和全球经济增长这两个目标。如果我们试图在没有开发出一系列全新技术的情况下限制排放量，最终结局将是经济增长受到抑制，包括数十亿人的前景。"[2] 这一看法是令人深思的，它表明，保障代内公平不是消极无为地维持自然的现状，而是积

---

[1] 世界环境与发展委员会：《我们共同的未来》，吉林人民出版社 1997 年版，第 48 页。
[2] 《参考消息》2008 年 4 月 8 日。

极为后人创造新的生存发展条件。

四、公平的障碍及原因探析

在可持续发展领域也像在其他领域一样，公平的实现会遇到一系列障碍。制约公平实现的因素当然很多，但最基本的、瓶颈性的因素是利益的纠缠，具体表现在利益的固守和利益的博弈。

公平的障碍首先是个人或利益集团对既得利益的固守。就其现实性而言，实现公平意味着利益的重新分配，改革原有制度、规则等的弊端，意味着原有利益格局的改变，而利益格局的改变，必然会以某些人或群体放弃既有的部分利益为代价。在公平部分缺失的情况下，实现公平就意味着纠正不公。所谓不公平，说到底就是一些个人或群体获取了本不应有的资源环境权益或侵害了他人的相关权益，因此，实现公平，就是将这些个人或群体本不应有的利益还与社会或他人，这必然导致他们既得利益的丧失从而引起他们的抵触和反对。不愿意放弃和失去既得的不当利益，是阻碍公平实现最深层的原因，或者说，资源环境占有和享用上的分配不公、贫富分化长期得不到有效解决，反而有趋于严重之势，原因既在于一些人自利的价值取向，也与制度安排的不合理及有关规则的缺位相关。

阻碍公平实现的利益因素除了既得利益者的利益固守之外，另一严重的问题是利益主体之间的无序博弈。利益无须博弈的典型个案是"共用地悲剧"，这是可持续发展遭遇到的公平障碍之显著的一例。国外有学者曾形象地指出，在开放性的公共草场放牧时，每一个牧民为了自己的利益最大化，都想放养更多的牲畜，而不顾由此可能带来的草地的退化，或即使想到这一结局，也会因后果由所有牧人共同承担而释然。这便是所谓的"公用地悲剧"。环境资源问题恰似放大的"公用地"问题，对所有人来说，地球就是一片更大的"公用地"，人们对地球这一"公用地"的关注不会甚于牧民对公共牧场的关注，一些个人或利益群体往往会因为从这片"公用地"中获得的利益大于由所有人共同承担的损失而恣意滥用资源或污染环境，从而加速环境资源的危机。

在市场经济的环境中，利益博弈是利益主体最基本的行为方式。所有利益主体，无论国家、地区、行业、部门、企业还是个人，都会追求利益的最大化——付出最少而获取最多。这一行为逻辑必然地影响到资源环境领域，因为对于任何利益主体，这一领域同样存在着利益的博弈，不同的只在于，这种博弈既表现为利益攫取，更表现为责任的回避。美国政府拒签《京都议定书》就是典型的个案。由于率先实现工业化、不合理的国际经济秩序、高消费等众所周知的原因，发达国家在环境问题上理应承担更大的责任，然而遗憾的是，事实并非如此。为抑制温室气体的排放，《京都议定书》规定从 2008 年到 2012 年，主要发达国家的温室气体排放量要在 1990 年的基础上平均减少 5.2%，其中美国削减 7%，但美国以此举将给经济发展带来过重负担为由，宣布退出《京都议定书》。至 2004 年，其他主要发达国家温室气体排放量比 1990 年平均减少了 3.3%，作为最大的温室气体排放国，美国的排放量却比 1990 年增加了 15.8%。统计表明，2005 年地球大气中的二氧化碳含量创下新高，比 2004 年增加了 0.53%。气候变暖趋势还将延续，预计在未来 50 年内全球气温将升高 2 摄氏度到 3 摄氏度，将造成更大的洪水和更严重的干旱，使几千万乃至上亿的人流离失所。[①]

利益固守、利益博弈尤其是责任回避，构成了实现代内和代际公平的重大障碍。这些障碍之所以普遍、持续地存在，原因是多方面的。除了价值选择、认识缺乏等一般性原因之外，还有两点重要的原因。

一是利益与责任的不对等或曰分离。以滥用"公用地"现象为例，这一利益博弈现象之所以普遍存在，根本原因在于利益与责任的不对等。现实表明，资源环境问题的危害是普遍的甚至全球性的，但是，并非所有人都从中获得了同样的利益，更非所有人对危机负有同等的责任。一些个人或利益集团之所以仍在任意滥用资源并污染环境，原因即在于他们可以获得全部利益而代价和责任则由更多的人乃至整个人类来承担。

有学者在对资源环境危机原因的分析中，提出了动机与效果不统一的问题。认为在许多情况下，人们的动机与结果是背离的，好的动机未必就一定有好的效果，坏的效果未必就一定是由坏的动机所造成，因而

---

① 《北京日报》2006 年 11 月 7 日。

不能把环境破坏的效果简单地、笼统地归结于人们有破坏自然环境的动机。这一理解在一定意义上说是成立的，尤适于解读资源环境危机的认识原因。但仍有待追问的是：动机与结果的背离是否皆因未曾预料？或者说，是否存在个人或群体的动机与对社会或整个人类的结果有意背离的情况？回答显然应是：两种情形皆已存在，但在当今，后一情形更为广泛也更为根本。

在人们的活动中，动机导致的结果可分为两个方面：一是相对于动机以及行为主体的正面结果即其所获得的利益，二是行为的负面结果如对资源环境的损害。前一结果的享用者即动机主体，后一结果的承担者则是更多的人乃至人类。正是这种动机主体与结果承担主体的不对称，使得一些人的动机一开始就具有不良性质。追溯代内和代际不公平的原因，症结主要在于以动机与结果相分离为前提的行为与责任的错位。在可持续发展成为常识并日趋深入人心的当代，一些个人或利益集团，为了利益的最大化，仍然置环境资源状况于不顾，为所欲为，显然已不能归结为认识不到位或结果与动机背离。应该说，至少是在多数情况下，他们对行为的结果是十分清楚的，其所以仍冒天下之大不韪，完全是蓄意的，是利益驱动所致，而利益所以会驱使这些人滥用资源并污染环境，则是由于他们所获得的利益与所承担责任不对等。在这里，获利者不等同于或不完全等同于承担结果的承担者：获得利益的是个人或某些利益集团，而结果（恶果）和责任却由更大范围的人们或整个人类来忍受、来承担。这种利益与责任的不对等或相互分离正是可持续发展难以实现最深层的原因之一。

二是信息不对称和主体间缺乏相互信任。利益博弈的又一个重要原因，是由于外生性或内源性的信息不对称而导致主体之间的心理博弈。一般说来，当不同的人或群体面临共同的（特别是公共的）问题需要解决，而他们之间既缺乏深度的信任，又不能相互约束、无法预测他方能否兑现承诺时，很容易形成互相观望，等待他方率先行动的局面，在此情况下，由谁率先行动以及为公共利益付出代价之程度便成为问题，这种情形可称之为"观望效应"。"如果每个人考虑他或她的行动对其他人有影响，那么全体人民将生活得更好。但是每个人都不愿意认为，其他人会按照社会期望的方式行事。因此，所有人继续追求狭隘的自身利益。"①"每个人都不愿意认为，其他人会按照社会期望的方式行事"，正是问题的症结所在。由于互不信任甚至相互猜疑，使得每一方都不愿意率先行动。可持续发展即面临着这样的困境：一方面，环境资源危机威胁着全人类的生存发展，需要所有人的共同行动来应对；另一方面，不同的利益主体基于付出最小的原则及心理博弈，在责任和义务上互相推诿，特别是一些对危机负有主要责任的发达国家，回避责任并拒绝承担应尽的义务，从而使可持续发展步履维艰。

利益与责任对等是实现可持续发展公平应当坚持的基本规则。前述国际社会普遍认可的"共同但有区别"的原则，就体现着利益与责任的对等，这一原则既符合共同承担的方向，又照顾到了发展中国家的实际情况和特殊关切，具有包容性和可行性。根据利益与责任对等的原则，所有国家都应承担保护资源环境的义务，在维护"我们共同的家园"中作出应有的贡献。"我们毫不怀疑，如果人类要开始新的进程，就必须有空前规模的国际上大力协同的办法和长远规划。"② 所有国家的共同合作显然是实现可持续发展的前提。根据利益与责任对等的原则，发达国家在资源环境问题上必须承担更大的责任。其所以如此，主要原因有两点：一是发达国家是造成环境问题最大的责任者，也是相关利益的最大受惠者。发达国家在长期的"发达"过程中，已经消耗了大量的资源，造成了沉重的环境负担，它们至今仍是最大的资源消费者和温室气体等的排放者；此外，长期以来，发达国家还通过资本输出，不断将资源环境方面的负担转移到发展中国家和地区。基于权利与义务和责任对称的原则，发达国家理应在治理环境资源问题上承担主要的责任。正如《增长的极限》所指出的："主要责任必须由比较发达的国家承担，不是因为这些国家更有远见和仁慈行为，而是因为这些国家仍然是传播增长的综合病症，并使其继续发展的根源所在。"③ 二是发达国家具有承担相关责任的能力和条件。由于先发展的优势，一些发达国家积累了雄厚的资金和技术条件，完全有实力为节约资源和开发新资源以

---

① 世界环境与发展委员会：《我们共同的未来》，吉林人民出版社1997年版，第57页。
② 丹尼斯·米都斯：《增长的极限》，吉林人民出版社1997年版，第150页。
③ 丹尼斯·米都斯：《增长的极限》，吉林人民出版社1997年版，第150页。

及治理环境作出更大的贡献。某些主要的发达国家，为了谋取政治经济霸权，每年花费在军事等领域的资金都以千亿计，完全有能力并有道义担负起更大的责任，大幅度提升资源环境领域的预算和国际援助。反观许多发展中国家，由于发展的滞后以及不合理的国际经济秩序，既无力或难以独立地解决本国的环境问题，更遑论对全球性的资源环境危机的责任。

解决资源环境领域的公平问题必须充分考虑社会大环境的影响。问题的复杂性在于，当下及未来一个很长的时期内，我们只能在市场体制下面对可持续发展问题。社会上包括学术界对市场体制社会效应的解读见仁见智，但比较一致之处是承认其具有双重的社会效应。同样的道理，市场经济对可持续发展的影响也是双重的，单就其负面效应而言，主要有两点：一是市场经济决定了社会通行的基本运行规则是资本的逻辑，利益最大化成为所有经济活动的根本动力和终极追求；二是市场经济造成了人们之间利益的日趋分散化进而对立化，使利益博弈成为人们经济活动乃至所有社会活动的首要考虑。由于这两个特点，在市场经济体制下，经济效益必然是人们的最大追求、利益博弈必然成为人们的常态行为，这势必给公平的实现造成障碍。

对于解决资源环境公平问题，学术界不乏睿智地分析并提出了一些理想的方案。有学者认为：要使有限的地球不被毁灭并实现人类社会的可持续发展，唯一出路是在宏观和微观上建立全球协同的利益机制，例如建立一个世界性机构把全球各类自然资源消耗和废弃物排放总量控制在自然的再生量和自净量之内，并公平地分配给全球的现有人口，每人得到一个人均份额，具体由各国政府统一作出使用安排，也可以进入国家之间的专门市场进行交易，以便各国根据各自需求调节余缺，实现全球的供需均衡。在这一设想中，目标的合理性是毋庸置疑的，因为抓住了当代所有制约可持续发展问题的关键症结即资源环境分配的公正性，但问题在于如何落实，这是真正的难点所在，也是资源环境公平实现过程步履维艰的症结所在。虽然人们业已意识到"只有一个地球"，虽然许多有识之士极力倡导培育对地球的忠心，但当今的现实仍然是一个地球，多个国家，多种利益。这一现实决定了环境公平问题的解决面临的处境不容乐观，克服公平障碍仍面临着重重困难。

　　在可持续发展领域克服公平障碍，要诉诸价值取向，也要注重理性（利益）引导。公平本质上是一种价值取向，实现公平必须有合理的价值理念为支撑，如果不改变传统的个人或群体利益高于人类利益的观念，不改变漠视自然发展要求的意识，就根本不会有对公平的追求，更谈不上公平的实现，因而从长远的趋势看，观念的变革是克服公平障碍的治本之道。但是，超越公平障碍、改变利益博弈的无序状态，在当今利益分离和博弈的情形下，又不能完全取决于观念变革和价值引领，更要有基于利益的理性的引领。社会存在决定社会意识，在人类进入"各取所需"的理想社会之前，利益始终是支配人的观念和行为最基本也是最有效的因素。利益是制约公平实现的关键因素，而利益追求的合理性不仅取决于人们价值取向的合理性，还取决于制度规则的合理性。所谓基于利益的理性的引领，就是以理性选择的方式确立合理的行为规范和制度设计，从利益上引导和约束个人或利益群体的行为走向。

五、可持续发展的公平与效率

　　在可持续发展领域也像在其他领域一样，论及公平，必然要牵涉到效率。这首先是因为，在社会现代化建设中，公平与效率皆为人们追求的目标，二者缺一不可，离开效率的公平不是积极意义上的现实的公平，充其量只能是低层次上的平均，无助于社会进步，离开效率取向，即便能达到某种表面上的公平，也难以持久。这又是因为，公平与效率往往存在着矛盾，在现实中，人们经常会面临对公平和效率非此即彼的取舍，或者说，协调公平与效率的关系，寻找公平与效率的平衡往往成为实现公平的难点，而能否恰当地协调公平与效率的关系，关系到公平能否实现及其实现程度，也关涉到实现公平所付出的代价。因此，考虑公平问题不能不同时关联到效率，或者说，只有在协调与效率的关系中才能全面地理解公平，确定实现公平的现实途径。

　　在社会发展中，公平与效率所以会发生矛盾，是因为两者的根据和指向存在着质的差异，效率基于社会发展的合规律性，关系到社会发展的规模和速度，通俗地说，着眼于将"蛋糕"做大；公平则是基于人性、人道的一种价值取向，通俗地说，着眼于"蛋糕"的合理分配。社会发展要遵循规律和个人的理性愿望（利益最大化），这样才能最大限度地调动人的潜力，满足人们愈益增长的需要并为人的发展创造条件；社会发展又要追求公平正义，顾及所有人的需要，充分考虑和实现每一个人的正当利益和权利。从理论上说，公平和效率本质上应是一致的，都是促进社会进步从而每一个人生活幸福、自由全面发展的要件，但是由于个人与人类、理性与价值的差异，在现实中，两种诉求又经常会发生冲突：强调公平可能影响效率，导致平均主义；强调效率可能影响公平，导致贫富分化以及资源环境占有和享用的差别。由于公平与效率相互制约的关联，离开公平的引导，效率将失却其积极的社会意义，甚至这种效率也不会持续；反之，没有效率的支撑，不可能有真正的、高层次的公平。

在实现可持续发展中要特别注重公平与效率的关系，还因为公平与效率在该领域中具有直接的统一性：资源和环境有效率地、合理地利用本身就意味着公平。

可持续发展内在地要求公平与效率的直接统一，是因为在可持续发展领域，效率具有特殊的含义。与通常主要以经济效益为尺度的效率不同，在可持续发展领域还有一种效率，就是资源利用的效率以及对环境影响的效率，例如单位产值的能耗、排放数量、资源的利用率等等。这种效率与公平是直接统一的，效率越高，公平程度也就越能得到充分的体现。以资源为例，无论就人类整体还是就某一群体而言，有限的资源至少从长远来看是属于所有的人。在特定的占有（或所有制）关系下（当然，占有关系越合理效果就越明显），单位生产量或单位产值资源消耗的节省，必然意味着利益群体资源实际占有（使用）量的减少或每一个人相对拥有的资源量就增加，从而意味着人们在资源占有上的相对公平。又以环境为例，由于环境的开放性和公共性（共享性），公平与效率的统一就更为直接和显而易见。再以环境为例。在生产中，单位生产量或单位产值给环境造成的影响越小，人们生存的环境就会越好，生活质量也就越高；反之，单位生产量或单位产值对环境造成的影响越大，给社会和他人造成的环境不公平就越是深刻。

近代以来，各派政治哲学对公平作出了多视角、多层面的理解，其中比较一致的观点，是将公平区分为起点公平、规则公平和结果公平。政治哲学家们对公平内涵的强调往往各有侧重，有人比较侧重起点和规则的公平，有人则比较关注结果的公平，当然也有人强调三者的统一。分别地理解，三种公平的含义是不同的，根据不同含义的理解来设定公平原则，效果可能大相径庭。例如，仅仅重视起点和规则公平，往往可以解释并转换为强调效率，与重视结果公平（或价值取向意义的公平）得出的结论截然相反，而仅仅强调结果公平，则可能否定起点和规则公平，走向平均主义，影响效率。正如有学者所指出的，联系地看，三种公平又可以并且应该内在关联。这种关联对于可持续发展尤为重要。

　　效率含义的特殊性以及公平与效率的特殊关系，决定了在可持续发展中，起点、规则和结果的公平是可以且应当一以贯之的。起点公平，即在法律和制度规则面前人人平等。在到位的制度安排和一定的政策约束下，规则公平即确立合理的制度安排和政策约束机制，将有效地导向利益主体的行为，使企业的生产和经营以及人们的生活方式最大限度地节省资源并降低对环境的影响。在合理的制度安排和政策约束下，资源和环境效益既是利益主体所追求的目标，也将惠及社会和他人。在可持续发展领域，起点和规则的公平将有效保障公平目标的实现。

　　前面已经指出，资源环境问题上的公平，核心是利益与责任对等。现代政治学关于公平正义的基本理解之一是"得其所应得"，这一原则表现在环境资源问题上，便是利益与责任的对等。在市场经济体制中，对利益与责任对等这一公平的基本要求的坚持，将会提升资源环境利用的效率。市场经济作为鼓励公平竞争的体制，虽然不会自然导致人们活动结果的平等，但又可以最大限度地兼顾到这一点。市场经济对起点和规则公平的要求在一定程度上直接体现着效率与公平的统一，其之所以如此，是因为基于利益最大化的理性原则，行为主体在权衡其行为后果时，不仅会考虑所得之多寡，也会虑及所失之大小，总是期望得大于失或至少是得失相当。在资源环境利用的问题上，如果规则公平，能充分地体现出利益与责任的对等性，那么所有人在确定动机及行为时必然会对其可能产生的负面影响有所顾忌，而不至于恣意妄为。现实一再表明，对资源环境的破坏所以屡禁不止，原因就在于行为者获利巨大而责任和代价太小甚至根本没有。正如丹尼尔·贝尔所指出："我们面临日益严重的污染，因为污染者把丰富的空气和水视为自由货品；他们把废料投入这些地方是不花分文的。"① 就是这样一个简单的"不花分文"，放纵乃至鼓励了环境污染。鉴此，应将利用资源的数量和影响环境的程度直接与利益挂钩，如提高资源的价格、规范使用效率、建立环境影响评价制度、加大污染的惩罚力度等，这样，利益主体在使用资源和污染环境时，就会因为可能带来更大的损失即得不偿失而在行为上自我约束或至少是有所收敛，其结果将是改进生产方式，从粗放型生产转变为集约型生产，从盲目增长数量转变为自觉提高质量，从仅仅追求经济效益转为兼顾经济效益与社会利益。

在许多国家政府和有识之士的共同努力下，国际社会已充分认识到可持续发展是持续与发展的统一，实现可持续发展，既要保护资源环境，又要发展经济，满足和保障人们生存的需要。《里约环境与发展宣言》指出：人类处在关注持续发展的中心，他们有权同大自然协调一致从事健康的、创造财富的生活；各国根据联合国宪章和国际法原则有至高无上的权利按照它们自己的环境和发展政策开发它们自己的资源，并有责任保证在它们管辖或控制范围内的活动不对其他国家或不在其管辖范围内的地区的环境造成危害；为了达到持续发展，环境保护应成为发展进程中的一个组成部分，不能同发展进程孤立开看待；各国和各国人民应该在消除贫穷这个基本任务方面进行合作，这是持续发展必不可少的条件，目的是缩小生活水平的悬殊和更好地满足世界上大多数人的需要；发展中国家，尤其是最不发国家和那些环境最易受到损害的国家的特殊情况和需要，应给予特别优先的考虑。在环境和发展领域采取的国际行动也应符合各国的利益和需要。根据宣言的理解，处于可持续发展初级阶段的发展中国家在可持续发展中尤其应当注重公平与效率的统一。

《联合国气候变化框架公约》进一步体现了上述原则，该公约认为，由于发展中国家的人均排放仍相对较低，发展中国家在全球排放中所占的份额将会增加，以满足其社会和发展需要。公约申明，应当以统筹兼顾的方式把应付气候变化的行动与社会和经济发展协调起来，以免

---

① 丹尼尔·贝尔：《后工业社会的来临》，商务印书馆1984年版，第515页。

后者受到不利影响，同时充分考虑到发展中国家实现持续经济增长和消除贫困的正当的优先需要。公约还认识到，所有国家特别是发展中国家需要得到实现可持续的社会和经济发展所需的资源；发展中国家为了迈向这一目标，其能源消耗将需要增加。

在现有条件下，在可持续发展领域也像在其他领域一样，不可能达到理想的、绝对的公平，所能做到的只能是尽可能地兼顾公平与效率。由于公平与效率取向的差异，由于二者一定意义上的非此即彼的关系，实现公平与效率的统一的关键，就是寻找公平与效率之间的平衡，建构最能体现公平与效率统一的机制，其中最为重要的，是寻求公平与效率之间的最大利益公约数。

在可持续发展中实现公平与效率统一的关键是建立合理的制度和政策机制。公平所以难以实现，根本原因在于利益的分散化：在市场经济环境中，每一主体（个人、群体、民族、国家）都有自身特定的利益，这些利益处于离散状态，不仅各不相同，而且相互冲突。为使利益相互疏离、对立的各方在意愿和行为上共同趋向于公平，就必须在其间搭建共同的利益平台。在通常的社会交往中，无论就事实而言还是根据博弈论之逻辑，不同利益主体在一定条件下可以达致双赢，但对于可持续发展而言，实现双赢的约束条件十分苛刻。与经济等交往中的双赢不同，可持续发展中的双赢实际上还牵扯到资源环境这一第三方。因此这里的"双赢"实际上应扩展为包括资源环境因素在内的"三赢"。达到三赢固然不易，但由于资源的总量和环境承受力是有限的，因而资源环境因素可以作为中介使原来的利益对立者成为利益攸关者，从而为利益主体的共赢提供了可能。要将这种可能变为现实，就必须将资源环境利用效率作为重要参数纳入利益分配制度规则之中，通过确定市场游戏规则来影响污染者的经济利益，让其承担相应的责任，付出超过所得利益的代价。正如一些专家所指出的，减少资源浪费和降低环境污染的制度安排，是将环境资源政策纳入工农业等各部门的政策中，根据污染者付费和能源消耗附加费等原则，利用税收、价格、信贷等手段来引导企业将污染和资源成本内部化，以驱使企业资源减少污染或节约资源。只有通过利益与责任对等从而效率（利益）与公平（责任）挂钩的制度安排，才可能在个体、群体和人类之间寻求一种合理而动态的利益平衡，达致个人利益与群体利益、人类利益最大限度的统一或平衡。

六、可持续发展的公平启示

公平是人类由来已久的理想和不懈追求。如果不考虑个人或群体之间的利益博弈，抽象地说，公平应是人类最容易接受的价值，因为公平理念和制度对人类生存发展来说具有显而易见的好处：它顾及包括弱者在内的所有人的利益和关切，具有惠及世人的特点，是社会诸种可能的制度安排中最容易为大多数人选择或接受的一种。借用罗尔斯的说法，在"无知黑幕"状态下，这种选择的危险性最小；同时，公平最能契合人作为人所具有的恻隐之心或"怜悯同类"的本性，体现着人类长期企求的"仁爱"、"天下为公"、"博爱"等社会理想。

虽然在理论上说，公平比之于其他社会价值更易于成为人们的共识和优先选项。然而正如上文所指出的，在现实中，公平的实现却障碍重重，步履维艰。公平之所以难以成为大多数人在社会活动中首选的行为准则，或只是在理论上为人们所赞同，而难以在现实中兑现，其社会根源在于利益的分散化及其所引起的利益认同上的差异，以及不同主体利益上的相互冲突。首先是对公平理解上存在分歧。是哪一种公平，起点公平，规则公平还是结果公平？不同理解的含义及其结论相差甚远，所制定的规则极其效果更是大相径庭。其次是公平对不同的人、不同群体带来的影响是不同的，公平在惠及世人的同时，必将弱化甚至损害某些人既有的特殊利益，从而往往受到误解或拒斥。综上两点，公平或者得不到公认，或者即使得到公认，也只能部分实现甚至根本不能实现。此类情况表明，公平能否确立，不仅在于其合理性，更取决于其可认同程度，抑或说，确立公平的关键是可认同度。

人类应该实现的公平是全方位的，涉及的领域十分广泛，但在现实中，公平的确立不可能一蹴而就，而应是一个由易到难的循序渐进的过程。纵观近代以来的人类历史，公平要求的提出及其实现始于政治解放即自由、平等、博爱、民主、财产等人权诉求，这些目标和任务是由资产阶级提出并初步完成的。这无疑是社会的进步，但又远远不够。诚如马克思所言，政治解放本身并不是人的解放，任何一种解放都是把人的世界和人的关系还给人自己。马克思提出的人的解放，是人从整个社会关系中的彻底解放，特别是经济上的解放。恩格斯也曾指出，平等应当不仅是表面的，不仅在国家的领域中实行，它还应当是实际的，还应当在社会的、经济的领域中实行。根据马克思主义的理解，实现经济领域的平等的基本途径是彻底变革生产关系特别是所有制形式。从长远的角度看，这无疑是必须的。但这有一个过程。着眼于现实，实现公平只能是依"序"而行，这个"序"取决于两方面因素，一是其迫切性，二是其可认同程度。就可认同程度和可行性来说，可持续发展当是实现经济领域平等的一个有效的切入点。

可持续发展之所以将为社会公平的逐步实现提供一个新的切入点，是因为资源和环境权利的平等比较容易确定和实现。可持续发展论域的公平，是人们平等地享用资源和环境，这一权利相对于人们的其他权利而言具有底线的意义。如果可以将公平分层次的话，比较而言，社会生活其他方面特别是经济或政治生活中的公平，含义更为复杂且难以实现。以经济成果即财富的分配为例。经济发展成果是人们劳动的产物，不同的人由于能力、机会等的差异，所作的贡献是不同的，因而在经济领域要实现财富的平等分配和享用必然牵扯到一系列问题，如公平的内涵应当是前提公平、过程公平还是结果公平？如果是起点和过程的公平则未必导致结果的公平，如果是结果的公平则往往会取消起点和过程的公平。其中的取舍非常复杂，涉及价值取向、利益分配、社会的发展阶段和面临的矛盾等诸多因素。诚如哈耶克所言："'公正的价格'、'公正的报酬'或'公正的收入分配'，这些概念当然源远流长，但值得指出的是，哲学家们对这些概念的含义竭力思考了两千年，至今未找到一条规则使我们可以确定，在市场秩序下什么状态才算是这种意义上的公正。"[①] 丹尼尔·贝尔厘定了各种社会公平（平等）之间的差异："从逻辑上讲，平等有三个层次：条件的平等、手段的平等和后果的平等。……条件的平等指的是公共权力的平等，……手段的平等都意味着机会的平等——获得导致不平等后果的手段的平等。"[②] 他还指出，由

① 弗里德里希·冯·哈耶克：《哈耶克文选》，凤凰出版传媒集团、江苏人民出版社2007年版，第353页。
② 丹尼尔·贝尔：《资本主义文化矛盾》，商务印书馆1989年版，第324页。

于条件和手段的平等并不等于后果的平等甚至与其相背离，因而"近年来有一种强烈的呼声，认为不可比拟的后果过于巨大和不平等，公共政策应该寻求后果的更大平等——简言之，即使人们在收入、地位和权威上更为平等。"① 条件和手段的平等与结果平等之间的不对应或者错位，是通常情况下社会公平难以实现的原因所在。

资源环境领域的公平则不同。广义的资源和环境不是某个人或者群体劳动的结果，同时又是人生存的基本条件，因而应当为所有人共享。公平地享有资源和环境，是人的基本权利，也是实现人的其他经济社会权利的前提和基础，从这个意义上说，它具有底线公平的意义。在人们能力和机遇不对等的条件下，维持这种底线公平至为重要。《我们共同的未来》指出："为满足基本需求，不仅需要那些穷人占多数的国家的经济增长达到一个新的阶段，而且还要保证那些贫穷者能得到可持续发展所必需的自然资源的合理份额。"② 罗尔斯"公平机会的优先意味着我们必须给那些具有较少机遇的人以机会"③ 一语，从解决公平的思路上看亦与此意暗合。丹尼尔·贝尔对此问题亦有相似的解读："衡量社会福利的不是个人满足，而是把对社会地位低下者给予补偿作为社会良心和社会政策的优先项目。"④ 这些论述表明资源和环境权利的公平对于弱势群体来说极为重要，同时也表明从底线公平切入推进公平的实现较易于成为共识。

可持续发展所以将为实现社会公平提供一个新的切入点，又因为资源环境危机具有超越地域限制的全球性。可持续发展问题自提出之日便潜含着世界性的意义。全球化以及普遍交往，使各国和地区在资源环境问题上利益相关，任何一个国家或地区的资源环境危机，都将直接或间接地影响到其他国家或地区。随着环境和资源危机迅速超越国家、地区的界限，它已成为关涉到整个人类的利益的名副其实的全球性问题或普世"通病"，所有国家或地区都不可能逃避它的影响，也不应当回避相应的责任。可持续发展关系到整个人类生存发展的现实及前景，最大

---

① 丹尼尔·贝尔：《资本主义文化矛盾》，商务印书馆 1989 年版，第 325 页。
② 世界环境与发展委员会：《我们共同的未来》，吉林人民出版社 1997 年版，第 11 页。
③ 约翰·罗尔斯：《正义论》，中国社会科学出版社 1988 年版，第 301 页。
④ 丹尼尔·贝尔：《后工业社会的来临》，商务印书馆 1984 年版，第 490 页。

程度地体现着人们在利益上的一致性，已成为当代名副其实的公共性问题。与之相关，这一问题不同于其他全球性问题：它直接涉及整个人类与自然的关系而不具有利益上的排他性，符合全人类的长远利益并充分体现着人类长期以来追寻的理想和境界。这些特点，决定了可持续发展既有助于提升人们的物质生活质量，又能体现人类共同的利益和价值取向，决定了可持续发展的认识和实践将为公平的形成提供新的契机。正是基于此，《只有一个地球》的作者才提出了如下的忠告："要培育一种对地球这个行星作为整体的合理的忠诚。我们已进入了人类进化的全球性阶段，每个人显然地有两个国家，一个是自己的祖国，另一个是地球这颗行星。"①

可持续发展之所以将为实现社会公平提供一个新的切入点，还因为代际公平理念的提出进一步凸显了人类作为"类"的整体性和整体利益，进一步拓展和丰富了公平的内涵，使人类的公平诉求和理念更具完整的意义，必将促进公平意识的普及和深入。虽然代际公平的实现面临着一些特殊的障碍，但它在价值取向上较之于代内公平更易于成为人们的共识，因为它不直接牵涉到当代人之间，例如不同国家、不同群体之间的利益差异和纠葛，不会引发利益群体之间的现实博弈，符合所有当代人对自己后代人利益的关切和预期。至少在理论上说，具有基本人道精神、社会良知和理智的人都会赞同代际公平，赞同将实现代际公平作为当代人共同的行为准则。可以预见，如果人们能在代际公平问题上形成共识，抑或能在一定程度上以代际公平规范自己的行为，那么势将反过来促进对代内公平的理解和接受。由此看来，代际公平理念的确立，不仅有益于可持续发展问题的解决，也将拓展和深化对公平问题的理解，促进对包含代内公平在内的整个公平问题的解决。

诚然，在实施可持续发展战略中，公平的确立不可能一蹴而就，公平的内涵尤其是实现途径等，仍有待于更加深入地探讨。但是亦应看到，经济全球化和知识经济带来的普遍交往和生活方式的改变，已为公平的确立提供了现实的可能。确立公平的意识和规则，不仅有助于可持

---

① 芭芭拉·沃德、勒内·杜博斯：《只有一个地球》，吉林人民出版社1997年版，第17页。

续发展的实现，也将为全方位的社会公平的构建提供一个范式，昭示一种现实的可能性或契机。可持续发展问题的解决，对于全面确立社会公平具有不言而喻的示范意义。进一步说，人们有可能在可持续发展领域中率先实现社会公平。

第九章　可持续发展的人文意义

　　可持续发展是一种新的社会发展模式，也是一种新的生存理念，其意义广泛地涉及社会生活的各个方面，包括精神文化领域。可持续发展具有丰富的人文内涵和意义。人对自然的态度是文化（文明）的重要内容，又深刻地影响着文化的变迁和走向。可持续发展理念要依赖于科学的进步，又应从各民族优秀文化传统特别是人文精神中汲取养料。可持续发展观将彻底改变人对自然的态度，也将促进人类文化的发展。

一、"天人合一"与"物我两分"

　　可持续发展作为对人与自然关系的理解和表达，体现着一种新的文化或文化精神，这种理解和表达既具有全新的、时代的意义，又有着深厚的文化渊源。从一定意义上说，可持续发展本身就是一种文化取向，甚至可以视为一种文化现象。

　　人类从有自我意识开始就有了对自然的认识以及对人与自然关系的理解，初步萌芽了自发的自然观。在远古时期，整个人类，无论是东方的还是西方的，在对自然的态度上具有高度的同质性或相似性，例如对自然看法的总体特征是敬畏自然、崇拜自然物。进入文明时代后，在文化分野的过程中，各民族才逐渐形成了比较系统的关于自然及人与自然关系的看法，产生了最初的自然文化，在对自然的理解和对待自然的态度上出现了差异。文化史、思想史的比较研究表明，中、西方思想文化在理解自然问题上最为显著的差异之一，可以用中国文化中的"天人合一"与西方文化中的"物我两分"两个命题来表征。这种差异深刻地影响着中、西方的历史进程和文明样式，其影响一直持续到今天，影响到当代中、西方民族对人与自然关系以及对可持续发展问题的理解。

诚然，在中国古代，对人与自然关系的理解曾经是见仁见智、流派纷呈。春秋时期的《左传·昭公十八年》就有了"吉凶由人"，"天道远，人道迩，非所及也，何以知之?"的远天命而重人生的看法。此后，荀子明确提出了"天道自然"思想，主张"明于天人之分"，认为天行有常，不为尧存，不为桀亡，主张"制天命而用之"：从天而颂之，孰与制天命而用之；望时而待之，孰与应时而使之；因物而多之，孰与聘能而化之。认为自然之"天"与"人"各不相同，人可以通过掌握自然规律对之加以改造以适合自己的需要。刘禹锡更是明确提出"天与人交相胜、还相用"的思想，他在《天论》中认为，"万物之所以为无穷者，交相胜而已矣，还相用而已矣。天与人，万物之尤者耳。"不仅明确了天人之分，而且揭示了"天"与"人"相互制约、相互作用的关系。但是，总体说来，天人合一是中国古代思想最显著的特征，甚至被认为是中国古代思想的标志性符号。

"天人合一"是中国文化史上长期占主导地位的思想。"天人合一"观念源于远古时期的自然崇拜和殷商时期的占卜活动，萌芽于西周时期。殷商时代的占卜记载了最早的"天人合一"观念。当时的人们认为有意识和意志的"天"（"神"或"天帝"）是天地万物和人事的主宰，但凡遇到一些重要事情如征战、田猎、疾病、行止等事，都要通过求卜来预测吉凶福祸。《礼记·表记》中即有"殷人尊神，率民以事神"之说。西周时期的天命观继承了商代的思想，但明显地赋予"天"以道德属性，认为"天命"与"人事"相关。《礼记·礼运》有言："仁者，天地之心也，五行之端也。"周公提出的"以德配天"，乃是"天人合一"思想比较明确的表达。

春秋时期，"天人合一"在各"家"的理解中含义已有分别。儒家继承了西周天理与人道（道德）相关的思想，所讲的"天人合一"，大体上就是人与义理之天、道德之天的合一；道家所讲的"天"则是指自然，所讲的"天人合一"则是人与自然之天的合一，不具有道德含义，可以说是真正意义上的自然观，或者对人与自然关系的理解。

作为一种自然观或"自然—人生观"的"天人合一"思想，始于老子和庄子。与将道德意识赋予天并以道德的"天"作为人之道德根据的儒家不同，老庄思想中的天乃是自然自身或自然之根据。老子《道德经》中曾有"人法地，地法天，天法道，道法自然"一说，其中的"自然"可以理解为自然而然之意，也可以理解为道以"自然"为法，不以自己的意志强加于自然。"天人合一"思想在老子那里既包含着人应顺乎自然之道之义，因而老子认为人对自然应采取"无为"的态度，无为才能做到"无不为"。《庄子·齐物论》提出"天地与我并生，而万物与我为一"，认为"天人合一"是人应取的一种精神境界，正如一些论者所指出的，这种精神境界主要是具有审美意义，但同时也蕴涵着对自然的态度。

从春秋时代中经董仲舒，到宋明时期，儒家的"天人合一"思想发展到了顶峰。张载在《正蒙·诚明》中明确提出了"天人合一"的命题："儒者则因明致诚，因诚致明，故天人合一。"《正蒙·乾称》又进一步认为，人与天地万物为一体："乾称父，坤称母，予兹藐焉，乃浑然中处。故天地之塞，吾其体；天地之帅，吾其性。民吾同胞，物吾与也。"张载之后，程颢明确提出了"仁者以天地万物为一体"的论断，假定"仁"这一人之至善的本性源于"以天地万物为一体"之"一体"。程颐和朱熹则认为，"天人合一"具体地表现为"与理为一"，因为理为"月映万川"之"月"，是万物之本根，理在事先，人禀受理以为性，因而理与人相通。陆九渊主张"吾心便是宇宙，宇宙便是吾心"，离开了人心，天地万物便没有意义。"万物森然于方寸之间，满心而发充塞宇宙，无非此理"，王阳明认为，心外无物，心外无理，人与天地万物原是一体、一气流通，人心即是天地万物之心。这种以人心与天地万物等同的"天人合一"思想，假定了人与天地万物之间融合无间的关系。

由上可见，中国古代的"天人合一"思想可以解读出多重意蕴，如可以是一种生存态度、一种道德观念、一种人生境界等等。但直接地看，"天人合一"思想的确包含着人与自然关系融合、相通、同一等含义。这一思想的一般价值在于，比较明确地表达了尊重和顺应自然的意识，体现了人对自然的依存关系。如果加以现代转换，其中不仅可以解析出人与自然和谐相处的理念，而且可以引申出生态伦理思想，以至于可以拓展对人生境界（如冯友兰先生的"天地境界"）的理解。有的学者对于中国古代"天人合一"思想的价值作出了高度评价，认为提出了"以人与自然和谐为终极目标的道德规范，理应成为可持续发展的伦理观的核心"①。

关于西方"物我两分"的自然观，第二章"主客体二分历史考察"部分已有详述。西方自然观经历了一个从崇尚自然到主客体二分的过程，这一过程一直延续到现代。与中国的自然观相反，西方自然观的特征是强调"物我两分"和主客体对立，长时期中一直将人和自然的关系看成分离甚至对立的外在关系，预设人外在于自然，为了满足自身的需要而任意地对待自然，不考虑自然对人的制约甚至报复。这种主客体二分观念既增强了人改造自然的欲望和信心，也对资源环境产生了深刻的影响。全面地看，西方的主客体二分思想虽然有其缺陷（第二章已有详述），但却不无合理之处，更不宜简单地否定。

在对资源环境问题的反思中，许多人已经注意到不同的自然观对可持续发展问题的影响，并作出了深入的分析。然而，在相关的讨论中有一种值得注意的倾向，这就是只强调中国传统自然观与可持续发展相吻合的一面，并相应地简单否定西方传统的自然观。有人甚至将中国传统自然观等同于可持续发展理念，主张采取照搬的态度。其中有一种观点认为，人类目前正处于东西方文明的交替期，可持续发展与中国古代的天人合一思想完全吻合而与西方的主客体二分观念截然对立，并因此而断定：随着全球变暖趋势进一步加剧，构成20世纪文明重要特征的工业化社会，正由于环境恶化和资源不足而陷入停滞。建立在物质至上主义和科学万能论基础之上的西方文明，其缺陷日益暴露出来；追求天人

---

① 叶文虎：《可持续发展引论》，高等教育出版社2001年版，第112页。

合一的东方文明，将重新焕发活力，成为全人类的思想基础。

关于中国古代的天人合一思想的合理性，学界已有诸多论述，无须赘述。但应指出的是，古人对人与自然关系的强调，对自然的尊重乃至崇敬，虽有可资借鉴之处，但并不能等同于当代的人与自然和谐思想，也不等同于当代的生态学或生态哲学，更不应将其拔高为可持续发展观念。"天人合一"观念的合理性在于强调对自然的尊重，而并非早在几千年前就化解了主客体二分的对立，走出了人类中心主义，或者确立了某种现代性的生态哲学理念。稍有历史知识的人都不难了解，在古代如果有所谓人与自然的对立，那也是自然对人的控制而不是人对自然的征服和破坏，在这一境遇中，根本就不存在人对自身实践反思的问题，当然也就不可能有现代的可持续发展、人与自然和谐等意识。正如有的学者所指出的，从哲学角度看，中国古代的天人合一思想还只是一种朦胧的宇宙观、世界观，更是一种朦胧的人生观，因而从本质上说，"天人合一"思想称不上是对人与自然的关系的科学理解，更不是以主客体相分为前提的现代意义上的主客体和谐观念。古代的天人合一等思想可以成为现代可持续发展观的思想资源，但却不应过分夸大其合理性，更不应附加予现代性意蕴。

我们认为，在这一问题上不妨借用恩格斯对西方哲学史演进路径的理解。恩格斯认为古代哲学虽然正确地反映了世界的总画面却不知道其细节，因而总画面是不清晰的，近代哲学填补了其中的各个细节，却陷入了形而上学。同理，中国古代天人合一的思想总体上体现了对人与自然统一关系的理解，但这种统一却是模糊不清的，是人统一于、适应于自然，而非以人的发展为前提的人与自然的和谐。西方的人我两分固然割裂了人与自然的内在联系，但其明于天人之分的思路既确立了人的主体性，又清晰地厘定了人与自然的关系，为人与自然更高层次上的统一、确立以人的发展为导向的人与自然的和谐奠定了基础。

中、西方自然观的差异是本质性的，正是这种差异决定了二者在缺陷和优势上存在着对应的关系：中国传统自然观所"长"乃是西方传统自然观之"短"，反之亦然。这种优势和缺陷的对应关系决定着二者互补的必要性，也意味着二者的互补的可能性。当代的可持续发展理念要面向时代和现实，亦应继承传统文化的精华。当然，这种继承绝不是在中西方文化中非此即彼的简单选择，更不能简单照搬，而应是融合基础上的创新。

对于中西方自然观的互补与融合，学界作出了许多有益的探讨，在梳理并厘定"天人合一"与"物我两分"各自优缺点的基础上，一些学者提出了"中西方自然观互补与融合"的主张。例如张世英教授就主张走中西会通之路，把"天人合一"思想与"主—客"思维方式结合起来，一方面让中国传统的"天人合一"思想具有较多的区分主客的内涵，而不致流于玄远；另一方面把"主—客"思维方式包摄在"天人合一"思想指导下而不致任其走向片面和极端。他还认为：如果可以把中国传统的那种缺乏主客二分的、"天人合一"叫做"前主客关系的天人合一"，那么，他所主张的这种结合二者为一体的"天人合一"就可以叫做"后主客关系的天人合一"，是对"前主客关系的天人合一"超越。很显然，所谓后主客体关系的天人合一，实际上就是承认以主客体对立为前提的人与自然的统一与和谐。在这一理解中，主客体对立是前提，主客体统一是目标也是过程。

会通中西，实现两种自然观的互补与融合，无疑是应取的态度。从文化继承来看，融合中西方自然观，意在实现两种自然观的取长补短和优势互补，因而首先必须分清二者各自的优长及其缺陷。同时，中西自然观及文化的融合并非简单地将两种思想合为一体，而是在吸收科学发展新成果并结合当今时代和实践特征的基础上，对中西方自然观的思想资源加以改造和现代阐释，通过理论与实践、传统与时代的对话，形成当代人类新的自然观，构建适应并引领生态文明建设的可持续发展文化。

二、人文精神与科学精神

可持续发展观和生态文明应充分体现科学精神与人文精神的统一。

科学精神与人文精神的讨论已有时日，但迄今尚未直接与可持续发展问题关联。可持续发展不仅涉及科学精神，亦关涉人文精神，可持续发展归根到底是为着人的发展，体现着对人的关注。科学精神和人文精神理当是可持续发展的两个基本维度，可持续发展理念又将进一步丰富科学精神与人文精神的内涵。

人的精神呈现出极大的丰富性并多样性，但就与人生存发展的总体关系而言，可以区分为两种基本类型，一类是科学精神，一类是人文精神。这两种精神从根本上说都体现着对人生存发展的关注和追求，但它们所起的作用却是不同的，这种不同，体现着两种精神的特质即特殊规定性。

科学精神追求正确地认识和有效地改造对象，以求真、求实、求效率和效益为特征，主要涉及人生存发展的手段和途径，与之相联系，它侧重于正确认识和处理与对象的关系并使其适应人自身的生存和发展。从这个意义上说，科学精神对人生存发展的作用主要是手段性、工具性的，它所涉及的主要是人生存发展的途径和方法等问题。虽然科学精神在人生目的、意义的选择问题上也起着重要作用，但这方面的作用在本质上是辅助性的。关于科学精神的社会作用学术界已有定论，此处不再复述。

与科学精神不同，人文精神则主要涉及人生存发展目的、意义、价值等"人自身"问题的理解，通俗地说，它对人的生存发展起着定向或定位的作用。人文一词通常泛指人类社会的各种文化现象。在这个意义上说，凡由人类创造或改造之物都属于人文的范畴。人文精神却是指人的精神的一种基本类型，是相对于科学精神而言的。对人文精神的理解可谓见仁见智，然而从哲学层面的讨论看，通常将人文精神理解为对人生存发展的关注和追求。有人认为，人文精神就是对人的存在、价值、命运及人生的意义等有关人的根本问题的关注；有人认为，人文精神是人类对自身完满性的追求，主要是对人类完满性方面缺失的关注；有人认为，人文精神是对理想人生、理想人格和理想社会的追求；还有人认为，人文精神就是对人生终极意义的关怀。这些理解虽不尽相同，但却有一定的共识，即认为人文精神是对人生存发展的关怀和追求。这种理解总体上是正确的，但还有待于进一步深化。人文精神在人的生存发展中具有重要的作用。

人文精神在人生存发展中起着价值定向或定位的作用。人在现实生活中之所以追求正确认识并有效地改造世界，是为了使世界朝着有利于自己生存发展的方向变化，至于何为有利于人的生存发展，并不是科学能够回答的，而是一个目的和意义的问题。人生的目的和意义除了决定于直接的生理性物质需要外，还取决于人的价值取向，必须诉诸人文精神。人文精神关注人生的目的和意义，与之相联系，它着眼于"人自身"的问题，着眼于对生活意义的理解，着眼于对人生的根本（或曰终极）关怀，而不是对外在事物的认识，虽然这种关注是同人与他物的关系密切相关的。关注和理解人生存发展的目的和意义等"人自身"的问题，这就是人文精神的特质，是人文精神区别于科学精神的特殊含义和作用所在。

人文精神在人生存发展中的另一方面作用，是丰富人的精神生活、满足人的精神需要、实现人的精神追求。从满足人的需要的角度看，科学精神与人文精神皆为人的生存发展所必需，就满足人们的需要及其社会功能而言，科学精神主要涉及人的物质生产和生活，满足人的物质需要；人文精神则主要涉及人的精神生活，满足人的精神需要，体现人的精神追求。这种区别当然是相对的，例如科学精神也关涉人的精神生活和精神境界，人文精神在调动和激发人们创造物质资料的积极性和主动性方面也是不可或缺的，但总体上来说，二者的侧重点显然不同。

人文精神关注人的精神生活，对人的人格修养、自我意识的发展和主体性的形成具有不可替代的作用。人通过劳动将自身从自然界中提升出来并在此基础上不断进化，其意义并不限于物质存在和物质条件的发展，同时也在于精神生活的逐渐充实和精神修养、精神境界的逐渐完善。其中的一个重要内容，就是人文精神的发展。在人的主体性，人的自我意识、社会意识和人格的形成、发展过程中，人的意识经历了向外扩展和向内深入两个并行的过程。前一个过程是人在改造外部世界的同时逐渐提高认识能力，将越来越多的外部事物纳入认识对象，对客观事物及其与人的关系的认识不断扩展和深入，以至于在当今对客观事物的认识既能够视通千里又能够入微探幽。后一个过程是人的意识向内深入，在生活、实践的基础上不断反省自身，丰富自身的精神生活和人文修养，形成社会认同感和人格、理想意识。这一过程正是人文精神的形成发展过程。人文精神是人类精神生活与人文素质发展的积淀，是人之所以成为人的主要根据之一。

上述分析表明：人文精神和科学精神在人生存发展中所起的作用各有特点。古今中外，任何一种成熟的甚至不太成熟的文化，都有其基本的倾向性，有其主要关注或侧重的问题。在历史上和现实中，不同文化的差异往往集中体现在文化精神上。就中国文化和西方文化的比较而言，其文化精神的差异是巨大的。中西文化精神的差异表现在诸多方面（如上述"天人合一"与"物我两分"等），其中一个基本的方面，就是对人文精神和科学精神的不同倾向或侧重。这种差异不仅制约文化的内容、形式及其发展，也从根本上影响着社会的发展。在社会发生转型时期，这种影响尤为显著。它影响着社会发展目标的确定、社会发展模式及途径的选择，制约着人们对一些重大社会问题的理解和处理。

西方文化的基本倾向是注重科学精神，这同社会现代化过程的总体价值和行为取向有某种"天然的"一致性。注重科学精神是西方文化的传统。以哲学为例，在西方哲学源头的古希腊哲学中，哲学思想和科学思想就是相互渗透、合二而一的。虽然近代以后，哲学与科学各自走上了独立发展的道路，但这非但没有削弱科学精神在西方文化中的显性地位，反而使之得到进一步加强，尤其是在社会现代化过程中达到了一个新的高度，对社会发展产生了突出的双重影响，引起了人们的反思。

中国传统文化的基本倾向是侧重于人文精神，从而与社会现代化过程的价值和行为取向多有格格不入之处，存在着潜在的冲突。关于中国传统文化中有无人文精神及人文精神之强弱，一直是一个有争论的问题。中国传统文化总体上缺乏科学精神、漠视科学技术，甚至视科学技术为末道或雕虫小技。这一点已有共识。至于中国传统文化是否具有人文精神，却是见仁见智。有一种观点认为，中国传统文化中根本没有人文精神，因为它本质上是束缚人性、否定个人自由并蔑视人的主体性的。的确，中国传统文化从根本上说不倡导个性自由，甚至泯灭人的主体性于忠孝君臣等纲常关系中，尤其宋明以来，"存天理、灭人欲"逐渐成为深入人心的言行规范。毫无疑问，这些与近代西方的人文精神是格格不入的。但是，这并不表明中国传统文化没有人文精神，而只是表明其人文精神是有局限的。中国传统文化缺乏对个人的关注，鲜有对人的自由、个性和主体性的倡导，但却并不缺乏对人生意义、人的价值及人的精神生活等等的关注，只是着眼点、侧重点以及其内容和方式有自己的特点而已。中国传统文化中无疑包含有人文精神，且人文精神一直强于科学精神，只不过，这种人文精神是有缺陷的。例如，中国传统文化中对"仁"、"义"、"道德"、"和"的倡导和对"修身养性"、"完美人格"的追求等，就体现着对人尤其是人的精神生活的观照。这些传统文化精神中虽然包含着许多落后、保守的内容，特别是在实际运用中存在着大量虚假的现象，但不容否认的是，其中不乏合理的成分，并且这些合理因素已成为深入人心的价值取向，在社会生活中起着积极的作用。可以说，在中国传统文化中，人文精神一直处于强势，从而是中国传统文化中的"显"精神。

社会现代化作为一种深刻的社会转型过程，既包含着社会物质形态的转化和发展，又包含着社会精神形态的转化和发展。从西方国家已经完成和我国正在进行的社会现代化进程看，后者往往较前者更为复杂且艰难。社会现代化最基本的含义和最突出的特征是科学技术进步和经济增长，其标志是科技革命和生产的工业化、市场化。与之相联系，现代化要求科学精神，强调效率、发展和功利，强调物质财富的增长和物质利益的满足，强调激励和打破平均。相对地，人自身发展的目的和意义、社会发展和人的行为的价值合理性、传统的道义观念和行为准则以及人的精神需要等人文精神所要求的东西，便自然地退居次要地位，人文精神和科学精神的关系结构便向后者倾斜。也就是说，在社会现代化过程中，人文精神与科学精神的碰撞是必然的，而碰撞的结果则往往是扬科学而抑人文。

近代以来，许多国家或地区在社会向现代化转型时期都出现了科学精神与人文精神的矛盾、冲突，对二者关系的认识和处理在很大程度上影响着社会转型过程实现之顺利与否及其代价之大小。当西方社会现代化进程达到高潮时，科学精神得到了前所未有的甚至极端的张扬，人们以科学精神为尺度，突破了许多以往陈旧的传统观念，与此同时，操作主义、功利主义、实用主义盛行，远甚于以往任何时代。作为一种反弹，便出现了非理性人本主义及其他形形色色的非现代化甚至反现代化的观念和行为。有人认为，科技和经济发展至上导致人类陷入了"价值虚无"的困境；有人认为，现代工业化的发展使人成了机器的附属物，成了灵魂空虚的人；有人认为，技术的进步既威胁着生态平衡，又带来了爆发核战争的危险，从而可能毁灭整个人类文明甚至地球上所有的生命。有人认为，掌握着大众传播媒介的工业——国家机器已操纵着人们的思想、感情和趣味，文化生产的个性化已为标准化和齐一性所取代。

应该看到，随着我国现代化进程的深入，人们的精神领域发生了许多积极的变化，人们的自立意识、竞争意识、效率意识、民主法制意识和开拓创新精神明显增强。但与此同时，也出现了上述人文精神失落的种种现象。因此，上述观点虽然不无片面或言过其实之处，但却并非危言耸听，更非无中生有，而是对社会现代化过程中人文精神失落的一种反映。

由于现代化价值取向及其过程本质上的一致性，由于我国传统文化精神固有的倾向性，两种精神的碰撞在我国亦未能避免，并且所产生的影响在有的方面更甚于西方。社会现代化进程的深入尤其是经济体制的转型，人文精神与科学精神的失衡和矛盾在我国社会生活中渐成普遍现象。这种失衡和矛盾显然不仅仅存在于文化领域，而是表现在社会生活的各个方面。在精神生活领域，即使文学、艺术品种较以往更为丰富，也只是作为一种产业在扩大，文学艺术产业化非但未能提高人的文化品位、培养人文精神，反而作为一种精神快餐引导着人的精神消费。精神、文化产业的取向是金钱，因而更多地侧重于迎合大众口味而不是提高大众的文化修养。在这种态势下，文化成了一种消费品而不是精神食粮。一方面，文化市场热闹非凡，各种经过包装、炒作的作品（实际上是商品）你方唱罢我登场；另一方面，大众在吃完这些快餐后却即食即扔，而没能从中获得许多有价值的、能提升文化素养和精神境界的东西。

当上述情形在我国出现时，便出现了"人文精神失落"的慨叹和弘扬人文精神的呼唤以及相关讨论。凡此种种，只是一个初步的信号，因为从总体上说，我国的社会现代化特别是社会整体的工业化和市场化尚处于比较初步的阶段，现代化对传统价值、心理、文化的冲击尚未达到高潮，现代化对人的发展造成的负面效应尚未充分暴露或至少尚未为人们所深刻体验。但是，这又是一个值得重视的信号。它表明，两种精神的失衡和冲突必然会给人们的心理、行为从而给整个社会的运行造成影响。

在社会现代化进程中，人文精神与科学精神的碰撞是必然的。对人文精神和科学精神的关系应给予足够的重视。这首先是因为，西方国家在现代化过程中曾出现过类似的矛盾和问题并付出了代价，前车之覆，后者之鉴；其次是因为，我们长期以来倡导的价值观、政策导向及由此而形成的心理习惯，与现代化过程中的行为和价值导向多有格格不入之处；再次是因为，我国的传统文化精神与西方的文化精神有深刻的差异，这种差异将深远地影响着我国的社会现代化进程。如果说在科学精神源远流长且长期一枝独秀的西方，此种情况尚且会引发对人文精神的危机感并导致种种非现代化或反现代化的观念和行为，那么在我国这样一个人文传统向来重于科学传统的国度，这种碰撞将在更大程度上影响和制约着现代化的进程及其代价。为此，必须对人文精神和科学精神的关系作出合理的定位。

对科学精神与人文精神的关系可以从不同的层面作出定位，其中最基本的是哲学—人学层面的定位。科学精神与人文精神的关系可以是一个文化的或社会心理的问题，也可以是具体学科的问题，但仅从文化、社会心理、伦理或其他角度加以阐释，往往会停留于问题的表层，难以把握问题的核心，更无从确定解决问题的基本路径。在根基上阐明科学精神与人文精神的关系，应从人的发展入手。回顾历史，任何一次科学精神或人文精神的兴起和嬗变，皆溯源于哲学根据，且只有经过哲学的说明，对问题的理解才不失深刻而有底蕴。例如，近代人文（人道）主义的兴起，虽然文化、伦理等方面的探讨功不可没，但其能作为一种基本的社会精神确立并产生广泛影响，是因为它得到了哲学上的说明，即获得了人性论的哲学依据。科学精神在近代欧洲确立的情形也大致相仿。马克思将哲学家弗兰西斯·培根而非某位科学家誉为近代实验科学的"真正始祖"，正是因为培根确立了近代科学的基本方法和精神，或如英国科学史家丹皮尔所说："培根指出了一条更广泛地更正确地认识自然界的大致上正确的康庄大道。"① 科学精神或人文精神作为一种基本的社会文化精神，其选择、确立和变化涉及人们对待生存的基本态度，这显然不是一个操作或技术层面的问题，而是蕴涵着人对自己生存价值、意义的体悟和对自己与外部世界关系的理解。

---

① 丹皮尔：《科学史》，商务印书馆 1957 年版，第 192 页。

　　无论从文化、社会心理、伦理还是其他角度理解科学精神与人文精神的关系，虽然都可以深入问题的一个方面，却难以把握其整体，从而陷入某种片面性。近几年学界关于弘扬人文精神的讨论便可见一斑。一些人仅从文化角度看问题，只注意人文精神的缺失而不顾科学精神的普及和提升，所作出的议论，虽凸显并倡导了人文精神的价值，有助于唤醒、增强人们的人文意识，提升人们的人文素质，但却未能阐明在社会转型的背景下，如何从人的发展的总体要求出发认识和处理科学精神和人文精神的关系。又如一些学者为应对人文精神的失落，单纯地强调复归古代的人文传统甚至文人传统，陷入了以往的文化守成论或当代的文化民族主义，不仅与时代的变迁格格不入，难以适应经济社会的发展，也无从满足当代人的精神需求，妨碍现时代人的精神健全和发展，妨碍人的主体意识、自我意识和人格意识确立。此类情形表明，由于视角的限制，特别是离开了人的发展的总目标，单纯地谈论人文精神，难免会将人文精神与科学精神对立起来，因弘扬人文精神而质疑科学精神，从而陷入了历史上卢梭等人曾经陷入的误区。

　　在社会现代化进程中，既不能因强调科技与经济发展而忽视人文精神，又不能因张扬人文精神而抑制科学精神，而应协调二者，使两种精神之间保持一种张力、一种平衡的度。当然，这种度不是静止不变的，而必须根据经济发展和社会进步诸方面条件的变化具体历史地确定，但是，总体上说，协调两种精神的基本尺度和原则，应是有利于人的生存发展。与之相关，对于如何界定科学精神和人文精神，如何理解二者的社会价值和意义，也必须进行分析。尤其是有关人文精神的当代价值和意义，存在着许多亟待回答的问题。例如，怎样理解人文精神普遍性和民族性、历史性和当代性？传统的人文精神中哪些因素应予以抛弃？哪些应予以继承并弘扬？当代中国人的发展对人文精神的总体要求是什么？如此等等，都有待于重新诠释。而回答这一类问题，只有从哲学特别是人的发展视角入手才是可能的。

　　总起看来，科学精神和人文精神既相辅相成、互为补充且互相促进，又起着不同的作用，不能相互替代，且由于二者行为取向上的差异以及所关注或强调的问题不同，在现实生活尤其是在社会转型时期，两者的发展往往是不平衡的并且会发生种种冲突。从社会发展的总过程看，这种不平衡和矛盾冲突有一定的必然性及历史合理性。但从社会发展的总体目标和具体过程看，又必须对不平衡和矛盾冲突进行适时的反思和调整，以免严重失衡、顾此失彼，使社会发展过程片面化并影响社会转型的顺利实现。

中国传统文化精神的人文倾向一直强于科学倾向，在人文与科学、义与利、价值与认识及精神需要与物质需要等问题上，向来是重前者而轻后者。这一特点与上述现代化的要求和倾向正是相对立的，但它却又正是我们进行现代化建设的既有背景因素之一。在我国正确理解和处理人文精神与科学精神的关系，既关系到我国现代化目标的合理性，又关系到可持续发展能否顺利实现。对此，有几个问题值得注意。

首先，必须对我国科学精神与人文精神的总体关系作出客观的判断。虽然随着现代化建设的深入，科学精神受到的强调已远甚于人文精神，但并不能因此认为科学精神在我国的发展已到过分或过头的地步。恰恰相反，由于传统文化的影响，特别是受到科技、生产力、教育等不发达的社会条件的制约，科学精神在我国的发展程度还远不能适应现代化建设的需要，因而仍需在全社会弘扬和倡导科学精神。这是在当代中国理解人文精神与科学精神关系的首要的一点。离开了这一点，就脱离了社会现代化的大方向。

其次，社会现代化应顾及传统文化精神的特点。现代化是一般和个别的统一。作为一般，任何国家或地区的现代化都有其共同的目标、要求和基本特征，否则就不成其为现代化。但是，现代化又总是在特定的国家和地区进行的，必须从该国家和地区既有的条件出发。中国的现代化应从中国国情出发，而传统文化精神正是国情的重要因素。从这一因素出发，我们尤其应注意人文精神与科学精神平衡的问题。如果忽视二者的平衡，只强调功利、效率、经济发展和物质财富增长而不顾及人文因素的协调发展，不仅会使中华民族赖以凝聚起来的优良人文精神受到损害，模糊现代化作为人全面发展手段和途径的意义，而且还可能物极必反地导致非科学甚至反科学思潮的出现，从而使现代化进程欲速则不达并付出较大的代价。

再次，要注意对人文精神与科学精神之间的"度"的把握，即对人文精神与科学精神的倡导和强调要适度。当然，这个"度"不可能是静止不变的，而必须加以具体地历史地理解和确定，但是，它应该从总体上体现出两种精神相对的平衡和协调。在现代化建设中，从总体上说，科学精神成为文化精神中的显精神是势所必然。与之相联系，人文精神则居于相对次要的地位。然而，这并不意味着人文精神已失去其社会作用。在社会现代化的进程中，人文精神的作用亦是不可或缺的，它不仅能满足人的精神需要、丰富人的精神生活，而且对社会发展目标和现代化过程具有矫正或批判功能。从西方国家现代化过程的经验看，这种功能是非常重要的。

还有一点值得注意的是，在社会现代化过程中，对人文精神本身也应加以改造和发展。人文精神具有民族性和历史性，传统的人文精神中既有精华也有糟粕。对此，应进行一分为二的科学分析，取其精华，弃其糟粕。此外尤其应该注意的是，即使是传统人文精神中优良的东西，也有其时代局限性，也需加以改造和发展，以使其与现代化建设总目标和总趋势相适应。只有这样，中华民族优良的人文精神才能对我国的社会现代化进程起到促进的作用，并在新的条件下获得新的内容和新的生命力。

理解和处理人文精神与科学精神的关系对于实现可持续发展尤为重要。可持续发展作为一种新的发展观，具有深切的人文关怀。可持续发展既追求发展的速度和效益，又关注发展的持续性及其对人的影响，要求通过对资源环境的保护而保障人自身的生存发展。可持续发展观充分考虑到人在发展过程中的目的性意义，是一种贯穿人的发展价值导向的新的社会发展观。可持续发展研究作为一种体现着价值取向的理论，为科学研究注入了人文的因素。以往的科学研究注重求真求实，一般主张价值中立，要求价值无牵涉地看待自然和人改造自然的行为，不考虑研究结果对人、社会和自然的影响，可持续发展领域的科学研究则不仅着眼于正确认识自然，更关注人对自然的认识和改造对人、社会和自然的影响。纵观可持续发展的探讨，始终体现出这一鲜明的特点。可持续发展是一种综合性的科学研究，涉及众多学科，直接促进了自然科学（如地质学、天文学、生物学、化学）和社会科学（如哲学、经济学、法学社会学、伦理学）之间的交叉融合。自然科学与社会科学以及人文学科之间的交叉融合，孕育着一种科学精神与人文精神统一的新的文化精神。

三、可持续发展的人文意蕴

可持续发展的核心诉求是：人类应享有以与自然相和谐的方式过健康而富有的生活的权利。以与自然相和谐的方式过健康而富有的生活，不仅体现于在物质生活上充分享用自然资源，还体现于在精神文化生活方面充分享用自然资源，在与自然和谐相处中获得更为充分的审美和情感体验，丰富精神生活内容，提神精神境界。

可持续发展理论与实践具有丰富的人文意蕴。一方面，可持续发展作为对人与自然关系的全新表达，在彻底改变人对自然的态度并改进人与自然关系的过程中，重新理解并塑造了自然的价值，彰显了自然的人文意义和价值。另一方面，可持续发展的理论与实践将丰富人们的精神生活，进一步提升人的精神境界。

可持续发展的人文意蕴，首先在于彰显并重新塑造了自然的人文价值。在可持续发展视野中，自然本身潜存着的文化内涵得到全面和深度的展现，人们不仅可以在物质形式上享用自然，还可以在精神上从自然中获得真善美的感受，体验自然的文化意义。

从表面上看，自然与文化似乎是疏离的，但从本质上看，人类对自然的看法和态度却深刻地体现出文化的特征。对文化起源的研究表明，人类在远古时期的文化意识中就已经初步表达了对自身与自然关系的体认，甚至可以说人类早期文化的主要内容就表现为人对自然的态度。艺术史研究表明，各民族早期的文化多萌芽于自然意识，例如最早的绘画就是模仿人们改造自然过程中劳动的情景或者动物的行为。一方面，由于那时人们较少受到文化因素的影响，还没有成体系的、较为稳定的文化传统，亦由于那时不同地区人们的处境大同小异，面临着相似的环境与问题，因而远古时期的民族的自然意识存在着较多的共性，其中最为显著的，是自然崇拜和万物有灵观念。另一方面，不同文化例如中西方文化的差异和分野，也始于对自然的态度。分野的结果便形成了最初的自然观。自然观作为关于自然的总体理解和根本看法（虽然在古代还是朦胧的看法），不仅仅是对自然现象以及人与自然关系的被动反映，而是深层次地渗透着时代的、文化的、思维方式的因素，因而不同时期、不同民族的自然观是各具特色的，但是，几乎每个时代或民族的自然观中，都包含着对自然的文化理解。

在通常的理解中，文化的含义在于"关乎人文，化成天下"，文化是人活动的结晶，是"人为"事物的总称，即使涉及自然的部分也主要是指人化自然物。这一说法固然有一定道理，但又存在一定的局限性，需要拓展和发挥，因为不仅人为之物具有文化特征，天然的自然也具有极其丰富多样的人文价值，具有寄情、审美、人生启迪等文化意蕴，是人类精神需要的源泉。大自然的人文价值是丰富多彩的，它是人们审美的对象、寄情的对象，文学艺术创作素材和灵感的源泉，也是人们情感、道德甚至宗教意识的策源地。罗尔斯顿在《哲学走向荒野》一书中，系统地阐述了荒野（自然）的多重价值，包括"消遣价值"、"审美价值"和"文化象征价值"。

大自然具有鲜明的审美价值和意义。大自然的美是丰富多彩的。大自然是质朴而清新的，"人类情感在社会环境中得到最为丰富的发展，而且许多情感，如嫉妒与尴尬，只有在社会中才存在。但我们在自然面前会表达出一种本源的、天然的感情，如在凝视星空时的颤抖，或在和风吹拂的春天心跳加快"[1]。大自然是我们生存的家园，给我们以归属感，"我们的家园是靠文化建成的场所，但需要补充的仍然是：这家园也有一种自然的基础，给我们一种自己属于周围这块土地的感觉"[2]。"我们欢呼着自然对我们的抚育，欢呼着这大地家园的生发生命与支撑生命的活力。"[3] 大自然千姿百态的景观和千变万化的奇妙给我们以丰富的审美和联想空间，"自然在应对各种问题的过程中，产生了很多优美的作品——翱翔的鹰、蜿蜒滑行的蛇、奔跑中的郊狼、蕨类植物的卷芽，都是艺术的杰作。……种种都是赏心悦目。……都能给人以美的享受。"[4]

---

① 霍尔姆斯·罗尔斯顿三世：《哲学走向荒野》，吉林人民出版社2000年版，第460—461页。

② 霍尔姆斯·罗尔斯顿三世：《哲学走向荒野》，吉林人民出版社2000年版，第469页。

③ 霍尔姆斯·罗尔斯顿三世：《哲学走向荒野》，吉林人民出版社2000年版，第473页。

④ 霍尔姆斯·罗尔斯顿三世：《哲学走向荒野》，吉林人民出版社2000年版，第335页。

"很少有人希望自己的环境中没有景观，没有树木与青草，没有花园，或没有湖泊与蓝天。"① 鸟语花香、蓝天碧水、优美的风景、幽雅的环境是人的生理需要，更是人的精神需要。人们会赞美大自然悦人心目的千变万化和无穷无尽的丰富宝藏，也会触景生情，感叹大自然的鬼斧神工、造化神韵。失去了这一切，人类的生活的多样、欢乐和愉悦便不可想象。梭罗在《瓦尔登湖》中对自然美的体验、爱因斯坦对自然理性的美的赞赏都表明，人类的生活离不开自然美，人类的创造也离不开自然美。没有大自然丰富多彩和千变万化的美，人类的精神将无所皈依，人类将失却精神的家园。

大自然具有深厚的道德价值。大自然是人的道德情感的源泉和支撑。"人类会关爱自己的亲人不足为奇，因为尽管道德的出现很惊人，可以证明同情也具有生存价值。人类把荒野视做有工具价值而对之加以关注也不足为奇，……所有这些评价的方式，从天然自然就可以很合理地推出；……把荒野视为有价值，这并不会使我们非人化，也不会让我们返回到兽性的水平。相反，这将会进一步提升我们的精神世界。我们成了更高贵的精神存在，……我们不可能自己产生自己，而必须珍视产生我们的自然系统。但是，作为生命之源的自然系统不能对自己所产生的事物进行反思性的评价。有了人，地球这进化的生态系统便有了自我意识。"② 关爱自然，是人类道德价值的延伸和扩展，也是人类道德价值的升华。人不同于其他生物体，不仅在于他会怜悯同类，还在于它能够在此基础上将对同类之间的怜悯之心推及他物，而达到此种境界的原因，就在于人类对自然总体系统的自觉认同：认识自然的一部分。虽然贵为万物之精灵，人毕竟是自然的产物，自然不仅是人生存的条件，还是人之母体，因此，人的尊严不仅源于他的社会性，也源于他作为自然特别是生命物质的禀赋。"如果我们亵渎了自然，也就亵渎了我们自己。"③ 反之，对自然的尊重也就是对人自身的尊重，对自然的爱护也

---

① 霍尔姆斯·罗尔斯顿三世：《哲学走向荒野》，吉林人民出版社 2000 年版，第 470 页。

② 霍尔姆斯·罗尔斯顿三世：《哲学走向荒野》，吉林人民出版社 2000 年版，第 251 页。

③ 霍尔姆斯·罗尔斯顿三世：《哲学走向荒野》，吉林人民出版社 2000 年版，第 93 页。

是对人自身的爱护。康德曾指出，人所以成为大自然最终目的的根据之一，就在于他适用于道德律，而人类如果能自觉地将道德律扩展到整个大自然，达到所谓的天地境界，当然就更是表明了人作为万物之灵的可贵。

此外，正如罗尔斯顿所说，大自然还拥有"消遣价值"、"文化象征价值"乃至哲学、宗教或人生启迪的教育价值。他认为："荒野地在两种意义上有正面的消遣价值。一是我们可以在荒野地上从事一些活动，二是我们可以对自然的表演进行沉思。人们也喜欢观看野生动物和自然景观。这时，人们主要是把自然视做一个奇境，视做一个丰富多彩的进化的生态系统，其实际的东西比我们所能幻想出来的东西更为奇妙。"① 他指出："对于纯粹的荒野主义者，荒野地是一座大教堂……它使人想到的往往是宇宙层次的问题。人类所能获得的一些最感人的体验，是在荒野中获得的。"② 也就是说，自然还有体验生命的哲学或宗教价值。他还认为，"自然不仅是科学的源泉，也是诗、哲学与宗教的源泉，它能给我们以非常深刻的教育。"③ "自然物种加于物理世界的战斗的生命本质、人类智力的产生及其在生命进化历程中的意义、人们注视自然景象时的思想奇遇、精神与物质的互补等等，是我们从未完全解开的谜，……自然使我们有一种不满足，从而能更加努力地去创造；它对我们保持一定的距离，在我们每找到一个问题的答案时，又给我们出一个新的难题；它极其丰富，对它的知识又非可以轻易可以获得，……自然对我们心智的激发是永无止境的。"④ 大自然的奇妙和神奇是人类认识创新的不竭动力，也是人类文化创造的不竭源泉。

大自然不仅是精神生活的来源，而且激发和开启了人的感觉能力，特别是人化自然促进了人的文化能力的发展。"不仅五官感觉，而且连

① 霍尔姆斯·罗尔斯顿三世：《哲学走向荒野》，吉林人民出版社2000年版，第333页。
② 霍尔姆斯·罗尔斯顿三世：《哲学走向荒野》，吉林人民出版社2000年版，第339页。
③ 霍尔姆斯·罗尔斯顿三世：《哲学走向荒野》，吉林人民出版社2000年版，第148页。
④ 霍尔姆斯·罗尔斯顿三世：《哲学走向荒野》，吉林人民出版社2000年版，第150页。

所谓精神感觉、实践感觉（意志、爱等等），一句话，人的感觉、感觉的人性，都是由于它的对象的存在，由于人化的自然界，才产生出来的。"①"说人是肉体的、有自然力的、有生命的、现实的、感性的、对象性的存在物，这就等于说，人有现实的、感性的对象作为自己本质的即自己生命表现的对象；或者说，人只有凭借现实的、感性的对象才能表现自己的生命。"② 人化自然是人的存在方式之一，是人的存在的外在表现，也是人与人之间交往、沟通的重要中介，承载着丰富的人文意义。

发掘可持续发展的人文意蕴，有助于丰富人们的精神生活，从自然中获取知识、丰富情感、愉悦精神。古往今来，仁人志士们往往从对自然的体验中得到深刻的人生启迪，获取精神力量。在中国古代，仁人志士们往往以不同的自然景物和自然物的特性隐喻人类的气质和能力，例如以松树的宁折不屈称颂人的品格，以出淤泥而不染的荷花赞誉人的美德，以临寒怒放的梅花比喻人的气节，以大海比喻人们开阔的胸襟等等，此外还有"仁者乐山、智者乐水"之类的说法。这些比附充分展示了自然对人的精神意义和价值。

可持续发展倡导对自然的深切关爱，将进一步拓展和提升人们的仁爱之心，开阔人们的胸怀，提升人类的精神境界。冯友兰先生曾谈到人有四种境界：一是自然境界，二是功利境界，三是道德境界，四是天地境界。功利境界的准则是"唯我"；道德境界的准则是考虑别人；天地境界的准则是打通天地，我为天地万物一分子，也就是人与自然的和谐。这是一种超我甚至超人类的广博的情怀。无独有偶的是，《只有一个地球》的作者同样秉持着一种天地情怀："在这个太空中，只有一个地球在独自养育着全部生命体系。……它最大限度地滋养着、激发着和丰富着万物。这个地球难道不是我们人世间的宝贵家园吗？难道它不值得我们热爱吗？难道人类的全部才智、勇气和宽容不应当都倾注给它，来使它免于退化和破坏吗？我们难道不明白，只有这样，人类自身才能

①　马克思：《1844年经济学哲学手稿》，人民出版社2000年版，第87页。
②　马克思：《1844年经济学哲学手稿》，人民出版社2000年版，第105—106页。

继续生存下去吗?"① 事实上即使不是每一个人，至少每一个有文化常识的人都明白这一点，问题只在于利益遮住了心灵，只在缺乏对地球家园的底线道德的尊重，按以上看法拔高一点说，缺乏的是"天地境界"。可持续发展理念可谓是现代语境的天地境界，因为无论是"大地伦理"还是"生态伦理"，无论是"走出人类中心主义"还是承认"自然的内在价值"，都既是一种认识，更是一种胸怀、一种境界。可持续发展倡导尊重自然、倡导发掘和体悟自然的文化意蕴，它的真、善、美，倡导人与自然和谐相处、协调发展，倡导建设新型的生态文明，这一切，指明了达致物我一体之天地境界的现实途径。

发掘自然的人文意蕴不仅可以丰富人类的精神文化生活，而且有助于生态环境保护，实现自然的持续发展。研究表明，自然界生态系统的平衡有赖于人类社会文化系统的平衡："今天已认识到，自然界中生态系统生存的关键是系统各部分的有机统一性和相互依存关系，以及维持生态多样性。在与环境维持平衡的土著文化和传统文化中，习惯、仪式和宗教实践对防止人口过量增长和过分利用资源具有隐蔽性功能。……自然是一个有机的整体，自然循环与人类循环在这个整体中结成一体。"② 一个有说服力的事实是，在世界上许多资源环境保持得比较好的地区，早期人类的自然崇拜等观念都得到了较好的传承，往往遗存下来一些内含着保护自然意识的文化和风俗。一些偏远地区之所以生态多样性完好地保存下来，总是与该地区人们的某种自然文化意识密切相关。自然崇拜制约着他们的生产和生活方式。不同地区的人们因其生活环境不同而具有不同的自然崇拜对象及活动形式，一般都崇拜对本地区社会生产与生活影响最大或危害最大的自然物和自然力，把自然物和自然力视做具有生命、意志和能力的对象，甚至认为这些自然存在现象表现出生命、意志、情感、灵性和奇特能力，会对人的生存及命运产生各种影响，其中就有对山的崇拜、对水的崇拜，对森林、草木、禽兽的崇拜等。从科学的视角看，这类崇拜源于早期的万物有灵观念，许多都缺

———————————

① 芭芭拉·沃德、勒内·杜博斯：《只有一个地球》，吉林人民出版社1997年版，第260页。

② 卡洛林·麦茜特：《自然之死》，吉林人民出版社1999年版，第93页。

乏依据，但其中对自然的敬畏，对人与自然血肉相连的感悟，却不无启迪，尤其是，从结果看，由于慎待自然，对当地的动物、森林、植被等起到了保护的作用。自然崇拜等传统的自然观无疑存在着许多认识的误区，但其与生态环境保护的内在联系却具有启示意义，这就是，对自然文化意蕴的认可有助于提升环境意识。可以预见，在科学和人文精神日益昌盛的当今，人类对自然人文意蕴的理解将愈加深刻和丰富，也将会愈加自觉地保护自然。

自然的文化意蕴是随着人对它的体认而逐渐生成并丰富的，人类越是意识到自然的文化意蕴，自然的文化意蕴就越是得以充分的显现。可持续发展作为一种以自然持续发展为目标的社会发展模式和发展战略，关系到人类物质生活的持续，作为人们一种新的生存方式和生活态度，又具有丰富的文化意蕴和重要的文化建构意义。可持续发展在改变人们的物质生活方式的同时，也将改变人们对自然的认识、感受乃至他们的精神生活。从一定意义上说，可持续发展是以另一种眼光看自然，以另一种态度对待自然。这种眼光和态度就是可持续发展的自然文化观。可持续发展文化观的特征不是强调人类被动地顺应自然，对自然顶礼膜拜，而是深刻体认自然作为人类生存家园、作为人的无机身体的事实，充分肯定自然的人文价值及其意义，在与自然和谐相处的过程中尊重自然、保护自然、欣赏自然、体验自然，使人类更加亲近自然、从自然中获得更丰富的审美享受、情感体验和人生启迪。

建构可持续发展文化是实施可持续发展战略的题中应有之义。可持续发展文化的建构，不仅将为未来人类的文化创新提供新的元素，而且还将促进世界不同文化之间的交流与融合。鉴于不同国家、民族在历史上形成了许多优秀的自然文化和文化观，鉴于可持续发展作为人类共同的目标，体现着普遍、共同的价值和理念，可持续发展文化的建构必须从不同民族国家文化中汲取思想资源，同时又应站在时代的高度，以现代科学和人文精神为依据，反映人类科学和文化发展的新成果，体现生态文明的新理念。

在全球化背景下，未来的文化发展将会呈现出"一体"与"多样"并存的趋势。所谓一体，即在与时代和实践的对话中，多种文化融合互补，形成为新的世界文化；所谓多样，即各种民族文化在相互激荡、相互借鉴的过程中继续得到发展。可持续发展文化作为全球化进程中形成的崭新文化样式，作为生态文明时代的产物，具有走向一体文化的鲜明特征。在文化发展一体与多样并存的态势中，多样是一体的渊源和前提，一体则是对多样的补充，并将引领多样的发展。可持续发展文化形成的过程将是不同民族文化和普遍性的世界文化双向互动的过程，在这一过程中，一方面，各种文化相互交融、合为一体而形成为普适的可持续发展文化，并且在这一过程中，各民族文化又相互交流、相互补充，获得新的发展；另一方面，可持续发展等新的世界文化又将反过来丰富和拓展各民族文化的内涵，引领并促进各民族文化的发展。

第十章 可持续发展与社会进步

　　可持续发展理论确立了从自然审视社会历史、从社会历史审视自然的双向互动的视角，可持续发展实践为自然与社会历史的联系提供了一个理论和现实的中介。可持续发展的理论和实践表明，自然的持续发展必然要求也将进一步推进社会的进步，包括政治制度的合理化和社会和谐。

一、历史观视阈的可持续发展

　　作为对资源环境危机的积极响应，可持续发展理论和实践的出现固然具有一定的被动性或受迫性，但其意义却是积极的，其影响也是全方位的。作为当代人类社会发展基本模式的自觉选择，可持续发展战略的实施不是一种权宜之计，更不是无奈之举。可持续发展旨在建设一种全新的生态文明，建构一种全新的社会发展模式。可持续发展作为一种社会发展的基本模式，将对人们的社会生活、对人类历史的演进过程产生深远的影响。

　　对于已经成为人类一种普遍性的社会历史性活动的可持续发展，应予以历史观层面的解读，探究其基本趋势、规律和机制，揭示其对社会发展基本路径的影响，丰富社会历史观的内容。也就是说，一方面，在历史观的层面分析和解读可持续发展问题，有助于深化对可持续发展本质、规律、途径、地位等的认识；另一方面，对可持续发展历史观层面的解读，有助于以一种新的视角重新审视人类的社会生活和社会实践，反思以往的历史观理论，丰富对历史观特别是唯物史观的理解。

可持续发展理论与唯物史观之间存在着内在的历史关联。在唯物史观创立之初，马克思恩格斯就肯定了自然是社会历史发展的基础，指明了自然观与社会历史观不可分割的联系。他们指出："我们仅仅知道一门唯一的科学，即历史科学。历史可以从两方面来考察，可以把它划分为自然史和人类史。但这两方面是不可分割的；只要有人存在，自然史和人类史就彼此相互制约。"① 自然史和人类史的不可分割从而构成统一的历史和历史观，并不是一个偶然的提法，从前述马克思恩格斯的人化自然思想可见，他们一直将自然与社会、人的关系看做是内在关联的，马克思还主张自然科学不仅要研究物质自然界，也要研究人，研究人的实践，或者说，研究生产和工业的历史。人类史所以和自然史相统一，是因为后者是前者的前提。在马克思恩格斯看来，历史是有前提的，"全部人类历史的第一个前提无疑是有生命的个人的存在。因此，第一个需要确认的事实就是这些个人的肉体组织以及由此产生的个人对其他自然的关系"②。他们还明确指出，人类赖以生存的"自然"包括"人们所处的各种自然条件——地质条件、山岳水文地理条件、气候条件以及其他条件"③。由于历史任务所限，由于当时"需要深入研究的是人类史，因为几乎整个意识形态不是曲解人类史，就是完全避开人类史"④。因而马克思生前未能实现将自然史与人类史相贯通的夙愿。恩格斯后来继承了这一理念，作出了极大的努力建构统一自然史和社会史的科学。诚如勃·凯德洛夫所曾指出的，恩格斯写作《自然辩证法》实际上是想为《资本论》提供一部自然科学的导言："对恩格斯来说，这本书的主要目的是创作一部直接同《资本论》衔接，并且与《资本

① 《马克思恩格斯选集》第1卷，人民出版社1995年版，第66页。
② 《马克思恩格斯选集》第1卷，人民出版社1995年版，第67页。
③ 《马克思恩格斯选集》第1卷，人民出版社1995年版，第67页。
④ 《马克思恩格斯选集》第1卷，人民出版社1995年版，第66页。

论》一起提供关于马克思主义学说统一而完整的观念和对这个学说加以阐明的著作。"① "这就意味着，《自然辩证法》所结束的地方应当成为《资本论》的开始。"② 也就是说，恩格斯的设想是将自然观与社会历史观连接并统一起来，也因此，《自然辩证法》"历史导论"中提出了两种"提升"的思想。《自然辩证法》的研究虽未最后完成，但却给后人留下了社会史应与自然史相统一的深刻启示。

可持续发展观是马克思恩格斯社会史与自然史相统一思想的继承和发展。可持续发展观的确立将补充和丰富唯物史观的研究内容，拓展唯物史观的研究领域和空间，进一步拓展、丰富和深化对历史观的理解，开启唯物史观研究的新路向。

可持续发展理念的确立，将深化对社会发展基础的认识。

可持续发展将自然的发展作为社会历史发展的基础，主张将社会发展与自然的发展理解为一个统一的过程，强调社会发展不能孤立地进行，必须充分考虑自然资源数量和环境承受能力的限度。这一对发展的理解超越了以往离开自然基础谈论社会历史发展的缺陷，提出建构了真正意义上的自然—历史观的任务，它不仅预设自然为社会历史的起点和基础，而且认为自然是社会历史和人类生存发展的永恒条件，资源环境因素如影随形地内在于人类历史之中，为社会发展所须臾不可或缺。这一理解启发我们，唯物史观当代建构任务之一，便是确立社会历史观与自然观之间双向互动的关系，阐释社会发展的自然基础，以自然的持续发展的要求和目标来观照和理解社会的发展与进步，阐明资源环境在社会发展中的地位，分析社会经济政治文化的各方面因素对资源环境的影响，为当代社会发展确立新的理论基础。马克思在阐述社会发展的必然性时曾指出："我的观点是把经济的社会形态的发展理解为一种自然史的过程。"③ 对于"自然史的过程"通常有两种解释，一是自然而然的过程，二是像自然运动那样具有客观的规律。这两种解释无疑从不同角度反映了马克思的原意。在当今的可持续发展领域，"自然史的过程"

---

① 勃·凯德洛夫：《论恩格斯〈自然辩证法〉》，三联书店1980年版，第35页。
② 勃·凯德洛夫：《论恩格斯〈自然辩证法〉》，三联书店1980年版，第36页。
③ 《马克思恩格斯选集》第2卷，人民出版社1995年版，第101—102页。

还可以发挥出第三种解释，即社会发展特别是社会经济形态的发展本身就是广义的自然发展的一部分，或者是以自然的运行为基础的。这一解释显然符合马克思恩格斯构建自然—历史观的构想，拓展唯物史观的研究领域和研究方法，使之建立在更为坚实的基础之上。

可持续发展理念的确立，将丰富对社会发展规律和机制的认识。

在历史过程中，人的活动依赖于一定的物质条件和社会关系，但物质条件和关系的作用却是通过人的活动实现的，并且，物质条件和关系既是人活动的基础，又是人以往活动的结果，同时还是人将要改造或创造的对象。以往讨论社会发展规律和机制时，对物质条件的理解主要涉及生产方式、经济基础、上层建筑诸要素的关系，即使涉及自然环境，也只是作为一种前提性、预设性因素，而未能将其作为与人类活动及社会发展互动并相互制约的内在要素。从某种意义上说，忽略了自然条件对社会发展的内在的、持续的影响。可持续发展研究表明，资源环境因素不仅是社会形成和发展的前提，还是社会发展的内在因素和永恒的变量，对社会进步的影响和制约程度不亚于生产方式、经济基础、上层建筑诸要素。社会的变迁，社会进步目标和方向的设定，社会发展的速度和程度，总之，人类的几乎所有社会活动，都必须充分考虑到资源环境的状况和承受能力。人类活动及社会发展是无限性与有限性的统一，人们对社会由低级到高级发展趋势的理解不仅要基于他们需要和能力的超越性，还应充分考虑到资源环境的边界，根据这一思路，未来社会发展的内在机制，是人与社会关系及自然三方面因素的相互制约和相互促进。自然条件是社会发展的基础也是内在的变量。

可持续发展理念的确立，将完善社会进步的评价标准。

以往对社会进步的评价，主要着眼于生产力发展、社会财富的增长、社会关系的和谐完善、文化的发展等社会自身的因素，根据可持续发展要求，社会发展乃至存在的基础是自然资源和环境的持续支撑，从而，社会进步还应还包含人与自然的和谐、环境资源的良性循环和永续发展。可持续发展研究表明，自然环境不仅涉及人与自然和人与人的双重关系，受到社会因素的深刻影响，有赖于社会关系的合理化即人与人之间的和谐。历史事实表明，社会的每一种进步都须付出相应的代价，这一点在社会现代化进程中表现得尤为明显，但以往计算代价时，多限于现代化问题对社会进步或人的生存发展的影响，而忽略了其对自然的影响。可持续发展观改进了社会进步的评价标准，引入了人与自然和谐、人与自然协调发展以及自然持续发展等内容。当代社会发展评价标准的改进，开始从根本上扭转以往 GDP 至上、经济发展一枝独秀、社会和文化发展相对不足的局面。《中国 21 世纪议程》充分体现了社会全面进步的理念和要求。议程指出：中国的可持续发展战略注重谋求社会的可持续发展，为此将努力实行计划生育，控制人口数量，提高人口素质和改善人口结构，坚持优生优育；建立以按劳分配为主体，效率优先、兼顾公平的收入分配制度，同时引导适度消费；发展社会科学，继承和发扬中华民族优良的思想文化传统，致力于文化的革新；发扬社会主义制度优越性，不断改善政治和社会环境，保持全社会的安定团结；大力发展教育和文化事业，开展职业培训、职业道德和社会公德教育，提高全民族的思想道德和科学文化水平，培养一代又一代有理想、有道德、有文化、有纪律的社会主义"四有"新人；发展城镇住宅建设，同时改善城乡居民居住环境和提高社会综合服务及医疗卫生水平；通过广泛的宣传、教育，提高全民族的特别是各级领导人员的可持续发展意识和实施能力，促进广大民众积极参与可持续发展的建设。上述任务列举表明，可持续发展涉及社会生活的各个方面，有赖于整个社会发展运行方式以及人们生活方式的变革。

可持续发展理念的确立，将拓展对人类文明形态的认识。

几千年来，人类创造了辉煌的物质文明、丰富的精神文明和多样的制度文明，随着可持续发展理论与实践的深入，人类新开创了与上述三种文明相并列的生态文明。生态文明是文明的新开展，是社会进步发展到一定阶段的产物。正像物质文明、精神文明和制度文明是人类在改造自然、社会和人自身过程中形成的物质、精神和制度成果的总和一样，生态文明是人类在改造自然的活动中的自觉创造。生态文明所以称得上是一种文明，当然是由人所创造的，它表征着人与自然的和谐关系，但这种关系的本质不是人与自然的被动顺应，而是主动地协调。动物比人更能顺应自然，却并未创造出生态文明。还应指出的是，生态文明虽然直接指向人与"生态（自然）"的关系，但同时又意味着人类生存态度、需要定位和生活方式的新超越，涉及人与人社会关系的新调整。从这个意义上看，生态文明标志着人类文明发展的新阶段。当然，对生态文明地位，尤其是生态文明与其他文明的关系的理解尚有待深究。有人认为，"人类社会的文明史已经经历了狩猎文明、农业文明、工业文明，正在走向信息文明同时也孕育着生态文明"①。一些生态论者更是进一步认定，21世纪将是生态文明的时代。后一结论显然暗含着一个前提：生态文明是人类发展一个独立的阶段，是对既有的三大文明的超越。我们认为，所谓人类进入了生态文明时代，并不意味着生态文明是一种独立的社会形态，也不意味着它是将来唯一的文明形态。生态文明与其他文明是并列而非排他的关系。生态文明无疑将成为未来社会形态的一种标志，但却不可能取代其他类别的文明，也可以说，生态文明将与高度发达的物质文明、精神文明和制度文明并存于未来社会，它们将互为条件又相互促进。生态文明的提出和创建，丰富了对人类文明的认识，充实和完善了原有的社会发展观，使人们对社会进步内涵、趋势和途径的认识更为全面、更为清晰也更为深入。

可持续发展观体现着对人与自然及人与人关系的理解，涉及社会的经济、政治和文化等各种因素，理当以一定的社会历史观为依据。在唯物史观视阈理解可持续发展问题，将使可持续发展观建立在科学历史观的理论基石之上。

从唯物史观出发，有助于可持续发展价值取向与科学认识的统一。唯物史观是价值取向与科学认识的统一，在可持续发展中贯彻唯物史观的价值取向，就是始终坚持以人的发展为目标，以人的发展尺度引领可持续发展的方向，衡量可持续发展的成效；在可持续发展中贯彻唯物史观的科学认识，就是要遵循客观规律，充分肯定物质资料生产和再生产是人类生存发展的基础，也是实现可持续发展的前提，充分肯定生产力的发展程度以及科技和经济发展水平在实现可持续发展中的决定性作用。基于唯物史观，在实现可持续发展过程中应注意防止两种倾向：一方面，不能离开人的发展这一根本（最终）目的来孤立地理解保护生态和自然，从否定人的方面理解保护自然，将人与自然对立起来，否则可持续发展将迷失方向；另一方面，不能离开科技进步和经济发展理解

---

① 陈昌曙：《哲学视野中的可持续发展》，中国社会科学出版社2000年版，第35页。

可持续发展，例如在现代化反思中矫枉过正地得出怀疑甚至否定经济和科技进步的结论。前面已经指出，可持续发展必须体现合规律性与合目的性的统一。从唯物史观之高度看，在当代，一切社会问题的解决，都是为着人的发展，都有赖于经济和科技的进步，可持续发展亦不例外。可持续发展观对传统发展观的超越既应表现在发展的价值取向上更为合理并全面，也应表现在对发展的科学认识上更为正确和深刻。

从唯物史观出发，有助于把握可持续发展的宏观背景和历史走向。根据唯物史观，社会运行是一个由分散走向统一、由低级向高级发展的过程，可持续发展亦不例外。对可持续发展宏观背景和历史走向，应当从"横向"和"纵向"两个维度来把握。

全球化是理解可持续发展问题的横向坐标。在马克思时代，世界历史进程初露端倪，他即敏锐地抓住了这一事实，并力图以此为据把握社会的整体特征。研究表明，马克思总是从世界历史角度解读社会结构和社会发展，对于社会形态的理解亦复如此。诚然，马克思社会历史研究的考察对象和研究范本主要是西欧，其他国家或地区在他的探讨中仅处于边缘地位，且仅为间接证据，但他仍力图将整个人类社会纳入其研究视野，特别是，他的考察对象虽然是有限的，却致力于从中得出一般性结论。虽然马克思关于社会形态的认识不无可议之处，但其致力于普遍地阐释社会历史的追求以及从整个世界（全球）角度理解社会形态的方法却无疑是值得称道和借鉴的。在当代，全球化已是普遍性的经验事实，世界已成为一个多样性的、各国家和地区内在关联的整体，不同国家和地区从未像今天这样相互渗透和影响，虽然其中充满着矛盾甚至碰撞，但现代化、科技发展及经济全球化已经将一切文明囊括于其中，而且使国家、地区间愈趋紧密的联系成为必然。全球化所导致的普遍交往，决定了可持续发展不能局限于某一具体范围，而是一个世界历史性的事实。同时，与经济文化交往的普遍性一样，可持续发展作为涉及所有人类利益并需要所有国家共同协作的全球性问题，又进一步加深了各个民族国家之间的联系，不断消解着各国家和地区的个性，导致不同文明的趋同化，从而使普遍性的社会形态界定成为可能和必要。

时代性是理解可持续发展问题的纵向坐标。就社会整体或社会形态而言，时代性既可以是世界范围意义上的，亦可以是国家或地区意义上的。全球化背景下的时代性，首先是世界范围意义上的。当今世界的时代性可以从不同方面来把握，然而对理解社会形态影响最甚者，无疑是新技术革命特别是信息技术的发展。以信息技术为标志的新技术革命，不仅推动了经济的飞速发展、极大地改变着人们的生活方式和思维方式，也将从根本上改变了物质财富和精神财富的创造方式。从某种意义上说，新技术革命为社会发展增添了新的动力，已经并将继续在很大程度上改变社会体系各要素的作用及其相互之间的关系，改变社会的发展模式、体系结构和运行方式。时代性的另一个方面，是我国社会主义市场经济体制的基本确立及其可能的走向。由于经济在社会发展中的基础性作用及根本性影响，市场经济体制的确立，特别是多种经济成分共同发展格局的形成，将长期、深刻地影响到我国社会的结构和发展。

知识经济初露端倪，是现时代时代性最显著的特征。在当今，知识已成为真正意义上的第一生产力，并且是现实的、可持续发展的生产力。从历史观视阈理解可持续发展，既要确立以人为本理念，也要更加自觉地推进科学技术的进步及其运用。在可持续发展上，应大力推动自主创新，同时，积极引进国际上发展（生产）的新方式。例如，运用新技术新工艺可以改造传统产业，降低消耗、节约资源，淘汰严重耗费能源资源和污染环境的生产能力，可以推进经济增长方式的转变，推进产业结构的优化升级，可以发展集约化农业和生态农业，建设循环经济，提高生产活动的循环化和生态化水平。又如，信息和通信技术使得建立全新的企业模式和创造价值过程成为可能。与物质财富相反，信息可以在不离开其原来拥有者的情况下被转移、赠送、出售和交流。信息产品只需开发一次，就可以供所有的人反复使用。在非物质财富中只有开发费用，数字化知识的复制和分发的边际成本实际上是零。在信息经济中，价值首先通过知识的应用而增加。在物质生产中，生产因素（劳动、原料和资本）在生产过程中消耗：要多生产就得多投入生产因素，而知识是一种取之不尽，并通过使用可以不断增加的资源。

基于资源环境因素和可持续发展要求，未来社会发展的主要任务不应是物质财富量上的扩张，而应是质上的提升，是社会经济、文化、制度和生态协调而全面的进步。

二、可持续发展的政治哲学启迪

《自然之死》一书的作者曾经惊呼："生病的地球，'肯定死了，肯定腐烂了'的地球，唯有对主流价值观进行逆转，对经济优先进行革命，才有可能最后恢复健康。在这个意义上，世界必须在此倒转。"①将治疗"地球病"与价值观和社会模式的变革联系起来表明，选择了可持续发展道路，从一定意义上说也就选择了社会变革。

纵览历史，任何一次社会发展模式的变革既需要价值观念的除旧布新，更需要制度和体制的变革。随着政治文明的发展，制度和体制的变迁在现代社会中已经从自发走向了自觉，一般都是以制度的设计为前导，以一定的政治哲学探讨与论证为支撑。可持续发展追求制度安排的合理化，要求制度和体制的变革，亦应以政治哲学的研究为前提。从另一方面看，可持续发展相关问题的政治哲学思考，又将为当代政治哲学的发展提供独特的新启示。

可持续发展必然地涉及社会的政治理念和制度安排。从一定意义上说，可持续发展的实现过程是一个政治理念和制度的变革过程，或者说，在实现可持续发展过程中，从价值选择到制度安排的转换，本身便具有政治过程的特征，原因在于，价值选择的实现不仅涉及理念的转变，更涉及对人们之间、集团之间、阶级和阶层之间乃至国家民族之间利益的协调和处理。"从环境危机在生态圈中的各种明显的表现，追溯它们所反映的生态上的压力以及在生产技术上和在科学的基础上造成这些压力的错误，最后追溯到各种驱使我们走向自我毁灭的各种经济的、社会的和政治的力量。"②"最后追溯"一语是否恰当虽有待商榷，但这一论述的合理之处在于强调了一些因素在环境危机问题上的分量，特别是指出了"政治的力量"是这些因素中的重要部分。

许多论者业已指出，资源环境危机难以根本缓解，与现今不合理的政治经济制度密切相关。一般地说，对于解决环境危机，制度安排较之于观念的转变、价值观的倡导等更为刚性，更具有约束性，也具有更为

---

① 卡洛林·麦茜特：《自然之死》，吉林人民出版社1999年版，第327页。
② 巴里·康芒纳：《封闭的循环》，吉林人民出版社1997年版，第9页。

基本的意义。以发展中国家的资源环境问题为例。发展中国家的资源环境弊病之所以久治不愈，不仅是因为缺乏相应的基础和条件，还因为缺乏相应的制度规范。一方面是自身的制度规范欠缺，未能建立科学民主的决策机制；另一方面是受到不合理的国际政治经济体系的制约：缺乏完整的主权，缺乏公平的交易规则，经济结构单一，资金和技术依赖于发达国家，等等。就问题的严重性和迫切性而言，后一点更为基本。"我们开始遇到了现代世界中国家作用相互矛盾的全部现实。发展中国家除了尊严、民族特征和积极的政治意志以外，没有别的基础以作为他们强烈要求发展的根据。……许多发展中国家的有效主权是太小了。事实上这些国家由于面临的问题都具有复杂和相互加剧的性质，以至它们缺乏发展和变革所急需的资源。"① 缺乏发展和变革所急需的资源即缺乏经济竞争力，而缓解社会矛盾的办法只能是以过度的资源开发来弥补。由于这一逻辑，许多不发达国家往往陷入恶性的循环：缺乏竞争力——过度开发资源——进一步削弱持续发展的基础和能力——资源环境危机加剧。环境公正的原则正是在这一背景下提出的。"环境公正原则的提出，否定了环境事务无关或优先于社会正义的观点，肯定阶级、种族国家间的社会经济关系是认定和解决环境问题的关键。由阶级、种族和国家间的歧视造成的权利和机会的差别，意味着人类社会成员不平等地享受着环境利益，不平等地承受着环境负担。"② "阶级、种族国家间的社会经济关系是认定和解决环境问题的关键"，而这些关系之是否公正，直接取决于社会的制度安排。

《增长的极限》清楚地指明："我们需要的最难以理解的和最重要的信息涉及人类价值。当一个社会认识到它不可能为每个人把每样东西都增加到最大限度时，它就必须开始作出选择。是否应当有更多的人或者更多的财富？更多的荒地或者更多的汽车？给穷人更多的粮食，或者给富人更多的服务？对这些问题确立社会的答案，并把那些答案转化为政策，这是政治过程的本质。"③ 这种提问十分尖锐，其中的每一个问

---

① 芭芭拉·沃德、勒内·杜博斯：《只有一个地球》，吉林人民出版社 1997 年版，第 221 页。
② 叶文虎：《可持续发展引论》，高等教育出版社 2001 年版，第 115 页。
③ 丹尼斯·米都斯：《增长的极限》，吉林人民出版社 1997 年版，第 140—141 页。

题都涉及价值取向、政治理念和制度安排。这些问题当然谈不上振聋发聩，因为类似的问题早就有人提出过，但值得注意的是，这里提问追究的重点并非制度安排本身，而是政治选择与资源环境的关系。也就是说，问题的要义在于，社会政策的制定或选择不仅关乎人们的经济、社会权益，还关系到可持续发展。例如给富人"更多的财富"、"更多的服务"、"更多的汽车"，不仅意味着社会成员之间经济社会权利的不公平，扩大不同阶级或阶层之间生活质量上的差别，同时还会导致更为激烈的资源和环境博弈，以及造成高消费的示范效应，进一步加深资源的浪费和环境的恶化。

可持续发展最重要的政治哲学启示，就是建立基于合理的制度安排。经过长期的反思，人们已然认识到可持续发展"政治过程"的本质就是正义和公平。《我们共同的未来》指出："我们没有能力在可持续发展过程中促进共同的利益，往往是在国家内部和国家之间相对忽视经济和社会正义的产物。"① "只有为了共同的利益，对公共资源的调查、开发和管理进行国际合作和达成协议，可持续发展才能实现。但生命攸关的不仅仅是共同体的生态系统和公共领域的可持续发展，而且还有世界各国的可持续发展，它们的发展程度不同地取决于其合理管理的程度。"② 在当代，资源环境问题愈益具有政治的意蕴，例如能源等已经被公认为战略资源，成为事关经济安全和国家安全重要因素。从世界范围来看，环境安全已成为国际社会广泛关注的新的非传统安全，成为国际政治中重要的议题之一。在联合国环境与发展大会上，中国政府主张：加强国际合作要以尊重国家主权为基础。国家不论大小、贫富、强弱都有权平等参加环境和发展领域的国际事务；保护环境和发展离不开世界的和平与稳定。这些观点是发人深省的，它们表明，可持续发展内在地包含着社会正义和公平的追求，社会正义和公平是实现可持续发展的制度条件，因而要实现正义和公平，就必须致力于社会关系、制度安排和行为规则的合理化。国家之间的关系是这样，一定社会内部不同群体及个人之间的关系亦复如此。罗尔斯在《作为公平的正义》一文中

---

① 世界环境与发展委员会：《我们共同的未来》，吉林人民出版社1997年版，第60页。
② 世界环境与发展委员会：《我们共同的未来》，吉林人民出版社1997年版，第341页。

从范围上区分了三个层次的正义："首先是局部正义（直接应用于机构和团体的原则）；其次是国内正义（应用于社会之基本结构的原则）；最后是全球正义（应用于国际法的原则）。"[①] 三种正义，可进一步概括为国内和国际两个方面。合理的制度安排应从这两个方面入手。既要实现国家之间的正义和公平，又要实现国内的正义和公平。

对于在利益多元情势下如何确立合理的公平原则，已有一些积极的探索，例如在解决滥用"公用地"问题的制度安排上，美国制度分析学派学者奥斯特罗姆等就提出了解决方案。他们认为，应该超越传统的单中心的制度管理模式和彻底的市场化模式，实行多中心治理制度，即在公共资源的使用上由几个或多个权力中心共同管理、决策并共同承担责任。这一思路对于公共资源管理的优点是：由多数利益相关者集体决定资源的安排，可以反映各方的利益，可以比较清楚地界定各个利益主体对于资源的权利和责任，使责任与利益对等，从而制约对资源的滥用，使各利益主体分担责任，同时还可以相互监督和制约。

实现社会正义和公平的核心是确立科学、民主的决策模式。可持续发展涉及人与自然的关系，需要科学的决策来体现和实施，可持续发展又涉及人与人之间的关系，涉及不同利益主体的利益分配和调整，需要民主的决策和公众的广泛参与来保障。正如《我们共同的未来》所指出的："保证公民能有效地参加决策的政治体制以及国际决策中更广泛地实行民主将有利于这一公平原则的实现。"[②] 民主对于可持续发展尤为重要，因为一个社会的政策选择和制定只有通过民主的方式，才能符合多数人的利益；民主对于可持续发展尤为重要，又因为保护环境和资源有赖于每一个人的观念转变和自觉行动。令人忧虑的是，"公共政策的决定，更多的是来自狭隘的自身利益，而不是来自像环境的完美那样模糊不清的价值上的考虑"[③]。这一说法虽然不无以偏概全之嫌，但却尖锐地揭示了导致资源环境危机的决策制度上的根源。在当代，几乎所有对资源环境大规模的、恶意的侵占和损害，或者是由少数利益集团所

---

① 约翰·罗尔斯：《作为公平的正义——正义新论》，上海三联书店 2004 年版，第 19 页。

② 世界环境与发展委员会：《我们共同的未来》，吉林人民出版社 1997 年版，第 11 页。

③ 巴里·康芒纳：《封闭的循环》，吉林人民出版社 1997 年版，第 162 页。

为，或者是由一些地方官员追求经济效益即政绩所致，或者是由于双方的勾结和共谋。只有决策的民主化，只有公众广泛参与到决策中，才能使决策尽可能地体现大多数人的利益，使公共政策真正具有公共性，才能从根本上遏制这些现象的发生。

随着生态环境运动民主诉求的增强，生态治理作为一种社会治理模式被提了出来。生态治理原则在《里约环境与发展宣言》得到了较为详尽的体现。宣言的"原则十"指出：环境问题最好在所有有关公民在有关一级的参加下加以处理。在国家一级，每个人应有适当的途径获得有关公共机构掌握的环境问题的信息，其中包括关于他们的社区内有害物质和活动的信息，而且每个人应有机会参加决策过程。各国应广泛地提供信息，从而促进和鼓励公众的了解和参与。应提供采用司法和行政程序的有效途径，其中包括赔偿和补救措施。该宣言还广泛地阐述了环境问题社会参与的重要性。其"原则二十至二十三"分别指出：妇女在环境管理和发展中起着极其重要的作用。因此，她们充分参加这项工作对取得持续发展极其重要。应调动全世界青年人的创造性、理想和勇气，形成一种全球的伙伴关系，以便取得持续发展和保证人人有一个更美好的未来。本地人和他们的社团及其他地方社团，由于他们的知识和传统习惯，在环境管理和发展中也起着极其重要的作用。各国应承认并适当地支持他们的特性、文化和利益，并使他们能有效地参加实现持续发展的活动。应保护处在压迫、统治和占领下的人民的环境和自然资源。这几项原则的核心，是保障每一个人对于环境问题的参与权。实现公众在资源环境方面参与权的前提是实行民主。生态治理作为新的社会治理模式，既与传统的政治治理有着共通之处，又增添了新的特色。生态治理的出现提出了变革传统政治治理模式的要求，变革的核心，是扩大民主，建立公民广泛参与基础上的协商民主政治。

鉴于民主决策模式对可持续发展至关重要的作用，西方绿色运动的价值和行为取向上具有较强烈的民主诉求。一些绿党不仅在政治诉求上不同于西方社会的传统政党，而且关注的问题也与前者大相径庭。传统政党关注的是社会的制度安排及相关政策的社会效果，当代西方的绿党则更多地关注社会的制度安排及相关政策对资源环境的影响。绿党对现行生产方式和生活方式的批判表明，他们民主诉求的主要目标，是更有利于环境的保护。将政治制度和进程与资源环境问题联系起来，是绿党显著的特点，也是绿党从主要关注环境本身逐渐转变为关注并介入政治进程的原因所在。他们在政治上提出了一系列要求，例如"消除贫穷、平等主义和市场干预是绿色分子经常标榜的拒绝'旧政治'中的核心性关切"①。值得注意的是，绿党的政治关切和行为已经深刻地影响着当代西方国家的政治进程和社会生活，走入了主流政治，逐渐成为一股显性的政治力量。绿党的基本价值观就是基层民主，这一价值还相应地体现为他们的党内基层参与民主模式。绿党在其建立初期即确立了一种基层参与的民主模式，采用了直接民主、分权、非职业化、官员轮换制、任期制及男女比例制等体制。随着一些绿党从边缘化的在野党发展成为大党联盟执政伙伴，进入政治生活的主流，它们对初期的民主模式作出了一些调整，例如采取了传统政党以代议制民主、集权化、职业化为特征的体制，但其民主的基本诉求仍然具有鲜明的特点。

生态治理是实现可持续发展的保障，也是生态文明的主要实现形式和途径。一些学者认为，生态治理是以协调人与自然关系为直接指向的政治治理，在很大程度上不同于以往政治国家以协调人们社会关系为目标的政治治理，从而对治理的主体、方式和途径等提出了新的要求。在主体上，生态治理是一种多元参与的治理。参与者包括政府、非政府组织、民间组织、公民个人、企业以及其他私人机构等。治理方式上，具有一些新的特征：采用合作互助模式，包括国家与市民社会的合作、政府与非政府组织的合作、公共机构与非公共机构的合作。这些利益主体在追求公共利益的治理过程中，通过协商、交流方式展开良性合作，达成共同的利益认同和行为目标。此外，一些政府和民间组织、人士联手，通过财政、税收、行政等手段推动本国或本地区企业和社会的节能、减排，积极开发再生能源和新能源。正如有论者所指出的，生态治理是一种强调民主管理的治理，是通过善政达到善治的过程，是社会多种成员在平等基础上的互动与互助。可以预见，生态治理将直接推进未来政治文明的发展，成为连接政治文明与生态文明的纽带和桥梁。正如

①　戴维·佩珀：《生态社会主义：从深生态学到社会正义》，山东大学出版社2005年版，第38页。

有学者所指出的，生态治理不仅可以促进决策的合法性，化解人们之间的利益冲突，明确人们在保护资源环境中的责任，还将有效地推进政治民主的发展。通过协商民主，可以建立既能包容冲突又能化解冲突、既能顾及资源环境保护又能体现多数人利益关切的民主设计和制度安排，增强人们的公民意识和责任意识。

实现生态治理的基本路径，是在一系列涉及各方利益的不确定性的问题上进行民主协商。哈贝马斯提出了话语民主理论，认为话语民主是一种以广泛的民主参与解决问题的新机制，实质是协商民主（Deliberative Democracy）。有学者指出，协商民主的核心内容是，在健康的政治共同体中，政府、个人与社会中介组织或者民间组织，将公共利益作为最高诉求，通过多元参与，在对话、沟通、交流中，形成关于公共利益的共识，作出符合大多数人利益的合法的决策。① 协商民主之必要，既在于任何政府都并非全知全能，又在于利益主体往往仅以自身利益为行为准则。

国外的多中心治理制度和协商民主等思路无疑具有他山之石的意义，但同时又应看到，这些做法并未穷尽实现公平制度安排中所有可能的选择，对此还可以作进一步的探讨。我国国情的特殊性以及资源环境问题的特殊性，要求在借鉴的基础上进行制度创新。在宏观机制上，要充分考虑发展的不平衡性和国家的制度追求，例如不仅要平衡个人或群体之间的利益和责任，也要平衡不同发展阶段和水平的各地区间的利益和责任。在微观机制上，要充分借鉴我们以往一些行之有效的模式和方法，在资源环境决策方面建构适合国情的广泛的民主参与协商和监督体制，使公平真正成为人们自觉的内在要求，成为所有个人和利益主体自愿或必须遵循的制度安排。

生态文明是人改造自然过程中为实现人与自然和谐取得的成果，生态文明在政治上的特点在于，它以公共利益乃至全人类的共同利益为最高诉求。丹尼尔·贝尔指出："传统的自由主义将平等定义为在法律面前的平等，它以在法律的规章与人的惯例之间的区别为基础。"② 这是

---

① 《新华文摘》2008 年第 2 期，第 118 页。
② 丹尼尔·贝尔：《资本主义文化矛盾》，商务印书馆 1989 年版，第 321 页。

当代西方对正义和平等的主流的理解之一，这种理解对于公平的实现当然是有意义的，但并非实现公平的治本之道。可持续发展最根本的政治哲学启示在于，要真正实现人与自然和人与人的和谐相处、协调发展，就必须从根本上消除人们之间利益的分离和对立，这是所有政治过程和制度安排最本质的要求。正如马克思主义所指出的："随着阶级差别的消灭，一切由这些差别产生的社会的和政治的不平等也自行消失。"①这是未来社会的理想，也是彻底摆脱可持续发展政治困境的根本途径。由此不难看到，西方绿色运动特别是生态社会主义自觉地继承了马克思主义的理论遗产。由此也不难理解，在实现可持续发展过程中，政治文明与生态文明是相互促进的，政治文明是生态文明的必然要求，生态文明又将推进政治文明的建设。

三、可持续发展与社会和谐

关于和谐社会的讨论表明，社会和谐的内涵是多方面的，包括人与自然的和谐、人与人的和谐、人的身心和谐以及人的内心和谐等。人与人和谐及人与自然和谐虽然分属于不同的领域，却又相互关联和影响。可持续发展要求人与自然和谐相处、协调发展，也要求人与人之间的社会和谐，追求两种和谐的统一并相互促进。可持续发展将资源环境因素纳入社会发展领域，拓展了对社会发展内涵的理解，揭示了自然因素与社会发展的内在关联：一是确认了资源环境作为社会进步基础的地位；二是明确了当代社会发展应当包含自然持续发展的目标在其中；三是凸显了人与自然关系合理化要求及其必将促进人与人之间社会关系合理化的作用。在可持续发展理念的观照下，人与自然和谐及人与人和谐的双向互动格局正趋形成。

社会和谐直接制约着人与自然的和谐，制约着可持续发展实现的程度。

和谐首先是一个社会的范畴。在中国传统文化中，"和"表示协调不同的人和事并使之达到均衡，表示多元、异质事物的协调及对立的消解。和谐是中国传统文化及其价值的核心追求。《尚书·尧典》即有

---

① 《马克思恩格斯选集》第 3 卷，人民出版社 1995 年版，第 311 页。

"百姓昭明，协和万邦"一语。《论语·子路》更进一步提出："君子和而不同，小人同而不和。"《中庸》继承了这一思想，认为："致中和，天地位焉，万物育焉。"这里的"中和"即含有和谐之意，乃是一种内外协调、上下有序的状态。"和"或"和谐"从人与人之间的关系推演至整个社会生活，就形成了社会和谐或和谐社会的理想。可以说，从老子的"小国寡民"、孔子的"礼之用，和为贵"，到康有为的《大同书》和孙中山的"天下为公"理想，都在一定程度上体现了对社会和谐的理想追求。在西方哲学史上，古希腊哲学家毕达哥拉斯提出了和谐概念，认为作为万物本原的"数"之间皆存在一定的关系和比例，这些关系和比例形成了和谐。赫拉克利特则指出："互相排斥的东西结合在一起，不同的音调造成最美的和谐。"[①] 苏格拉底和柏拉图开始将和谐观念推至社会，柏拉图向往并试图建立的"理想国"，就是一个等级分明、上下有序的"和谐"的社会，虽然这里的"和谐"仅仅是就统治阶级而言的。亚里士多德则提出，一个国家的政权应该由中等阶层来掌握，这样就能够很好地协调贫富两个阶层的利益，避免矛盾和冲突，从而实现社会的稳定与和谐。在近代西方，法国的空想社会主义者傅立叶提出了"社会和谐"理念。他认为，既然在自然体系内存在着和谐的秩序，那么在社会体系内也同样应当有和谐的秩序，为此，必须彻底消除资本主义的残酷和不公，构建工业与农业、家务与教育、生产与消费相统一的社会联合体，在社会利益与个人利益一致的基础上，实现社会各阶级的融合。

马克思恩格斯在批判继承前人思想的基础上，提出了未来社会"自由人的联合体"的理想。在这个社会里，任何人都没有特殊的活动范围，而是都可以在任何部门内发展，社会调节着整个生产，因而使人们有可能随自己的兴趣自由地活动和创造，干自己想干的事情。这个联合体不同于以往政治国家，是真正意义上的由人们自觉、自愿组成的社会。"自由人的联合体"表达了一种对理想社会的价值追求，也反映了社会发展的必然走向。作为价值追求，在"自由人的联合体"中人们

---

① 北京大学哲学系外国哲学史教研室：《古希腊罗马哲学》，商务印书馆1961年版，第19页。

是自由而全面发展的，当然也是和谐相处的，因为和谐是社会关系合理化的必然状态，而社会关系合理化同生产力高度发展等是"自由人的联合体"的基础。众所周知，马克思设想的理想社会的前提是"社会调节着整个生产"，而社会调节着整个生产，除了要有高度发达的经济和文化，要求生活资料丰富到各取所需的状态以至于人们再也不必为生计奔波，人的活动再也不为物质条件所限，还要求生产关系在内的所有社会关系的合理化。只有生产资料公有和所有社会关系合理化，人们之间才再也无须为占有财富而博弈和争斗，才会有所有人在社会生活中的和谐相处。由此可见，未来以"自由人的联合体"为名的理想社会，当然具有社会和谐的根本特征。还应看到，马克思主义认为，从阶级社会到"自由人的联合体"是一个长期的过程，不可能一蹴而就，与之相关，社会和谐不是一种恒定的状态，而只能是一个循序渐进的过程，是社会愈趋更为和谐的过程。

更值得注意的是，马克思不仅关注社会和谐，也曾提及人与自然的和谐以及两种和谐的统一。《1844年经济学哲学手稿》中有一段颇有意味的表述："共产主义，作为完成了的自然主义＝人道主义，而作为完成了的人道主义＝自然主义，它是人和自然界之间、人和人之间的矛盾的真正解决，是存在和本质、对象化和自我确证、自由和必然、个体和类之间的斗争的真正解决。"① 这段话实际上包含着两种和谐统一的思想萌芽。"人道主义"的表述或许是不成熟的，但其含义无疑是指下文的"人和人之间的矛盾的真正解决"，即社会的和谐。"自然主义"则是指"人和自然界之间矛盾的真正解决"。从此前的"自然界，就它自身不是人的身体而言，是人的无机的身体。人靠自然界生活"② 一说可见，人与自然矛盾的解决就是人与自然的和谐共存。而将"自然主义"与"人道主义"相等同，表明马克思认为人与自然界的矛盾和人与人之间的矛盾的解决是一个互动的、统一的过程，二者互为前提和条件。在《德意志意识形态》中，马克思恩格斯指出，无论是物质资料的生产还是他人生命的生产（生育）即表现为双重关系：一方面是自然关

---

① 马克思：《1844年经济学哲学手稿》，人民出版社2000年版，第81页。
② 马克思：《1844年经济学哲学手稿》，人民出版社2000年版，第56页。

系，另一方面是社会关系。通常在讨论社会关系对生产的影响时，主要强调生产关系对生产力发展的反作用，这固然是有根据的，但显然并不是问题的全部。可持续发展拓展了对马克思恩格斯上述论断的理解：生产表现为社会关系，还在于社会关系决定着资源环境的合理分配及其利用。上述引证表明，强调人与人的关系制约着人与自然的关系，是唯物史观的一贯思想，同时，我们也不难在这些思想中解读或引申出两种和谐统一之意。

社会和谐与人与自然的和谐是密切相关、相互制约的，实现两种和谐的良性互动是可持续发展的基本要求，也是可持续发展的必然结果。

人与自然的和谐深刻地影响着社会和谐，是社会和谐发展的条件。

广义的社会和谐即和谐社会，必然意味着人与人和谐以及人与自然和谐的统一。正是基于这一要求，作为一种社会发展基本模式的可持续发展，理应追求在人与自然和谐的基础上实现社会和谐。人与自然的和谐不仅是人生存发展的条件，而且直接关系到人与人的和谐。从人类生存的角度看，资源稀缺和环境紧张必然导致人与人之间的利益博弈和争斗，引起战乱、饥荒和贫困，危及人与人之间的社会和谐。历史地看，几乎在任何时代，导致人与人之间激烈争斗的基本因素都是资源的短缺或与之相关。随着生产和生活水平的提高，人类对资源环境的依赖性进一步加强，这一问题也就表现得尤为明显。虽然对当代社会的竞争乃至战争有"文明冲突论"等解释，但多数研究者都认定，现实中利益集团和国家之间的博弈，包括经济上的竞争、政治上的争斗直至军事冲突等，根本上都是由资源环境短缺引起的，是围绕经济利益进行的。

以往在对社会发展条件的理解中，存在着轻视自然环境要素的倾向，虽然也承认自然环境是社会存在和发展的基础，但只是将其作为一种预设性的前提条件，而未能充分揭示它对社会发展趋势、速度、结果的内在约束性和影响力。例如在对地理环境决定论的评价中，就存在着对自然因素在社会发展中作用评价过低的缺陷。从唯物史观的立场看，生产力是社会发展的决定力量，这无疑是正确的。但是，在生产力的诸要素中，劳动对象绝不仅仅是某种先在于人的、既有的、一成不变的因素，更不是完全被动的因素。自然因素对社会发展的作用经历了一个由弱至强的转变过程。在生产力水平低下、人类需求非常有限、资源环境十分宽松的条件下，就有限的社会领域（一定的国家或地区）而言，劳动对象（自然环境）作为可以给定的因素，对社会发展的制约和影响是很有限的，这时在社会发展中起决定作用的往往是其他的因素，如生产工具、人们的能力和社会制度等。在资源环境愈趋紧缺的情形下，就整个人类而言，资源环境就将转化为制约社会发展乃至人类存续的刚性约束条件，成为社会发展的决定性因素。更重要的是，由于稀缺，资源环境本身就与其他产品一样，成了有限量的生活资料，对它的占有决定着人们的物质和精神生活质量。

"生态伦理学断言，自然资源的循环利用不仅是维护人类子孙后代利益的道德要求，也是人们按生态原则生活所必须遵循的准则。因为人类是整个环境结构的一部分，必须依靠环境才能生存。环境规范人类行为及其活动界限，剥夺必将导致毁灭。因此，环境伦理不只是关于环境的伦理，而是环境为我们所制定的伦理。"① "环境为我们所制定的伦理"是一种非常贴切的说法，这一说法表明，环境（自然）的持续发展规范并约束着人们的观念和行为，深刻地影响到人与人之间社会关系的状况。

当代各种社会问题的凸显表明，资源环境问题已成为制约社会和谐的重要因素。综观当代各种社会矛盾和冲突的产生，资源环境因素难辞其咎。从社会内部看，随着资源短缺和环境污染的加重，环境资源享用的不平等正在成为社会矛盾的焦点，资源与环境享用方面的不公平，加重了人们之间的贫富差别，成为影响社会稳定的重要因素。例如一些地区官商勾结乱占耕地，剥夺了农民赖以生存的资源；又如一些企业大量排放废气废水，严重恶化了周围居民的生存环境，侵犯了他们健康生活的权利。就国家之间而言，当今国际上的许多纷争，往往与资源环境的分配、开发和利用直接相关。环境安全已经成为国际安全的重要组成部分。环境安全主要表现在四个方面：一是资源短缺造成社会冲突与不稳定，二是环境恶化威胁人类生存从而引起社会动乱，三是跨国界污染和危害转移引起国际纠纷和冲突，四是经济、科技发展和国际间人员、物资交流带来疾病或其他威胁。在当代社会各种问题形成的过程中，对资

---

① 卡洛林·麦茜特：《自然之死》，吉林人民出版社1999年版，第107页。

源环境的争夺和破坏已经成为主要原因之一。以第一点为例，一些国际争端乃至战争，虽然有文化、宗教、意识形态等方面的原因，但追根究底，最深层次的原因还是经济利益，尤其是资源环境的争夺。例如发达国家和发展中国家在石油等矿产资源的分配上就矛盾重重，海湾战争等国际争端虽然打着反对恐怖主义、保障人权等正义的旗号，但实乃由此而引发。中东地区旷日持久的战争，固然涉及宗教、领土等问题，但水资源的争夺无疑是主要原因之一。此外，一些贫穷国家和地区所发生的人道主义危机，也与环境恶化或由此引发的社会动乱相关。由此可见，在当今，对社会发展水平、成效和代价的认定已离不开资源环境因素的考量，不实现可持续发展，不从根本上缓解人与自然的矛盾，就不可能真正有社会的和谐，更谈不上建设民主法制、公平正义、诚信友好、充满活力、安定有序的和谐社会及和谐世界。

人与人之间的社会和谐深刻地影响着人与自然的和谐。

无论在理论上还是实践中，人与自然的和谐与人与人的和谐可以也应当是相互促进的。由于和谐与否根本上取决于人而非自然，所以在两种和谐中，作为逻辑和现实起点的，显然是人与人的和谐即社会和谐。历史追溯表明，两种和谐的内在关联并非从来就存在，而是人类发展到一定阶段的产物。自人类进入阶级社会开始，社会不和谐就已经出现且不断加深，但由于自然经济条件下资源的相对充足（相对于当时有限的人口以及有限的需求和低下的生产能力），人们之间社会领域的争夺并未大规模地殃及自然，导致资源环境危机。也就是说，社会不和谐虽然古已有之，但在相当长的时期中并未影响到人与自然的关系，那时的人与自然不和谐，主要表现为自然力对人的支配。社会不和谐对人与自然关系的制约是从近代才开始的，始于大工业的出现以及市场经济的确立。人类能力的提升和利益竞争的激烈化，是近现代以来人们的社会关系危及人与自然关系的根源。

自近代出现了机器化大工业和市场经济体制后，环境资源问题日渐严重并趋于普遍化，最终演变成危及人类生存发展的重大的问题。一方面，工业化提升了人改变自然的能力，也相应地放大了人类改造自然的负面效应。另一方面，资本主义市场化打破了自给自足的生产模式，造就了为了交换而生产的模式。在这一模式中，生产不是为满足自己的直接需要，而是为换取货币及资本增值，资本的本性是利润增值，而资本增值有具有永无止境的特征，由此，生产规模日益扩大，一些利益主体总是企图以最小的代价获取最大的利益，无止境地竞争和博弈。为了战胜对手必须利益最大化，为了利益最大化就不可能兼顾资源与环境。更有甚者，往往置自然持续发展、永续利用的要求于不顾，不惜牺牲他人乃至人类的利益，滥用资源并污染环境。可以认为，市场经济以及社会关系的异化、人与人之间利益的对立，引起了人们之间前所未有的利益追逐，使人对自然的改造变得更为迅速也更加无序。一定意义上说，市场化取向是造成人与自然不和谐最深层的原因。因此，限制市场经济的自发倾向，化解人们之间的利益冲突，构建和谐的社会关系，是缓解人与自然矛盾、确立人与自然和谐关系的前提。

我国 21 世纪以来确立的科学发展观，主张走人与自然和谐共处的道路，包含着人与自然及人与人和谐的要求，体现着两种和谐追求的统一，是对传统发展观和发展模式的积极扬弃。科学发展观的确立具有鲜明的针对性，意在纠正长期以来奉行的以经济利益为唯一诉求的传统发展模式。传统发展模式由于对发展的理解片面化、单一化，将社会发展目标仅仅限定于经济增长，以 GDP 作为所有社会活动的终极追求，作为衡量社会活动成效的唯一尺度，不仅导致了社会发展的不平衡，引发了一系列深层次的社会矛盾，也导致了人与自然关系的日趋紧张，引起了资源短缺以及严重的环境、生态灾难。从人与自然的关系看，单向度的发展观是不可持续的，它既造成了社会的不和谐，也破坏了人与自然的和谐，这两种不和谐必然互为因果，恶性循环。GDP 至上、单纯追求经济的增长，必然驱使人们在行为上只顾及效益和利益，而不顾及其他；只顾及眼前，而不顾及长远。因为对利益和行为主体来说，如果完全不考虑社会效益、他人（包括后代）利益和道德规范等，滥用资源和污染环境往往是最经济、最有效益的做法，最能达到利益的最大化。

科学发展观主张全面、协调和可持续发展，正是对此类单纯强调经济增长的非科学的、单向度的发展观的根本性纠偏和矫正，是对人与人及人与自然关系的根本性调整。人与自然的和谐及人与人和谐相处，是人类期望的良性生存状态，也是人的发展要求和以人为本原则的体现。值得欣慰的是，在当今，可持续发展在促进社会和谐中的作用已逐渐成为人们的共识。近两年来，一些西方国家开始采用"绿色核算体系"代替传统的国民经济核算体系，将自然资源的损耗和环境保护成本计入在核算体系中，以反映社会发展的成效。在我国，一些学者确定的有关衡量社会和谐的指标中，以及在一些和谐指数的研究中，已经充分考虑到资源环境因素，并给予了较大的权重。随着可持续发展理念普及和科学发展观的确立，我国在构建和谐社会的背景中提出了建设生态文明、建设资源节约型和环境友好型社会的目标。这无疑是在基本政策的层面确认了可持续发展与社会和谐的内在关联，将对我国未来的社会发展产生长远的积极影响。

第十一章　环境制约与人的改变

　　可持续发展应与人的发展相统一，但这种统一只能在克服矛盾的过程中实现。就其现实性而言，两种"发展"具有对立的一面，因为资源环境是有限的而人的需要和发展要求则是无限的。资源环境的有限性决定了克服两种发展矛盾唯一可行的途径，是改变人自身，只有重建人的生存态度，合理定位人的需要，选择健康科学的绿色生活方式，才能达致可持续发展与人的发展的统一。

一、人的发展的环境约束

　　传统的发展观所以无条件地强调经济发展和物质财富的增长，除了需要和利益的驱动之外，还基于一种理想的假设：自然界的物质资源是无限的。基于这种假设，似乎只要人类的能力不断提升，随着人对自然改造的范围不断扩大和程度不断加深，必然会带来社会的更加繁荣和人们生活条件的持续改善。也就是说，人对自然的改造的范围和程度仅仅取决于他们的需要和能力，而不必考虑自然本身的承受性。可持续发展观直截了当地否定了这一假设，指明了资源环境的有限性，揭示了人类活动对自然不可挽回的负面影响，提出了改变既有社会发展模式的要求。对资源环境有限性的认识，无疑是促使社会发展观转变的至关重要甚至决定性的因素。

资源环境因素决定了人的发展是有限性与无限性的统一。人的发展是无限的。由于需要的超越性，由于知识增长、能力提升的趋势，由于长期以来形成的根深蒂固的进步信念，人类永远不会停止于某一状态，人们对美好生活的追求、对世界和自身的探索和改造是一个没有止境的过程。人的发展又是有限的，其一，正如通常所理解的，每一代人的发展，他们的生产和生活都要受到有限的客观条件的限制；其二，人生存发展的状况还要受到价值取向、道德规范以及其他社会因素和自然后果的制约；其三，从外在条件上看，整个人类所赖以生存的自然资源和环境是有边际的。由于资源环境有限性以及其他因素的制约，并非人的一切欲望都应该无限制地发展或膨胀，并非人的一切需要都应该去满足，他们的生产和生活应当有所为而又有所不为，也就是说，人类对自己需要的内容必须有所取舍，对自己的发展方向必须有所选择。

可持续发展理念是人对自身与自然关系的新认识，是人对自然态度新的超越和新的表达，它在根本上颠覆了对人与自然关系的传统理解，颠覆了以往人们视野中的自然图景。宇宙浩瀚，无边无际，自然资源取之不竭、用之不尽，这是近代以来人类对自然的一种基本印象，也是人们从事改造自然活动时未曾质疑过的潜在观念。正是基于这一理解以及其他原因，人们在改造自然的过程中很少考虑自然的承受力和支撑力，以至于超出了一定的限度，遭到了自然的报复。

当资源环境危机迫使人们重新审视他们与自然的关系时，得出的最重要的结论，就是自然界的有限性：资源的总量和环境的承受能力都是有限的。在上述认识形成的过程中，罗马俱乐部报告《增长的极限》是一个拐点，起到了至关重要的作用。该报告在缜密分析的基础上严峻地指出，涉及可持续发展的诸因素如粮食生产、资源消耗以及污染的产生等，之所以难以权衡，"都是由一个简单的事实引起的——地球是有限的，任何人类活动越是接近地球支撑这种活动的能力限度，对于不能同时兼顾的因素的权衡就要求变得更加明显和不可能解决。当没有利用的可耕地很多时，就可以有更多的人，每个人也可以有更多的粮食。当所有土地都已利用，在更多的人或每人更多的粮食之间权衡就成为绝对的选择。"①

该报告通过对世界人口增长、粮食生产、工业发展、资源消耗和环境污染等因素及其相互关系的分析，得出了在现有系统没有重大变化的假定下，人口和工业的增长最迟在下一个世纪内一定会停止的"悲观主义结论"。报告发表后，引起了轩然大波，受到了许多批评和责难，以至于罗马俱乐部的第二和第三个报告相继对原有观点作出了修正。但是，应该看到，虽然结论过于悲观，报告的意义和价值主要还是正面的。该报告以及《生存行动计划》、《小的是美好的》等论著无可置疑地确立了如下观点："呈几何速率膨胀的经济发展，正消耗着更多的能源、土地、矿产和水资源，最终必然会超过地球所能承受的极限。"②这些论著直面严峻的现实处境，确立了增长"极限"的理念，直截了当地指明了资源的有限性是人类发展不可超越的边际和约束条件，增强了人们对资源环境的忧患意识，使人们"对人类面临的危机的真正规模，以及在今后几十年中可能要达到的严重程度，有一个清楚的认识"③。

"地球是有限的"这一当今正在成为常识的命题，对于确立可持续发展战略而言，其意义怎样估计也不过分。地球是有限的：土地资源是有限的，矿产资源是有限的，水资源是有限，环境的承受力是有限的……诸如此类的分析已不胜枚举。我们生活在地球上，我们不可能再造一个地球，也不可能超越地球而谋求新的居所或资源，至少在可以预见的将来仍将是如此。

欧洲的天文学家 2007 年 4 月 24 日的一份报告说，在太阳系以外，首次发现了一颗与地球最为相似的"宜居"行星。这颗新发现的行星围绕着名为 Glises 581 的红矮星运行，故定名为 Glises 581 C。有科学家指出，该行星不仅有岩石内核，也有水，该行星表面平均温度在 0 摄氏度至 40 摄氏度之间，且与恒星之间的距离又处于能够让水以液态存在的范围之内。种种迹象表明，这很可能是一颗适宜人类居住的行星。但

---

① 丹尼斯·米都斯：《增长的极限》，吉林人民出版社 1997 年版，第 56 页。
② 唐纳德·沃斯特：《自然的经济体系》，商务印书馆 1999 年版，第 409 页。
③ 丹尼斯·米都斯：《增长的极限》，吉林人民出版社 1997 年版，第 146 页。

就在天文学界兴奋不已之时，美国天文学会新闻发言人史蒂夫·马兰斯坦诚地告诉记者：我们不知道如何能在一个人的有生之年抵达那些地方。这就意味着，即使该星球上具有人类生存的环境，在可以预见的将来也不可能真正成为人类又一"宜居"之地，进一步说，即使该星球上具有人类可资利用的资源，人类也不可能现实地加以利用。这一个案表明，"只有一个地球"绝不仅是一种诗意的表达，而是一个严酷的事实。"只有一个地球"，在可以预见的将来，地球这颗蔚蓝色的小星球仍然是人类唯一能够生存繁衍的家园，是人类独一无二的、不可替代的摇篮，即便上述"宜居"行星得到证实抑或发现了更多同类的行星，也决然不会改变这一事实。这一现实表明，人类的生存领域具有清晰的边界，他们所能利用的资源在空间上和质量上都是极为有限的。

面对有限的资源环境，人类要想继续生存并发展，就必须从改变自身寻找出路，特别是限制人口的增长并改变传统的生产和生活方式。

资源环境的有限性的影响是与人口的数量及增长速度密切相关的。以往人们之所以缺乏资源环境意识，除了对自然状况的了解缺乏以及改造自然能力极为有限等原因之外，还由于人口的相对稀少。历史上由于饥饿、贫困、疾病特别是瘟疫流行、战争频仍等原因，人口发展一直呈上下波动、增长缓慢的态势。近代以前，世界范围的人口增长经历了一个漫长的过程。在史前、古代和中世纪时期，由于上述原因，人口增长速度极低。以当今人口第一大国的中国为例，直到二百多年前，总人口数才达到一亿。虽然生活资料匮乏，大多数人长期食不果腹、衣不蔽体，但由于人口相对稀少，人们从未自觉意识到资源和环境的有限性。或者说，长期以来的物质匮乏主要不是由于资源环境因素造成的，而是由于生产力水平低下，人们不能创造出足够的物质财富。

近代以来，随着生活条件的改善以及经济社会发展对劳动力需求的刺激，欧美资本主义国家人口增长速度加快。第二次世界大战以后，世界人口增长速度空前提高，其中发展中国家的人口增长尤为迅速。根据世界卫生组织的报告，按每年16‰的增长率计算，世界人口大约每30年翻一番。人口的加速度膨胀已成为世界最严重问题之一，不仅造成了物质资料生产和人的生产的严重失调，引发了就业形势严峻等一系列社会问题，制约着社会发展和人们生活质量的提高，而且已成为资源和环境危机的主要原因之一。"1968 年，在《寂静的春天》问世 6 年后，加利福尼亚的生物学家保罗·埃利希指出，他还听到了另一个定时炸弹的滴答声，混乱无序与群体死亡已准备就绪：'人口爆炸'。当时的人口已突破 30 亿，而且全世界正以平均每年 2% 以上的速度在增长，在很多贫穷国家里的增长速度达到 3% 甚至更高。……托马斯·马尔萨斯的幽灵再次显现，警告人们人口数量和人口消费正接近极限，……丰富发达的工业文明作为一个整体可能正走向衰竭。"① "定时炸弹"一说及其结论绝非危言耸听，而是深度的忧患和睿智的提醒，在人口已经突破 60 亿的当今，人口规模急速膨胀将使资源短缺和环境退化问题更为严重。

　　人口膨胀问题在我国尤为突出。几乎与世界同步，我国的人口也在近代以来步入了高速增长期，近几十年来，由于决策失误造成的人口基数过大，亦由于生存环境的相对稳定以及衣食、医疗等生活条件的改善，虽然采取了许多有效的措施，我国的人口增长趋势尚未得到有效的控制，人口的压力愈益增大。《中国 21 世纪议程》指出：中国是一个拥有 11 亿多人口的发展中国家，庞大的人口基数和持续增长态势在一个相当长时期内难以改变，因而将长期面临人口、资源、环境与经济发展的巨大压力和尖锐矛盾。不仅如此，中国还面临来自全球环境问题的威胁。在规划和决策各个方面，应充分考虑人口因素，妥善处理人口、资源、环境和发展之间的相互关系。为社会主义现代化建设提供一个相应的较为宽松的人口条件，是实现社会、经济可持续发展的一个重要方面。众所周知，《中国 21 世纪议程》制定以来的十几年间，我国的人口又增长了两亿以上，《中国 21 世纪议程》中"拥有 11 亿多人口"的表述早已成为"过去时"。正如人们所意识到的，在中国，一个很小的问题，乘以 13 亿，都会变成一个大问题，同样的道理，一个很大的总量，除以 13 亿，都会变成一个小的数目。资源环境问题就是典型的一例。以往我们曾有"地大物博"一说，从总量上看有一定道理，但从均量上看却正好相反：人均资源拥有量和环境占有量都处于世界后列。

　　人口问题是实现可持续发展最为重要的约束性因素。马克思主义创

_____

① 唐纳德·沃斯特：《自然的经济体系》，商务印书馆 1999 年版，第 409 页。

始人曾对人口与社会发展的关系有过深刻的论述，他们提出的两种生产理论，对于理解人口与可持续发展的关系具有启示意义。在《德意志意识形态》中，他们指出了两种生产的联系，在《家庭、私有制和国家的起源》第一版序言中，恩格斯又进一步指出："根据唯物主义观点，历史中的决定性因素，归根结底是直接生活的生产和再生产。但是，生本身又有两种。一方面是生活资料即食物、衣服、住房以及为此所必需的工具的生产；另一方面是人自身的生产，即种的繁衍。一定历史时代和一定地区内的人们生活于其下的社会制度，受着两种生产的制约：一方面受劳动的发展阶段的制约，另一方面受家庭的发展阶段的制约。"① 两种生产理论的核心，是物质资料的生产和人口的生产相互关联。两种生产必须协调发展，这是马克思社会历史观的一项重要内容，根据这一观点：人口增长是社会发展的前提，人口增长应与物质资料生产相适应。

随着社会条件的变化，人口与社会发展的适应或协调主要有两种情况，一种情况是在社会现代化进程的一定时期，例如初期，人口增长对社会进步具有积极的促进作用。《共产党宣言》在论及资产阶级革命作用时，曾将"仿佛用法术从地下呼唤出来的大量人口"列入其中。在这种条件下，人口增长会促进社会的发展。另一种情况是在人口急剧膨胀、人口与资源环境关系趋于紧张的情况下，人口的增长对社会进步具有消极的阻碍作用。当今社会人口增长的作用显然属于后一种情况。《增长的极限》一书曾专门讨论人口问题，认为人口增长是所有资源环境问题的初始原因或背景因素之一，这一问题不解决，发展就不可能持续。合理地限制人口的数量而提升其质量已成为当今国际社会的共识。然而问题的解决却步履维艰，因为作为人口膨胀原因的贫穷、无知以及为争夺利益而展开的资源环境博弈等因素还远未消除。

限制人口无序增长是缓解人与自然矛盾的必由之路，同时又是一个非常复杂的问题。一方面，限制人口增长可能带来一些新的社会问题，如社会老龄化加速、性别失调等，需要认真地应对。另一方面，人口问题既是一个世界性的问题，又是一个国家、地区甚至民族的问题。人口

① 《马克思恩格斯选集》第4卷，人民出版社1995年版，第2页。

问题是一个世界性问题，因为所有人都生存在同一个地球上，每一个国家或地区人口的增长都会给整个地球带来新的负担；人口问题是一个国家、地区甚至民族的问题，是因为控制人口增长有赖于各个国家、地区和民族人们共同的行动。由于经济社会发展的差距以及历史文化和风俗的差异，不仅各个国家、地区和民族间人口发展的状况极不平衡，它们对待人口问题的态度也大相径庭。在当今，由于种种原因，发达国家和地区人口增长已得到有效控制，有的国家和地区还呈现了负增长的态势；反之，许多发展中国家和地区则问题依旧，甚至更趋严重。我国将计划生育作为基本国策以来，在控制人口增长上取得了显著成效，但由于基数太大，人口增长的总趋势仍未得到扭转，人口因素给社会和资源环境造成的压力尚未能得到根本缓解，控制人口增长的任务依然严峻，任重道远。基于可持续发展要求，在可以预见的将来，我们仍应坚持计划生育的基本国策。

就整个人类而言，自然资源的有限性和人口无限制的增长，是人的发展有限性与无限性矛盾的根源，因而解决或缓解矛盾的出路是合理地限制人口增长，就每一个人或群体甚至每一代人而言，资源环境的有限性和人的发展无限性的矛盾则是源于人们不合理的生产和消费方式。因此，必须双管齐下，在合理控制人口增长的同时改变现有的生产和生活方式。虽然资源和环境是有限的，但是如果能够有效地限制人口并改变现有的生产和生活方式，人类未来的前景依然是光明的，基于此，我们对人类的发展持一种乐观主义的态度。这种乐观主义并非简单地拒斥、否定悲观主义，而是将其作为一种永恒的警示。一定意义上说，这种乐观主义是以悲观主义的存在为前提的，将其纳入自身，转化为忧患意识。没有忧患意识的乐观主义是盲目的，其结果必将走向自己的反面，在可持续发展问题上尤其如此。

人类基于对未来的担忧和责任，才有了可持续发展的理论与实践。"可持续发展思想的实质是：通过人类行为的彻底改变，建立一个人与自然环境相协调的、在地球上具有合适性和正当性的、能够永久存在的人类社会。"[①] 因此，就主观上而言，环境和资源的有限性决定了解决

---

① 叶文虎：《可持续发展引论》，高等教育出版社 2001 年版，第 113 页。

问题的关键在于改变人自身，人们的生存态度、价值观念、需要定位和生活方式，要求开启人的生存发展的新路向。

二、生存态度的重建

为超越资源环境有限性的困局，与控制人口增长同样重要的是改变现有的生产和生活方式。"随着自然资源和能源供应在未来的减少，在所有的方面检查新的替代成为必要，只有这样，通过适应性的新的社会模式，环境的质量才能保持。消解中心主义，有机化的非等级形式，废物回收，包括着更少污染的'软'技术的简单生活风格，以及劳动密集型而非资本密集型的经济方法，是仅有的开始接受检验的可能性。共同体中能源和资源的未来分布，应该建立在人类和自然生态系统的整合之上。这类优先权的调整可能是关键的，如果人类和自然想继续存在的话。"① 人类不仅想继续存在，还要进一步发展，当我们自知无力改变资源环境有限的状况时，唯一的出路就是改变们自身，改变既有的生存观念和生活追求，从追求占有物质资料的数量转向追求生活的质量，特别是追求精神生活的丰富及其质量的提升。人的自我改变和超越，最基本的一点是重建生存态度。

从主体的方面看，资源环境危机最本质的原因在于人类生存态度存在缺陷，因而重建生存态度应是解决问题的起点。"在人类历史上的这个短暂时刻，人类拥有综合这世界曾经知道的知识、工具和资源的力量，有创造一个世代相传、完全新型的人类社会必需的一切物质条件。但缺少两个引导人类走向均衡社会的因素：一个是现实主义的长远目标，另一个是要达到这个目标的人类意志。没有这样一个目标，并对这个目标承担义务，短期的关切会引起指数增长，以至推动这个世界系统走向地球的极限和最终的崩溃。有了这个目标并承担义务，人类从现在就会准备好开始有控制地、有秩序地从增长过渡到全球均衡。"② 实现可持续发展应当有坚定的信念和明确的目标，这种坚定的信念和意志，既表现在人们必须坚决地行动起来，持之以恒地保护自然，更表现在人

---

① 卡洛林·麦茜特：《自然之死》，吉林人民出版社1999年版，第327页。
② 丹尼斯·米都斯：《增长的极限》，吉林人民出版社1997年版，第142页。

们必须痛下决心改变他们自身，首先是重建他们的生存态度。

生存态度即人们对生存意义的理解。所涉及的内容包括：人为什么活着？生存的意义是什么？应当如何生活？什么是幸福？理想的生活状态应当怎样？怎样理解和处理个人与他人、社会以及人与自然的关系？等等。生存态度是人的自我认识和理解，是人对自己与他物关系的根本看法，表现为他们的利益观、幸福观、金钱观、消费观，体现着人对生活的理解、期望和追求，决定着人的生活态度极其行为，尤其是他们的需要定位及生活方式，从而间接却又是根本地影响着人与自然的关系。

对生存的意义的理解是一个古老而常新的问题。早在古希腊时期，苏格拉底就认为不加思考的生活等于徒费时光。他主张"美德即知识"，认识的中心任务是"照顾自己的心灵"，只有以正确的心灵指导，人才会具有勇敢、节制等优良品德。从那时开始，历代哲人一直在孜孜不倦地追寻着生存的意义和价值，构想着可能的、应然的、理想的生活。在不同时代，基于不同的条件，人们对生存意义的理解是不同的。亚里士多德特别强调精神生活的意义，他认为："善的事物已被分为三类：一些被称为外在的善，另外的被称为灵魂的善和身体的善。在这三类善事物中，我们说，灵魂的善是最恰当意义上的、最真实的善。"①古希腊晚期，伊壁鸠鲁提出了幸福论，主张人生应当快乐和幸福，追求快乐和幸福是人生的最高目的。以斯多葛学派为代表的禁欲主义反对追求幸福，认为命运决定一切，愿意的人，命运领着走，不愿意的人，命运拖着走。在欧洲中世纪，宗教神学在意识形态和社会心理领域独占统治地位。基督教神学认为，上帝是万物的创造者，人性是神性的分有；人类始有原罪，必须受苦受难以赎罪；人越是否定自己，就越是皈依上帝；人只有否定现实生活的幸福，做上帝的仆人，才能获得来世的永恒幸福。人生的意义被定位于对神的皈依。

文艺复兴时期及此后，人自身独立的生存价值得到了重新肯定。哲人们对人性、人的价值、人生的意义等问题展开了探讨。一些人基于人的群体性、人追求生命永恒的心理趋向以及人的思维的普遍化取向等因素，试图从某种普遍的事物中寻找人生存的意义，将生存的价值定位于

---

① 亚里士多德：《尼各马可伦理学》，商务印书馆2003年版，第21—22页。

某种普遍的、永恒的事物中，或是定位于民族、国家、阶级，从某些普遍性的根据中如人道、人性、理性等说明人生的价值和意义，似乎这样做提高了人的生存的价值。这种将个人与普遍和永恒因素联系起来的做法固然增强了人生存的信心，但却并未一劳永逸地解决问题。另一些人特别是 19 世纪以来的现代人本主义者，否定人的普遍本质和价值，开启了从个人存在本身证明人自身价值的的路向，从根基上动摇甚至颠覆了传统的人性论哲学，提出了重建人的价值和重塑生存意义的课题。综上两种路径，对人的价值和人生意义既可以从普遍性的因素中寻找，更应该从人自身的生存中去确定。

思考人生的意义，是人生存的特点，也是人根本上相异于其他动物之所在。对生存意义的定位，决定着一个人的理想信念，决定着他的价值取向，决定着他如何理解与社会和他人关系，决定着他能力发挥的方向，决定着他的需要的定位和生活方式，而这一切，既影响着他对生活的感受和生活质量，影响着他在社会中的作用，又影响着他的需要定位和生活方式。

虽然从总趋势上说人的发展是永无止境的，但从实现上看人的发展又是有限的。面对有限生涯以及资源环境等外部条件的制约，人必须对自己生存发展的领域和方向作出自觉的选择和调整，而这种选择的起点，就是确定既符合人自由全面发展要求又与资源环境条件相适应的合理的生存态度。与资源环境条件相适应，是可持续发展提出的一种对人生存态度的限制性规定，是当代人定位人生存态度的一个基本维度，反过来看，人们对生存意义的理解又通过需要的定位和生活方式的选择，从根本上影响着人对自然的认识和感受，对资源环境的利用。正是从这个意义上说，生存态度在调整人与自然的关系中较其他因素更为基本也更为重要。弗洛姆在《占有还是生存》中指出："在人类历史上第一次出现这样的情况，即人类肉体上的生存取决于人能否从根本上改变自己的心灵。"[1] 肉体生存即物质生活取决于心灵的改变一说，不仅适用于经济和社会变革问题，也适用于可持续发展问题。所谓"从根本上改变自己的心灵"，不应当仅理解为人的精神领域的自我调适，更应当理

---

[1] 弗洛姆：《占有还是生存》，三联书店 1989 年版，第 12 页。

解为生存态度的改变。如果将弗洛姆的论域扩大一点或者对其观点作进一步的发挥，可以引申为当代人类正在改变自身及其与自然的关系，并且这种改变属于史无前例的"第一次"。

在漫长的历史过程中，人们曾无数次地调整自己与外部世界的关系，但是总体上说来，几乎所有的调整一直是力图使外部世界适应人的要求，是一种进取性的、积极主动的反映。科学和文化的进步，提高了人的能力，使人类成为地球上有史以来最强势的生物，同时，也提升了人的生存自觉和反思意识。这才有了人对自身与自然关系的新的调整。这一调整之所以是第一次，首先在于其自觉性。毋庸讳言，无论历史还是逻辑地看，当代人类对自身作出的改变从起因上说是被动的，是对自然界报复和惩罚的应对，是为外在因素所迫，开始于不得已而为之。但是，从本质上看，这种"不得已"随着可持续发展的深入又逐渐变成了"自觉"，成了一种自觉的、主动的选择。就此而言，可持续发展既体现了人类因应环境危机的近忧，又体现着人类自觉改变自身、彻底调整与自然关系以保障人和自然永续发展的远虑。这一调整之所以是第一次，还在于调整的方向迥异于以往。近代以来，人类开始摆脱被动适应自然的状态，开始大规模地主动改造自然，这一时期人们调整与自然关系的总体要求是自然适应于人，而在当代的可持续发展战略中，这种调整则是要改变人自身，最根本的是改变人的生存态度，通过这种改变，重新定位需要，重新选择生活方式，以适应资源环境状况，实现可持续发展。表面上看，这种让步似乎是某种退步，但实质上却标志着人自我意识的又一次飞跃——人的主体性又有了新的扩展，从单向地关注自身到关注人与环境的协调发展。正是在这个意义上，生态文明是主客体互动、人与自然协调发展的文明。诚然，人自觉改变生存态度还有其他的导因，例如对现代性的反思以及人生态度的调整等，但对人与自然和谐的追求，无疑是主因之一。

社会现代化增强了人的主体性，促成了社会生活的多样化，为生存态度的选择和人的发展提供了更为广阔的空间。社会生活的多样化是一种进步，又往往潜藏着一些陷阱，如果对生存态度和生活方式选择不当，就可能陷入种种误区，既不利于社会进步，有碍于他人和自身的生存发展，也从根本上制约着可持续发展的实现。

在当代，人们广泛遵循的生存方式是重占有甚于重生存，这既有历史的原因也有现实的原因。从历史上看，长期以来，生产力水平低下使人类处于生活资料匮乏状态，又由于私有制的存在从而利益的分散化，占有更多的物质资料一直是人们的追求，并进而成为一种基本的人生信念。长此以往，占有和享受更多的财富成了许多人人生的目标，是他们生存的意义和价值之所在。从现实看，社会现代化过程与历史上的社会转型过程相比较，无论广度、深度还是速度，都有过之而无不及。生产力的发展，物质财富的增长，社会生活的多样化，市场经济决定的利益的分散化，对传统的价值观提出了严重挑战，也扩大了价值选择的空间和可能，这种境遇，使一些人在生存态度和价值取向上陷入随波逐流、无所适从的境地。与此同时，现代科技经济的发展以及市场经济体制的建立，商品的充分涌流和铺天盖地的消费引导，激烈的市场竞争，极大地膨胀了人们的物质欲望，人与商品和金钱的异化达到前所未有的高度，金钱和财富逐渐成为衡量人的唯一价值尺度，人们的生存感受，他的成功或失败，欢乐或沮丧，主要取决于拥有财富的多寡。这样，人只能通过物来自我认同和确认，人生存的意义被异化为金钱和财富、占有和享乐。人们试图最大限度地获取和享用更多的物质财富，却往往不知道所做何为。

社会是人的社会，人的活动推动社会进步，直接决定着社会发展的面貌和历史进程的曲直快慢，也直接影响着资源和环境问题的解决。生存态度之于自然和社会的意义在当代较以往任何时代都更为重要。在现代化建设中，人的主体性和主体能力大为增强，已经并正在创造出以往任何时代所不能望其项背的巨大成就。西方和我国的现代化进程表明，在社会快速发展时期，人类仅有改变世界的能力是不够的，还应有改变自身、改变既有生存态度的意愿和能力，因为当代社会发展的效果及其代价之大小，不仅取决于人能做什么，还取决于他们应该做什么。正如人们业已看到并反复指出的，不同国家和地区间综合国力的竞争，归根到底是人才的竞争，是人的素质的竞争。人的素质是一个综合的概念，既体现在能力上，也体现于生存态度以及需要定位和生活方式上。

虽然随着现代化反思的深入，人们的生存态度已经发生了积极的变化，树立正确的人生观和价值观已成为学界和政府的共识，但由于传统

观念以及拜金主义、消费主义等"现代病"的影响，人们的生存态度
仍令人堪忧。从人的因素看，环境资源问题本质上是人的生存态度和生
活方式问题，正是人无限制的需求、占有和享乐欲，决定了无止境追求
财富的需要定位并导致了不合理的生活方式，加速了环境的恶化和资源
的危机，给人自身的发展造成了危害和隐患。对此，许多的有识之士已
有所悟，《增长的极限》一书在结尾处曾深刻地指出：克服环境危机的
关键在于人类能否避免在陷入毫无价值的状态中生存。重建生存态度，
提高人的素质和境界，是确立合理的需要定位、选择健康文明生活方
式、实现可持续发展的根本途径。

合理、正确的生存态度虽然没有固定不变的现成模式，但其总体要
求应是既有利于社会又有利于个人，既有利于人物质生活的满足又有利
于精神生活的丰富和精神境界的提高，既有利于人当前的利益又有利于
人类长远的发展，既有利于社会关系的和谐又有利于人与自然的和谐，
如此等等。只有在正确的生存态度基础上的知识与能力、个性与社会的
统一，才构成完整的现代人的素质。改变人的生存态度是社会进步的条
件，是人自身发展的要求，也是确立合理的需要定位、选择健康文明生
活方式从而实现可持续发展的前提。

三、需要的重新定位

梭罗当年在瓦尔登湖畔亲身体验并享受了回归自然的简朴生活，以
自己的切身感受对现代人的生活方式作出了冷静的反思，他指出："我
心目之中还有一种人，这种人看来阔绰，实际却是所有阶层中贫困得最
可怕的，他们固然已积累了一些闲钱，却不懂得如何利用它，也不懂得
如何摆脱它，因此他们给自己铸造了一副金银的镣铐。"[1] 这一说法与
弗洛姆对"重占有甚于重生存"生活态度的批评可谓异曲同工。梭罗
谈到的"金银的镣铐"就是消费主义，就是对金钱和商品的崇拜，而
这"金银的镣铐"形成的主体原因，则是不合理的需要定位。梭罗的
这一反思并非泛泛而言，所针对的正是人们日趋膨胀的需要给自然造成
的严重影响，也就是说，这一反思表现了他对环境问题的深度担忧。

---

[1] 亨利·梭罗：《瓦尔登湖》，吉林人民出版社 1997 年版，第 14 页。

人们的需要定位是随着生产力发展和制度、文化的变化而不断演进的。近现代消费主义盛行之前，欧洲中世纪占统治地位的是宗教禁欲主义，倡导对上帝的信仰和对来世的憧憬，否定现实生活的幸福，贬斥人的肉体需要。文艺复兴时期，人文思想家极力主张人的全部生活目的就是幸福，肯定幸福是发乎人性的崇高欲望，在他们看来，享乐是顺乎自然、合乎人性的事，因而是人生的最高目的，人应该尽情享受人生的快乐。近代启蒙时期，法国哲学家爱尔维修提出了系统的"自爱"学说，认为："人们是能够感觉肉体的快乐和痛苦的，因此他逃避前者，寻求后者。就是这种经常的逃避和寻求，我称之为自爱。"① 他断定"快乐和痛苦永远是支配人的行动的唯一原则"②，趋乐避苦、追求幸福是人永恒不变的天性，任何人都会力图保存自己的生命，谋取生活的幸福。虽然幸福论在解释人的行为及社会运行机制上不无片面性，但却真实地表达了人所具有的追求幸福的欲望。将人的需要定位从满足上帝、神转到满足人自身，从来世转到今生，显然是一种根本性的转变，此后虽然有所谓新教伦理的引导，但人们对现实生活幸福的追求却一直绵延不绝。

对现实生活幸福追求构成了现代人需要定位的基本出发点，然而问题在于，随着现代化物质财富的增加和市场经济体制的建立，人们对现实生活幸福的追求逐渐单一化为对占有和享受物质财富的渴望，物质需要和欲望愈趋强烈，直至极大膨胀，既带来了一些现代性问题，也给自然造成了巨大的负担和损害，这种情形在近几十年中达到了顶点。詹明信对第二次世界大战后的社会生活阶段曾作出如下描述："一种新型的社会开始出现于第二次世界大战后的某个时间（被五花八门地说成是后工业社会、跨国资本主义、消费社会、媒体社会等等）。新的消费类型；有计划的产品换代；时尚和风格转变方面前所未有的急速起落；广告、电视和媒体对社会迄今为止无与伦比的彻底渗透；市郊和普遍的标准化对过去城乡之间以及中央与地方之间紧张关系的取代；超级高速公

---

① 北京大学哲学系外国哲学史教研室：《18世纪法国哲学》，商务印书馆1963年版，第503页。

② 北京大学哲学系外国哲学史教研室：《18世纪法国哲学》，商务印书馆1963年版，第497页。

路庞大网络的发展和驾驶文化的来临。"① 这种新型的社会最显著的特点之一，就是制造需要，这是后工业社会或晚期资本主义最具特色的新"发明"，也是当代社会生活最为显著的特征。在消费社会，需要已经从既往的自发扩张转向企业、媒体乃至政府人为的有意"制造"。这种需要制造在美国表现得尤为突出："需求的培养是一个庞大的全球计划。40 年来，广告始终是世界上增长最快的工业之一。在美国，广告费用从 1950 年每人 198 美元上升到 1990 年的 495 美元。同时，全球的全部广告费用，从 1950 年估计的 390 亿美元上升到 1988 年的 2470 亿美元，大大高于经济产量的增长。"② 不仅发达国家如此，一些发展中国家亦已趋步跟进。广告塞满每天的邮袋，展现于每一个街区，充斥着每一份报刊、杂志和每一时段的广播、电视，大街上跑满了甚至是塞满了汽车，这种以往发达国家独有的景象，如今已在发展中国家包括我国已经重现。购物从以往的生活手段变成了现在的生活方式甚至文化潮流，其结果是，物资和能源消费以几何级数迅猛增长，资源短缺和环境压力问题日趋紧张。

更值得关注的是，消费已经成为社会发展的主要驱动力，成为解决社会矛盾的撒手锏："在消费者社会已被普遍接受的常识认为，不管消费对人类和环境造成什么样的后果，我们必须把它作为使我们自己就业的一个至关重要的国家方针来追求。"③ 西方国家如此这般的国策，如今已为许多发展中国家所效仿。在我国，鼓励消费、拉动需求的主张已经成为经济学界的主流认识。鉴于严峻的就业形势，拉动需求当然有其合理性甚至迫切性，但问题在于应该拉动的是哪些需求，这些需求是否具有合理性，是否与资源环境状况相适应。现实中，有些需求根本就是奢侈乃至畸形的，是为满足富人的心理刺激，有些需求和投资则完全是基于地方政府和官员创造政绩的需要。正如国内外一些媒体反复指出的：在当今，许多高档产品已远远超出了人们生活的正当需求，大款们一顿饭的费用已超出了普通人一年的收入；许多政绩工程、GDP 的增

---

① 詹明信：《晚期资本主义文化逻辑》，三联书店 1997 年版，第 418 页。
② 艾伦·杜宁：《多少算够》，吉林人民出版社 1997 年版，第 87 页。
③ 艾伦·杜宁：《多少算够》，吉林人民出版社 1997 年版，第 75 页。

长，都是以牺牲环境和浪费资源为代价的，受惠的并非广大民众，而只是少数官员。然而在拉动需求的呼声中，人们并未对需求本身的合理性作出必要的分类，更未限制那些不合理的需求；反之，在企业和媒体（甚至还有学界）倡导的需求中，许多本来就是奢侈性的。在我国，一方面，广大农村人口的正当需求由于种种原因尚未得到应有的满足，另一方面，一些富裕阶层却在大肆挥霍；一方面，许多低收入者居住空间极为狭窄，另一方面，一些高档楼盘却长期空置。不合理的需求不仅有违社会公正，也对资源环境造成了损害。

《只有一个地球》一书的作者尖锐地指出："人类本性的一个颇为普遍的特征就是：贪图舒适、避免繁重劳动和单调工作，着迷于私有物品并且要求享受，爱过好日子。这种基本心理状态，从新石器时代的人开始，经过农业定居，建立起超过部落生存水平以上的产品积累以来，在任何富裕集团的行为方面，都可以看出来并得到证实。毫无疑问，为了实现生活富裕的理想，人类将为它付出极高的代价。"[①] 这一说法可能有点绝对，但其可取之处在于指出了如下忧患：放任人的物欲发展将会产生严重的后果。

物欲膨胀是需要定位的直接恶果。美国学者艾伦·杜宁在《多少算够》一书中，针对性地分析了消费主义的社会根源和主体因素，指出了不合理的需要定位是导致生态恶化的主要原因。他认为，对于人们来说，对财富的占有和消费"更多并不意味着更好"。也就是说，对财富的占有与生活质量的高低并不完全成正比，占有更多的财富并不一定能增强人们的幸福感。他还在此基础上提出了驯服消费主义、改变人们需要的主张，提出了重建需要定位的问题。

需要的定位是必须的。需要具有多样性，并不是每一种需要都应当满足。古往今来，人类的需要不计其数，相应地，就有了诸多对需要的理解。关于需要的分类，学术界已有大量分析，涉及需要的层次、内容、变化、实现方式以及需要的合理性等问题。在现代，美国心理学家马斯洛对需要层次的研究颇具代表性。马斯洛的研究表明，需要依照其

---

① 芭芭拉·沃德、勒内·杜博斯：《只有一个地球》，吉林人民出版社1997年版，第12—13页。

满足的必要性可以分为五个层次。对需要的层次性的分析，从一个侧面呈现了需要的多样性，深化和拓展了对需要的理解。以马斯洛对需要的区分为参照，还可以对需要作出其他的理解。在需要的定位中，最为重要而最具现实性的问题，就是需要的合理性。对需要合理性的区分与对其层次的区分是交叉关系。总体上看，马斯洛所提到的不同层次的需要皆可以理解为人生存发展正当的需要，其中有些需要为人类生存所必需，有些需要为人类发展所必需。这当然是从理论上说的，在现实生活中，除了正当的需要之外，还有一些需要是不合理、不正当的。因此与层次区分同样重要的，是对需要作出合理性的分析。需要合理与否的区分是正确、合理地定位需要的前提。在资源短缺、环境形势严峻的当代，对需要合理性的分析较以往任何时候都更为迫切也更为必要。

　　需要的合理性可以从质和量两个方面来确定。需要的合理性首先有质的规定。合理的需要是人生存发展要求和趋势的表现，反之，违背人生存发展要求的需要，如有害社会、有损人的身心健康的需要就是不合理的。需要的合理性所以还有量上的规定，是因为人的需要就其自发的倾向而言是没有止境的，具有无限膨胀和扩张的趋势，满足人所有的需要既不可能，同时也会影响他人社会和资源环境。由此可见，即使是某种合理的物质需要，一旦超出了某种界限，也会变得不合理，因为需要的满足是有条件的，超出了条件的许可，正当就会变为奢侈，就会造成资源和环境额外的负担。因此，一种需要合理与否还取决于它的限度。相对而言，从性质上辨识需要的合理性比较容易，而从量上辨识需要的合理性则较为不易。就可持续发展来说，对需要合理性作出量上的规定非常必要，因为一方面，需要与生产之间是一种相互促进的关系，生产既生产出商品，也生产出新的需要；另一方面，每一种需要的满足，都会引起新的需要。需要永无止境的扩张趋势和无限多样性，决定了它在任何时候都不可能完全得到满足。丹尼尔·贝尔清醒地看到："与欲望相对而言，一切价值（尊敬、权力、财富）都是稀缺的；与需要相对而言，一切资源都是稀缺的。"[①] 由于这种原因，相对趋向于无限的需要，在任何时候，满足需要的物质条件都是有限的。正是在这个意义上

---

　　① 丹尼尔·贝尔：《后工业社会的来临》，商务印书馆1984年版，第515页。

说，需要的合理性限度，不仅取决于人自身，还取决于满足需要的条件，特别是资源的数量和环境的承受力。抽象地看，需要的无限性与物质条件的有限性这一矛盾可以通过不断创造新的条件来解决，但问题在于，物质条件的创造和改善并不仅仅取决于人的能力的提升，还要受到资源和环境边界的制约。超出制约的需要必将引起资源环境紧张甚至危机。

需要由低级向高级的不断发展，是人的内在本性使然，也是人类进步的原动力，因而既具有价值合理性也具有历史合理性。鉴于此，解决上述问题的关键不在于一般地、不分对象地限制需要的发展，而是在区分需要合理与否的基础上，对需要作出合理的定位，确定需要延伸的方向，自觉引领需要的发展，以克服需要的自发性和消极性。

需要是可以定位的。人类的需要曾经历了由自发到自觉地演变过程。需要来自于人生存的本性，首先是个体生命生存的要求，因而物质需要是人类第一种也是最基本的需要。在物质需要发展的同时，人类还形成了各种精神文化需要，考古发现和文化史研究表明，还在原始时代，人类就创造了多种形式的文化。但由于需要的层次性以及满足的顺序，相对而言，物质需要在历史上一直处于强势地位。在以往生产力低下的时代，大多数人衣食短缺，丰衣足食一直是历代人持续不断的期望和夙愿。长此以往，人们便首先将幸福定位于"衣食足"和"仓廪实"，将理想社会主要理解为物质财富的丰盈。追求物质财富的思维定势是与人类长期的短缺经济相联系的，这一定势在社会现代化过程中逐渐演变为无限地追求物质生活的富有的欲望。

物质财富极大丰富是人类由来已久的社会理想。人们在解读马克思主义的社会理想时曾经认为，未来社会的基本特征是生产力高度发达基础上的物质产品的极大丰富。这固然是正确的，因为没有坚实的物质基础，理想社会只能是空中楼阁。但应指出的是，对此必须辩证地理解。在可持续发展论域中，所谓"极大丰富"，只能是相对于人们合理的需要而言的。"极大"不是也不可能是"无限大"，绝对意义上的物质产品的"极大丰富"是不可能达到的，因为即使人的创造能力无限，资源的支撑能力和环境的承载能力也是有限的。传统思维方式的影响是如此根深蒂固，也正是囿于这种传统的思维方式，有些人从另一方面理解未来理想的社会，并对其实现的可能性提出质疑。他们认为，由于人的需要无限扩张的趋势，在任何条件下各取所需都只能是不切实际的幻想，因为无论生产力发展到何种程度，无论物质财富如何丰盈，相对于人趋于无限的需要总是短缺的，因此各取所需的理想社会只能是幻想，是空中楼阁。这种观点的潜在前提是，其一，"极大丰富"等于"无限丰富"；其二，人的欲望不仅是与生俱来的，而且是始终如一、无限扩展的。这种观点的误区既在于对"极大丰富"作出了绝对化的理解，又在于忽视了马克思的如下观点：人在改造客观世界的同时也在改变着他自身，改变着自己的生存态度、价值取向和需要定位。从实践的观点看，从人在改造环境的同时也在改造他们自身，未来的人绝不是当下的人，他们对生存意义的理解，他们的价值取向、需要定位和生活方式，他们的认识水平和道德境界也绝不会停留于当下。人在改变外部世界的过程中也在改变着自身，改变他们的生存态度、价值取向、需要定位和生活方式，这正是实现人和社会永续发展的可能性及现实的根据所在。人类已经进入了自觉定位需要的阶段，所谓自觉，不仅意味着应当知道自己需要什么，还意味着充分考虑到需要的自然基础。

需要不仅有合理与否之分，还有合理性的程度之别，需要定位的主要依据是它的合理性及其程度。马斯洛需要理论的意义不仅在于揭示了需要的层次性，更在于确立了需要层次的概念，提出了需要的分类问题。抛开马斯洛对需要层次具体划分的得失不论，他对需要作出层次性区分本身便颇具启发性。参考这一划分，还可以将需要分为必要的和非必要的、基本的和扩展的等等。必要的、基本的需要即人满足生存条件所必需；非必要的、扩展的需要即享受性的需要，是基本需要满足基础上不断生成和发展着的新的需要。从合理性尺度看，扩展性需要又可以区分为两个部分，一部分是合理的或者至少将来是合理的需要；另一部分则是不合理的需要，包括为满足虚荣心、炫耀心和心理刺激的畸形的、奢侈的需要，甚至是贪婪的需要。

上述分类表明，需要定位既要考虑它的层次，又要考虑它的合理性。基于这两点，我们认为需要的定位主要应遵循三个原则。

需要定位的第一个原则，是优先满足必要的、基本的需要。社会发展是不平衡的，每个人的能力、机遇都不尽相同，在物质财富和精神财富尚未极大丰富的条件下，同步富裕既不现实也有碍于发展。与能力、机遇及其他因素相关，人们的需要也不尽相同，一些人在满足了基本需要的基础上必然会产生扩展性需要，只要这些需要是合理的，且其主体具有满足需要的能力，就无可非议，社会就应当允许并创造条件予以满足。但与此同时，更重要的是优先满足另一些弱势人群的基本需要，或者如《我们共同的未来》所指出的："尤其是世界上贫困人民的基本需要，应将此放在特别优先的地位来考虑。"① "可持续发展要求在基本需要没有得到满足的地方实现经济增长。"② 贫穷者的生存需要无疑是所有基本需要之最基本的部分。关注最弱者，满足他们的生存需要，既是社会和谐并稳定发展的要求，也符合当代政治哲学的基本规则，更是以人为本原则的体现，显然应当成为全社会的共识。在资源、资金的配置中，满足贫穷者的生存需要具有毋庸置疑的优先性，这也是社会全面、协调发展的题中应有之义。

需要定位的第二个原则，是限定不合理的拓展性需要。不合理的需要往往与人们的认识缺位和价值取向失当相关。在认识上，或重享受轻节制，重经验轻科学，不加鉴别地沿袭传统的生活观念和习惯，或不能正确理解人与自然的关系，缺乏生态意识、环境意识和可持续发展理念，随意污染环境、浪费自然资源。在价值取向上，重自我轻他人，缺乏社会责任感，缺乏公共生活理念和公德意识，只顾一私之利、一己之便，道德失范，以邻为壑，侵害他人和公众的利益，生活追求上重物质轻精神，热衷于相互攀比，以炫耀富有为荣，以浪费钱财为乐，甚至暴殄天物，追求奢靡、刺激、怪异的生活享受。鉴于资源的短缺，刺激、制造并满足不合理的需要，不仅有损社会公平，妨碍人的生存或身心健康，也有碍资源环境的持续发展。"可持续发展要求促进这样的观念，即鼓励在生态可能的范围内的消费标准和所有的人可以合理地向往的标准。"③ 超出这两个标准的需要无疑应予限制和阻止。

需要定位的第三个原则，是通过引导，发展和满足合理的拓展性需

---

① 世界环境与发展委员会：《我们共同的未来》，吉林人民出版社1997年版，第52页。
② 世界环境与发展委员会：《我们共同的未来》，吉林人民出版社1997年版，第53页。
③ 世界环境与发展委员会：《我们共同的未来》，吉林人民出版社1997年版，第53页。

要。合理的拓展型需要是未来需要发展的主要领域。艾伦·杜宁曾睿智地指出："消费者社会不能兑现它的通过物质舒适而达到满足的诺言，因为人类的欲望是不能被满足的。人类的需要在整个社会中是有限的，并且真正个人幸福的源泉是另外的东西。"① "另外的东西"，是指一些非物质的社会关系和精神方面的需要，这些将是未来拓展性需要的主要内容。必要性需要和非必要性需要是可以转化的，随着社会发展，合理的拓展性需要将会逐渐转变为基本的必要性需要，从这种意义上说，合理的拓展性需要向基本的必要性需要转变的程度和范围，标志着人们需要水平的提升，标志着人的发展程度的提高。

满足日益增长的社会关系和精神文化需要，是人的需要拓展的基本方向。从逻辑上看，基于需要层次依次递增的规律，物质需要与精神需要的关系是：物质需要的满足是实现精神需要的基础；物质需要是有限度的，而精神需要具有无限发展的趋势；当未来人们的物质需要得到充分满足时，精神需要将取代物质需要而成为需要拓展之主体部分。从历史上看，人类早期的活动重点在于满足物质方面的需要，在当代，两种需要的满足已具有同等重要的地位，并且从趋势看，精神需要将逐渐超越物质需要成为关注的重点。随着社会的进步，随着物质财富的充裕和人们物质生活需要的满足，需要的重点将逐渐转向精神的方面，精神生活在整个生活领域中具有更为重要的地位，关注精神生活，满足精神需要，提升精神境界，将成为人的发展的核心内容。对于发达国家来说这种需要的转向已经初露端倪，对于发展中国家来说，精神生活的权重也日趋加大。精神生活的发展以物质生活的改善为基础，反过来又将在一定意义上取代物质生活。有学者指出，在将来，精神生活的发展程度将与物质性消耗成反比，社会关系的和谐以及精神需要的增强，将是满足拓展性需要、实现可持续发展的重要条件。

与人们消费结构的变革相关，应积极调整社会的生产结构。正如有些专家所指出的，物质财富服从于不变的守恒定律：消费不能超过生产。在信息方面的生产则不一样，我们当中每一个人接受的信息多于他交还的。至少迄今为止，还看不到非物质财富增长的限度。与消费模式

_____

① 艾伦·杜宁：《多少算够》，吉林人民出版社 1997 年版，第 26—27 页。

的改变相关，必须改进现有的生产路径，调整生产结构。非物质生产显然应是今后生产扩展的主要方向。

四、生活方式的选择

人们生存态度、价值观念和需要定位等，最终都要通过生活方式这一中介对资源环境发生作用。不同的生存态度、价值取向和需要定位，决定着不同的生活方式选择，进而对资源环境产生迥然不同的影响。

需要的定位直接体现为对生活方式的建构和选择。生活方式作为人们日常物质与文化消费活动的行为方式，在不同的时代会表现出不同的特点。在自然经济条件下，虽然也有一些商品交换，但其作用充其量只是对人们生产和生活的一种调剂余缺的补充。就大多数人而言，由于物质资料缺乏，一生中绝大部分时间处于艰难的劳作之中，既无满足享受的物质条件，也没有从事其他活动的闲暇时间，生活方式十分单一，消费的意义主要限于维持基本生存的生活活动，既谈不上丰富性更谈不上享受性。由于同样的原因，生活方式的变化过程极为缓慢，几百年甚至上千年都维持某种不变的模式。商品经济的出现和市场经济体制的建立，彻底改变了生产的性质和目的，从满足生产者直接的生活需要转变为通过交换获取利润。这一转变颠倒了以往的经济运行逻辑：从需要引领生产转变为生产和交换引领需要，从而根本改变了人们的生活方式——消费不再仅仅具有手段的意义，本身已成了目的，构成了生存的意义，"消费的价值就等于自我价值"[1]。在一些率先进入现代化的国家或地区，消费俨然已成为时代的标志性符号，以至于一些发达国家从学界到大众，都以"消费社会"称呼当今的时代。

在以美国为代表的发达国家和地区，消费作为一种时代潮流，不仅已经渗透于社会生活的各个方面，而且已经成为一种普遍的心理享受和经常性的文化活动。"在美国，购物已经变成了一种首要的文化活动。"[2] 成为文化活动，意味着消费对人们来说已不仅仅甚至主要不是为了满足生理上的物质需要，更是为了满足品位、虚荣、炫耀等精神需

---

① 艾伦·杜宁：《多少算够》，吉林人民出版社1997年版，第20页。
② 艾伦·杜宁：《多少算够》，吉林人民出版社1997年版，第97页。

要，意味着消费品已不仅是一种物质形态的东西，更是一种精神性的符号和象征。消费已超出了作为生活手段的范畴，成为了一种精神享受，成为了人的基本生活方式，甚至成为了生活的目的。正如一些西方学者所指出的："在消费社会，需要被别人承认和尊重往往通过消费表现出来。正如一个华尔街的银行家把'消费的价值就等于自我价值'登到《纽约时代》杂志上。买东西变成了既是自尊的一种证明，又是一种社会接受的方式——世纪之交的经济学家索尔斯坦·凡勃伦所定义的'金钱体面'的一种标志。"① 在"消费社会"里，许多人不是为了生存和发展而消费，而是为了消费而生存，消费成了生存本身，消费数量和档次成了衡量生活质量和生存意义的尺度。在消费成为文化、成为引领社会心理的时尚的氛围中，追求消费已经成为正常乃至正当，少消费往往被视为不合时宜。

作为一种流行文化的消费主义生活方式已经流行于我国。随着生活条件的改善，在一部分人中追求物质享受已蔚然成风，给资源环境带来了巨大的影响，直接导致了资源的浪费和环境污染。一个典型的例证是，我们某些物品的消费水准已超过了发达国家。有报道指出，近年来，基于环境考虑，大排量汽车在欧美发达国家遭到围剿，欧盟与美国从 2007 年开始制定更严格的汽车尾气排放标准，一些有识之士建议出台更严厉的控制乘用车二氧化碳排放量的正式法案，以迫使厂商生产更加节能的小型汽车，召回一些大排量的汽车。但几乎与此同时，大排量、豪华型汽车在我国却受到一些人的追捧，一直保持着坚挺的价格，小排量汽车却乏人问津，购买量持续下滑。每年一度的车展已经成为许多人的盛会和节日。调查表明，其之所以如此，原因在于一些人，特别是某些官员、明星、企业家等公众人物，将汽车的排量大小、豪华程度视为权力、地位和财富的象征。这些人的"榜样"力量，带动了整个社会特别是中产阶层的消费潮流。流行于美国的汽车文化，已悄然登陆环境脆弱、人均收入和能源占有量并不富裕的中国，并大有继续扩张之势！无所顾忌地追求享受，必然给资源环境造成不堪承受之重负。例如，就全国而言，每个有购买力的家庭使用一辆汽车或一些楼堂馆所和

---

① 艾伦·杜宁：《多少算够》，吉林人民出版社 1997 年版，第 20 页。

办公室的空调每下调几度，就消耗了大量的油气或煤炭资源，增加了二氧化碳的排放量；高消费群体每人增添几件羊绒衫，就需要一大片草地来放牧，加速了草地的退化；消费者每人在商店购物时使用几个塑料袋，就会带来严重的白色污染。

如果放眼全球，从趋势上看，当前消费主义给资源环境造成的压力还只能算是冰山之一角，因为许多发展中国家的人们还处于摆脱贫困、为基本的衣食需要奔波的境地。"当前至少还有一半的人口，从未提出比新石器时代人的生活标准更高的要求。假如在不久的将来 70 亿人都想要同欧洲人或日本人一样地生活，那将会是一个什么样的情况呢？假如他们追求同美国人一样的标准使用汽车，那就将有 35 亿辆汽车的二氧化碳增加到空气中和人肺里，那又将会是一个什么样的情况呢？假如他们中间 3/4 的人口迁移到城市居住，并在那里追求同发达国家一样的标准使用能量和消耗物质，那将会产生什么样的情况呢？没有办法能使这类问题得到答案。"① 这里显然是提出了一个维持现有生活方式前提下所难以回答的问题，如果要回答的话，答案只能是：发达国家的人们改变消费主义生活方式，发展中国的人们拒斥消费主义生活方式，另辟蹊径，共同建立一种以环境为依托的绿色生活方式。发人深省的是，这段话是在三十多年前写下的，当今的情况较那时已有了很大的变化，但却是变得更加严峻，因为事实上许多发展中国家的人们已经或正在试图想要同欧洲人或日本人一样地生活，追求同美国人一样的标准使用汽车。

有舆论尖锐地指出，当代世界政治经济和文化发展，造就了一个崇尚消费的社会，消费这个概念已经在各国数以万计人民的心目中树立起来，甚至占据了比宗教、家庭和政治观念更为重要的地位。相关舆论还指出，高消费阶层的生活方式和文化氛围日趋一致，在他们的生活圈子里，超级市场和百货商店与教堂有着同等地位。房子越住越宽敞，汽车越开越豪华，一个个经济发展上的重大成就转眼就被迅速增长的消费抵消。如今在地球这个星球上，17.28 亿人生活在"消费的社会"中，占

① 芭芭拉·沃德、勒内·杜博斯：《只有一个地球》，吉林人民出版社 1997 年版，第 15—16 页。

全球总人口的28％。如果全球63亿人都来模仿这17亿消费者的消费习惯，那么地球上的水、能源、木材、矿藏、土地等资源立刻将不堪重负，环境污染、森林砍伐、物种灭绝、气候变迁等多数问题将接踵而至。[①] 众所周知，人类要生存就必须消费商品与服务，但当代人已经陷入消费主义的误区，消费欲望和行为无止境地增长，超过了合理的限度。消费主义具有双重的负面效应，既加大了社会的不公平，误导人们的生活取向，又成为导致资源浪费和环境恶化的主要原因。

"全球可持续发展要求较富裕的人们能根据地球的生态条件决定自己的生活方式。"[②] 消费主义的生活方式还是绿色的生活方式？这是实现可持续发展过程中无法回避的一个问题。对于新的生活方式的变革，学界已有一些探讨，提出了通过改革传统消费观念和行为的主张。在实践上，当前正在兴起的绿色生活方式无疑是一种有益的尝试。"绿色消费主义的兴起是一个有希望的征兆。当购物者带着出于对环境的考虑走进商店的时候，消费品公司就会别无选择地比过去更加谨慎地对待生态。"[③] 这一个案表明，从消费入手制约生产和商品交换，是一条有效的途径。

更一般地说，彻底变革消费主义的生活方式，应从无限享用物质生活条件转向追求精神生活的丰富、社会关系的和谐以及休闲的拓展等等。梭罗曾以自己的亲身体验告诫人们："大部分的奢侈品，大部分的所谓生活的舒适，非但没有必要，而且对人类进步大有妨碍。所以关于奢侈与舒适，最明智的人生活得甚至比穷人更加简单和朴素。"[④] 或许会有人认为梭罗的这一态度过于理想主义，但须知，任何先进理念在一定时期中都比较理想或近似于空想。问题不在于梭罗过于理想，而在于我们过分囿于"现实"，在于我们思考问题的背景仍然停留在物质资源短缺的环境，思考的路径仍然拘泥于传统的思维惯性。

消费主义生活方式不仅受到知识界的质疑和批判，也引起了一些政府组织和公众的警觉。《中国21世纪议程》指出：消费模式的变化同

---

① 《参考消息》2004年4月6日。
② 世界环境与发展委员会：《我们共同的未来》，吉林人民出版社1997年版，第11页。
③ 艾伦·杜宁：《多少算够》，吉林人民出版社1997年版，第91页。
④ 亨利·梭罗：《瓦尔登湖》，吉林人民出版社1997年版，第12页。

人口的增长一样，在社会经济持续发展的过程中有着重要的作用。合理的消费模式和适度的消费规模不仅有利于经济的持续增长，同时还会减缓由于人口增长带来的种种压力，使人们赖以生存的环境得到保护和改善。但越来越多的事实表明，人口的迅速增长加上不可持续的消费形态，对有限的能源、资源已构成巨大压力，尤其是低效、高耗的生产和不合理的生活消费极大破坏了生态环境，由此危及人类自身生存条件的改善和生活水平的提高。政府在提高对这一问题认识的基础上，拟制定必要的措施，采取积极的行动，改变传统的不合理的消费模式，鼓励并引导合理的、可持续的消费模式的形成与推广。尤其对贫困落后地区的消费形态予以特别的关注和研究，寻求对策改变其落后的消费模式，减缓对资源环境造成的压力，促进这些地区经济和生活水平的提高，消除贫困。

消费主义是一种全球性的普遍社会现象或潮流，但并非世界上每一个人都进入了消费主义的生活方式，更非每一个人都对消费主义及其后果负有同等的责任。在改变消费主义问题上，不仅要有公众的共识和共同努力，更要求发达国家、发达地区和富裕群体率先垂范，因为他们是消费主义生活方式的主要受益者，也是其负面影响的主要责任者，生活方式的变革显然应从他们开始。当然，长远地看，生活方式的变革也应是整个人类自觉的选择和共同的责任。

生活方式的选择要受到社会环境包括物质条件、制度背景和文化传统等因素的影响，同时又取决于人的素质。生活方式的变革要通过提高人的素质来实现。

提高人的素质，必须改变价值观念和生活追求。生活方式是价值取向和生存态度的现实表现。不合理的、消极的生活方式，无论是历史上流传下来的生活陋习，还是新引入或新形成的畸形生活方式，都是消极生存态度和价值取向使然；反之，积极的生活方式则以合理的价值观为前提。确立个人利益与社会利益相统一、关爱自然的积极向上的生存态度和价值取向，才能正确理解生活的意义，才能有合理的需要定位，才能培育高尚的生活情趣和生活追求，以健康文明的积极态度对待生活、设计生活、创造生活、享受生活。

提高人的素质，必须加强科学认识，普及科学知识，培养科学精神。普及科学知识是确立健康文明的生活方式的前提。科学知识作为对事物及其规律的正确反映，是选择和确立健康文明生活方式的依据。健康文明的生活方式是一种理性的、符合科学要求的生活方式。要确立科学的生活方式，首先应正确认识生活方式各个因素、环节及其对人的需要的满足、人的身心健康和人的发展的影响。只有科学知识才能回答这些问题，只有掌握了科学知识，才能正确地判定哪些生活方式是健康文明的，哪些生活方式是不健康不文明的，才能在生活方式上作出正确的选择。此外，还要弘扬和培养科学精神。这是因为，任何科学知识都是有限的，是对某些特定事物以及事物的特定方面、性质和规律的反映。在某一问题上具备科学知识，并不意味着在其他问题上就能有正确的认识。只有具备科学精神，才能从根本上提升人的科学修养和认识境界，才能真正使人能以科学和理性的态度对待自己、对待他人、对待自然、对待生活，走出生活方式上随意、盲从甚至畸形的误区。

第十二章　人的发展的新路向

　　从根本上缓解资源环境危机，不仅要超越消费主义的误区，更要拓展人的发展的新领域。可持续发展对需要的定位以及对既有生活方式的反思和超越，旨在积极保障和促进人类的长久、持续的发展，而不是消极地限制人的需要和发展，为此，改进人的需要定位和生活方式的治本之道，是丰富人的发展的新内涵，设定人的发展的新目标，开启人的发展的新路向。

一、开启人的发展新路向

　　前文曾引用了艾伦·杜宁的论述：消费者社会不能兑现它的通过物质舒适而达到满足的诺言，因为人类的欲望是不能被满足的。人类的需要在整个社会中是有限的，并且真正个人幸福的源泉是另外的东西。这一论述表明，人类要继续发展，要追求新的幸福，就不能继续依赖于物质财富的无限增长，不能仅仅局限于物质生活的发展，就必须摆脱物质主义的束缚，开启人的发展的新路向。

　　开启人的发展的新路向，有赖于社会进步，又是人的发展的要求，要通过人的发展来实现，特别是应当超越传统观念的束缚，改变传统的生活追求，摆脱单纯追求物质财富和物质享受的樊篱。物质条件的改善是人的发展的前提，物质生活质量的提升是人的发展的重要标志，但这并不是人的生活追求的全部。长期以来生产力水平低下和物质资料的匮乏，使人们不能不将生活的意义和幸福，将人生的追求主要定位于生产和生活条件的改善，定位于物质财富的丰盈，期望并追求更舒适的物质享受。久而久之，这种期望就演变成一种心理定势：将财富等价于幸福，将占有财富的多寡视为衡量幸福的尺度，社会现代化进一步强化了这一心理定势，并逐渐形成了艾伦·杜宁批评的"更多即更好"的重占有（物质财富）的生存态度。在以往，重占有生存态度的负面效应主要体现在社会关系方面，如人对人的剥削和压迫、贫富分化等人与人、人与社会关系的异化等，在当今，其负面效应又蔓延到人与自然关系的领域，导致人对自然资源和环境的疯狂掠夺。

开启人的发展的新路向，要求人们改变对幸福的理解，重新定义幸福。古希腊时期，伊壁鸠鲁等哲人提出了幸福论，文艺复兴时期人文主义者坚持认为追求幸福是发自人的本性的欲望。幸福论者在一定程度上揭示了人的本性，然而他们对幸福的理解却莫衷一是。伊壁鸠鲁认为快乐既是肉体的也是精神的，幸福就是身体的无痛苦和灵魂的无纷扰，斯宾诺莎则认为："幸福不是德性的报酬而是德性自身。"[1] 近现代以来特别是进入消费社会以来，人们对幸福的理解愈趋侧重于占有财富和物质享受方面，因此才有了消费主义盛行以至于物欲横流的现象。

发人深省的是，有关的调查和研究均表明，现代以来，人们的幸福程度与其占有并享有财富的数量并不完全成正比。英国一家研究机构的调查结果显示，南太平洋岛国瓦努阿图虽然是世界上最穷的国家之一，但生活在这片热带群岛上的 20 万居民却是地球上最快乐的人。因为他们并不追求高消费，而是过着一种邻里和睦、家庭温馨和人心向善的生活，与之形成鲜明对照的是，一些发达国家居民快乐指数的排名却与他们的富裕程度大相径庭。[2] 另一个例子是，同样是在美国，"生活在 90

---

① 斯宾诺莎：《伦理学》，商务印书馆 1959 年版，第 248 页。
② 《北京日报》2006 年 11 月 10 日。

年代的人们比生活在上一个世纪之交的他们的祖父们平均富裕四倍半，但是他们并没有比祖父们幸福四倍半"①。从这些事实中可以得出的结论是，经济收入和物质财富并非决定人们幸福程度的充分条件，更非唯一因素，它们只是在物质短缺的情况下才对人们的幸福程度起着决定性的作用。在基本生活条件得到满足之后，决定人们幸福的还有其他因素。

鉴于消费主义现象对人的价值和生活意义的扭曲以及给资源环境带来的不堪承受的重负，一些有识之士指出，必须重新对幸福作出合理的定义。心理学家迈克尔·阿盖尔断定："真正使幸福不同的生活条件是那些被三个源泉覆盖了的东西——社会关系、工作和闲暇。并且在这些领域中，一种满足的实现并不绝对或相对地依赖富有。"② 艾伦·杜宁也认为："心理学的研究表明，消费与个人幸福之间的关系是微乎其微的。"③ 随着消费标准的不断提高，"生活中幸福的主要决定因素与消费竟然没有关系——在这些因素中最显著的是对家庭生活的满足，尤其是婚姻，接下来是对工作的满足以及对发展潜能和友谊的满足"④。"我们能够培养深层的、非物质的满足，这种满足是幸福的主要心理决定因素；它包括家庭和社会关系，有意义的工作以及闲暇。"⑤ 在经济社会发展到一定程度、人们的物质需要得到比较充分的满足时，"降低我们的消费不会使我们丧失真正重要的物品和服务。相反，最有意义和最令人兴奋的生活活动常常也是环境美德的典范。我们认为最值得优先去做的事情……是无限可持续的。宗教实践、社交、家庭和集体集会、剧院、音乐、舞蹈、文学、体育、诗歌，对艺术和创造的追求、教育的以及欣赏自然全都容易适应一种持久的文化，这种文化是一种能够持续无数代人的生活方式。"⑥

重新定义幸福的要义是拓展幸福的内涵。对幸福的重新界定突破了

---

① 艾伦·杜宁：《多少算够》，吉林人民出版社1997年版，第6页。
② 艾伦·杜宁：《多少算够》，吉林人民出版社1997年版，第22页。
③ 艾伦·杜宁：《多少算够》，吉林人民出版社1997年版，第6页。
④ 艾伦·杜宁：《多少算够》，吉林人民出版社1997年版，第21页。
⑤ 艾伦·杜宁：《多少算够》，吉林人民出版社1997年版，第102页。
⑥ 艾伦·杜宁：《多少算够》，吉林人民出版社1997年版，第102页。

单纯以物质财富多寡衡量幸福与否及其程度的窠臼。基于新的认识，现代社会学设立了幸福指数这一衡量人们生活质量和幸福程度的综合性指标。一些学者认为，幸福指数是衡量人们生活幸福感的尺度，幸福感是对生活满意程度的一种综合心理体验，既是对生活的客观条件和环境状态的一种事实判断，又是对于生活的主观意义和满足程度的一种价值判断，它表现为在生活满意度基础上产生的一种积极心理体验。20世纪70年代以来，国际上开始出现"国民幸福总值"（GNH）的概念，美国、英国、荷兰、日本等发达国家展开了对幸福指数的研究，并创设了不同模式的幸福指数。如果说GDP、GNP分别是衡量国家和民众富裕程度的标准，那么，国民幸福指数就是一种衡量百姓幸福感的标准。英国提出的"国民发展指数"（MDP），日本提出的"国民幸福总值"（GNC）等概念，试图超越原有的仅仅反映经济增长的单一的GDP指标。与GDP相比，"国民幸福总值"更强调社会发展的综合性，强调社会发展对人的影响。例如，MDP包含社会、环境成本和自然资本，GNC则强调文化因素，GNH包含政府善治、经济增长、文化发展和环境保护等四项内容。有学者指出，百姓幸福指数与GDP一样重要，一方面，它可以监控经济社会运行态势；另一方面，它可以了解民众的生活满意度。因此有人认为，作为最重要的综合性因素，幸福指数是社会运行状况和民众生活状态的"晴雨表"，也是社会发展和民心向背的"风向标"。

这些对富有和幸福关系的调查和对幸福的重新定义，虽有可议之处，却不无启示性。幸福指数概念的提出，改变了与以往仅强调物质享受和占有物质财富的发展取向，也将改变人们对幸福乃至对社会发展的评价，改变人们对生活方式的理解。对幸福的重新定义特别是对社会关系和工作满足重要性的肯定，与马克思对人的发展的理解颇为相似。

马克思主义认为，人的发展本质上在于人性的丰富、个性的确立、能力的发展、才智的充分展示和实现。根据这一思想，结合需要层次理论并考虑到资源环境的有限性，未来，在物质需要基本满足之后，人们幸福感的增长，将主要取决于其非物质需要的满足方面。可以预期，非物质需要的增长将是需要内容发展的主要方向。非物质需要作为高层次的需要，其内容极为丰富，发展空间也十分广阔。根据可持续发展要求，未来的生活方式将侧重于非物质需要的拓展和满足，将是一种绿色的、可以无限延续的生活方式，因为它并不直接消费物质资源，也不会给环境造成危害。

依据马克思主义人的发展理论，基于可持续发展的要求和当代社会生活发展的现实及其趋势，未来人的发展的新路向，应是人的创造性发展与合理的享受性发展，未来人的发展的主要内容，应是人的创造能力的提升和实现、以休闲为载体的生活充实以及个性和精神生活的充分发展。

二、创造活动与人的发展

由于生产力水平低下，长期以来人类绝大部分活动都是围绕着生存来进行的，活动的内容主要限于谋取维持人生存的物质资料，在这种境遇中，劳动一直被天经地义地仅仅视为谋生的手段。摆脱不堪忍受的劳动重负，是历代仁人志士的美好憧憬；从劳动中解放出来，克服劳动的异化并使其真正转变为人的本质对象化的行为，转变为人自我实现和自我确证过程，转变为一种最高层次的生活享受，是马克思主义创始人提出的人的发展的基本目标。在当代，将劳动转化为人的创造性发展过程，也是可持续发展的内在要求。

创造性发展是相对于享受性发展而言的。从本真的意义上说，人的发展既是享受更是创造，未来社会中人的发展将主要表现为创造能力的提升和实现，这是马克思恩格斯一贯的理想。毫无疑问，他们曾充分肯定满足人们物质需要是人的发展的前提，认为共产主义社会的基本特征是生产力高度发展和物质财富的极大丰富，但本质地看，他们对人的发展的理解主要是创造，是人能力的提升、本质的丰富，是人的自我实现和确认。

马克思主义创始人特别强调人的发展在于创造，在于能力的提升和本质的实现，因为在他们看来，劳动是人的类特性实现及人的本质（本性）自我确证和认同的过程。

马克思认为："生产生活就是类生活。这是产生生命的生活。一个种的整体特性、种的类特性就在于生命活动的性质，而自由的有意识的

活动恰恰就是人的类特性。"① 这种活动把人同动物的生命活动直接区
别开来。"自由的有意识的活动"就是实践，也就是劳动和创造，它是
人之为人的本质规定，是人的本性。因此，在马克思看来，创造性活动
是人的发展最根本的意蕴。由于人的类特性是"自由的有意识的活
动"，因此人生存的意义就应是充分实现这一本性，就是在对象化的创
造活动中意识到并确证自我，确证自己的能力、情感和情趣。弗洛姆的
下述看法印证了马克思的观点："一个过着生产性生活的人在他衰老前
是不会退化的。相反，在生产性生活的过程中，他所发展起来的精神与
情感继续成长，尽管体力已有所衰退。然而，非生产性生活的人当他的
体力——他从事活动的主要源泉——衰退时，他的整个人格的确退
化了。"②

　　由于劳动作为人的类特性的本真意义，因而在马克思看来，人的发
展最核心的内容就是劳动及其尺度和意义的转变，由外在于人的尺度转
变为内在于人的尺度，由作为资本增值等外在目的的手段，转变成为劳
动者充分发挥自己能力和创造性、充分展示自己个性从而使自己本质力
量得到实现并丰富的过程。

　　扬弃劳动的手段性而使之成为人自我确证和完善个性的过程，有赖
于劳动性质的改变。马克思指出，在资本主义社会，"劳动对工人来说
是外在的东西，也就是说，不属于他的本质；因此，他在自己的劳动中
不是肯定自己，而是否定自己，不是感到幸福，而是感到不幸，不是自
由地发挥自己的体力和智力，而是使自己的肉体受折磨、精神遭摧
残。……他的劳动不是自愿的劳动，而是被迫的强制劳动。因此，这种
劳动不是满足一种需要，而只是满足劳动以外的那些需要的一种手
段。"③ 在资本主义社会中，异化劳动把人的劳动中自由自主的活动贬
低成为手段，劳动完全丧失了其本应具有的肯定人的积极意义。由于劳
动处于异化状态，因此"只要肉体的强制或其他强制一停止，人们会
像逃避瘟疫那样逃避劳动"④。在《共产党宣言》中，马克思和恩格斯

---

① 马克思：《1844 年经济学哲学手稿》，人民出版社 2000 年版，第 57 页。
② 弗洛姆：《为自己的人》，三联书店 1988 年版，第 155 页。
③ 马克思：《1844 年经济学哲学手稿》，人民出版社 2000 年版，第 54—55 页。
④ 马克思：《1844 年经济学哲学手稿》，人民出版社 2000 年版，第 55 页。

进一步指出："在资产阶级社会里，活的劳动只是增殖已经积累起来的劳动的一种手段。在共产主义社会里，已经积累起来的劳动只是扩大、丰富和提高工人的生活的一种手段。"① 在《1857—1858 年经济学手稿》中，马克思对资本主义社会和未来社会中劳动的性质作出了对比。他指出，在资本主义生产中，"劳动尺度本身在这里是由外面提供的，是由必须达到的目的和为达到这个目的而必须由劳动来克服的那些障碍所提供的。但是克服这些障碍本身，就是自由的实现，而且进一步说，外在目的失掉了单纯外在必然性的外观，被看作个人自己自我提出的目的，因而被看作自我实现，主体的物化，也就是实在的自由"②。他还认为，扬弃劳动、实践的手段性的必要环节，是改变生产资料所有制关系特别是劳动与生产资料分离的状态，使劳动从为他者的、否定自身的活动转变成自为的、肯定自身的活动。

扬弃劳动的手段性而使之成为人自我确证和完善个性的过程，取决于劳动条件的改善，包括改进劳动的手段、改善劳动环境以及降低劳动强度等。没有这几方面条件的改善，劳动就只能是折磨而不可能成为享受。除此之外，马克思特别强调必要劳动时间的缩短和自由时间的延长对于改变劳动性质的意义。自由时间即人们在必要劳动时间之外自由支配的时间。马克思十分重视自由时间对于人生存和发展的价值。他曾经从这一角度对资本主义剥削制度进行分析和批判，认为资本家对工人的剥削实质上是对工人自由时间的侵占。他一针见血地指出："现今财富的基础是盗窃他人的劳动时间。"③ 他分析到，"工人必须在剩余时间内也从事劳动，才有可能使他自身的再生产所必需的劳动时间物化，实现即客体化。所以，从另一方面来说，资本家的必要劳动时间也是自由时间，并不是维持直接生存的必要时间。既然所有自由时间都是供自由发展的时间，所以资本家是窃取了工人为社会创造的自由时间，即窃取了文明。"④ 从这个意义上说，资本家无偿占有工人的劳动，不仅意味着剥夺了他们的财富，而且意味着剥夺了他们的自由时间。因而从这个意

---

① 《马克思恩格斯选集》第 1 卷，人民出版社 1995 年版，第 287 页。
② 《马克思恩格斯全集》第 46 卷（下册），人民出版社 1980 年版，第 112 页。
③ 《马克思恩格斯全集》第 46 卷（下册），人民出版社 1980 年版，第 218 页。
④ 《马克思恩格斯全集》第 46 卷（下册），人民出版社 1980 年版，第 139 页。

义上说，消灭剥削、实现人的解放，就是将资本家侵占的自由时间还给工人。

马克思在论及自由时间问题时，区分了资本主义生产中节约必要劳动时间与未来社会中节约必要劳动时间迥然不同的意义：前者是为了增值资本，后者则是为着促进人的自由全面发展。他指出："资本的不变趋势一方面是创造可以自由支配的时间，另一方面是把这些可以自由支配的时间变为剩余劳动。"① 在资本主义生产中，节约必要劳动时间是为了延长剩余劳动时间、获取更多的剩余价值，即为了资本更大程度的增值。在未来的社会中，劳动时间的节约则具有根本不同的意义，在那里，"并不是为了获得剩余劳动而缩减必要劳动时间，而是直接把社会必要劳动缩减到最低限度，那时，与此相适应，由于给所有的人腾出了时间和创造了手段，个人会在艺术、科学等等方面得到发展"②。"节约劳动时间等于增加自由时间，即增加使个人得到充分发展的时间，而个人的充分发展又作为最大的生产力反作用于劳动生产力。"③ 这一论述至为深刻之处，在于指明了节约的时间之目的：增加人们的自由活动时间，扩大人们发展的空间，促进人的自由全面发展。

由于超越了手段性而成为人自我确证和完善个性的过程，在未来社会中，劳动或整个人的实践将不再是一种负担而转变成一种享受过程。正如经典作家所预言的，在未来的共产主义高级阶段，在迫使个人奴隶般地服从分工的情形已经消失，从而脑力劳动和体力劳动的对立也随之消失之后，"劳动已经不仅仅是谋生的手段，而且本身成了生活的第一需要"④。在未来的生产组织中，"一方面，任何个人都不能把自己在生产劳动这个人类生存的自然条件中所应参加的部分推到别人身上；另一方面，生产劳动给每一个人提供全面发展和表现自己全部的即体力的和脑力的能力的机会，这样，生产劳动就不再是奴役人的手段，而成了解放人的手段，因此，生产劳动就从一种负担变成了一种快乐。"⑤ 正是

---

① 《马克思恩格斯全集》第 46 卷（下册），人民出版社 1980 年版，第 221 页。
② 《马克思恩格斯全集》第 46 卷（下册），人民出版社 1980 年版，第 218—219 页。
③ 《马克思恩格斯全集》第 46 卷（下册），人民出版社 1980 年版，第 225 页。
④ 《马克思恩格斯选集》第 3 卷，人民出版社 1995 年版，第 305 页。
⑤ 《马克思恩格斯选集》第 3 卷，人民出版社 1995 年版，第 644 页。

在这个意义上，马克思恩格斯认为，在未来的社会中，劳动的性质发生了根本转变，劳动在创造财富的同时，将成为一种自由、自主的、充满创造性的、使人愉悦的活动，这种活动既创造财富又发展人自身，既发展人的体力更发展人的智力和个性，增强人的主体性，满足人自我实现的需要。在那时，劳动将真正成为人充分发挥创造性、确认自我、展示个性、完善人格、满足人自我实现需要的活动，成为人的自由全面发展过程，成为人的需要并且是第一位的需要。无独有偶的是，马斯洛在对需要层次的分析中也认为，人不仅要追求物质生活的满足，还要追求"自我实现"等其他更高层次需要的满足。

马克思恩格斯强调人的发展在于能力的提升与实现，还因为在一定条件下劳动可以成为确立、丰富和完善人的个性的过程。他们认为，人的自由发展，不仅是指他不再被动地受环境和他人的支配而具有意志与行为自由，也是指在此基础上人充分展示和发展自己的个性。个性是个人身心统一的表征，是个人知、情、意之综合表现，是个人成为其自身的内在规定性，是个人在心理行为上区别于他人的特征，因此，个性本身便是个人独特价值的体现，个性的确立是人自我确证和自我实现的过程，个性的完善和发展是人的发展的集中表现。

在我国当代，强调人的个性发展具有特殊的意义。一方面，我们正处于社会现代化过程中，人的发展面临着现代性的困扰。现代性追求普遍性、齐一性和标准化，既导致人的物化和片面化，也阻碍了人们活动和生活的丰富性，妨碍甚至遮蔽人的个性发展，或者如一些论者的所说：抽空了人的个性。另一方面，中国传统文化向来缺乏对个性和主体性的倡导，总是把个人完全置于某种整体中来理解，单方面强调人的社会角色、职责和义务，在这种氛围中，人们往往缺乏个体意识、缺乏选择生活的愿望，甚至缺乏选择生活的可能性。对于面向现代化的中国人来说，发展个性具有尤为重要的意义。没有个性的充分发展，就谈不上每个人的自由全面发展，个人从而社会的发展就会失去活力和创造力。个性的发展不仅取决于人对它的意识程度，还取决于一定的社会条件，与之相联系，个性的培养和发展要经历一个过程，不会一蹴而就。当然，在强调个性的同时又应看到，个性与共性相辅相成，个性的发展不能离开社会的进步，不能以否定社会、集体和他人的价值和利益来张扬个性，否则人的个性不可能得到真正合理的发展，反而会因与社会和他人冲突而发生扭曲。人的个性只有在生活和实践中，在与他人和社会的交往中才能得到丰富并得以充分地展示。在未来社会中，个性的充分发展将是个人自由全面发展的一个重要方面。

三、休闲活动与人的发展

马克思十分重视"自由时间"对人生存发展的意义，不仅因为在他看来自由时间是人的"自由的有意识"活动的前提，还因为自由时间是人的发展的空间，是人最宝贵的财富。他指出，在未来的社会中，"生产力的发展将如此迅速，以致尽管生产将以所有的人富裕为目的，所有的人的可以自由支配的时间还是会增加。……那时，财富的尺度绝不再是劳动时间，而是可以自由支配的时间。"① 以自由时间作为财富的尺度，表明了马克思对人的自由全面发展的向往，表明他对人生价值和意义、对幸福的理解超越了前人，超越了他那个时代甚至现时代通行的资本逻辑的限制！

难能可贵的是，马克思在阐释自由时间的价值时，颇有预见性地将"自由时间"分为"闲暇时间"和"从事较高级活动的时间"②。"从事较高级活动"是马克思对人的自由全面发展理解中一以贯之的内容，例如在《德意志意识形态》中关于未来共产主义社会中"每个人都可以在任何部门内发展"的描述以及上述"个人会在艺术、科学等等方面得到发展"的论述，便是其典型的表述。对于"闲暇时间"，囿于时代和历史任务的限制，马克思没有也不可能作出更为详尽的阐释。但是，将自由时间之一部分界定为闲暇时间，显然体现出马克思对于人理想的或"应然"的生活状态的某种理解和期待，联系到当代人生存发展的趋势以及生活方式的新变化，"闲暇时间"一说无疑颇具前瞻性。随着经济发展和社会的进步，闲暇时间将越来越多地用于休闲活动，闲暇时间的延长将使休闲成为人们基本的生活内容乃至生活方式，休闲生活的发展，将是未来人的发展的重要内容。

---

① 《马克思恩格斯全集》第 46 卷（下册），人民出版社 1980 年版，第 222 页。
② 《马克思恩格斯全集》第 46 卷（下册），人民出版社 1980 年版，第 225—226 页。

休闲是人们在社会必要劳动时间之外进行的一种相对自由的、享受性的活动。休闲活动至少有如下特征：一是摆脱了日常工作的限制，超越了谋生的需要。休闲的方式和内容是丰富多样的，健身娱乐、游戏消遣、观光旅游、阅读作品、欣赏文艺表演以及文学书画创作，乃至作为爱好的体力劳动等，都属于其范围。休闲所以为休闲，关键在于与谋生无关，不是必须的劳作，不是受功利所驱使，更不是服从于外在的目的、受到外在力量的控制，而是随人们的意愿所为，出于消遣时光、放松心情或愉悦精神之需要。同样一种活动，在不同环境中的意义会大相径庭，例如人们在闲暇时种花养鱼、创作文学或书画作品以及其他一些脑力或体力劳作如做农活或木工活等，在以往是属于谋生之需，在闲暇的条件下则可以转变为休闲活动。相关的研究表明，休闲是一个身心放松的过程，是一种有益于身心健康的心态或内心体验，休闲质量的高低不仅仅取决于物质条件，甚至不取决于从事什么活动。例如，一个人即使在度假或娱乐，如果仍然在考虑工作上的事或为其他事情所困扰，也不会感到轻松，不会愉快地放松自己的心情；反之，即使处于工作状态或正在做家务，如果环境良好，心情没有压力甚至放松、愉悦，也会有休闲的心态，享受劳动的过程。二是时间、方式和内容上的自主性。由于所作所为不是迫于生计或其他外在原因而是出于自愿，因而人们可以随自己的兴趣（兴致所至）、需要和方便任意安排时间，选择活动内容，确定活动方式。人们可以做任何自己想做的无碍于他人且有益于身心健康的事情，可以"随自己的兴趣今天干这事，明天干那事。"[1] 在这里，活动超越了分工的限制，每个人都可以在所感兴趣的领域发展自己的天赋、培养和展示自己的能力，例如在作为休闲的活动中，"没有单纯的画家，只有把绘画作为自己多种活动中的一项活动的人们"[2]。这不再是传统意义上的劳动，而是超越了谋生的手段意义的活动，是真正成了体现人的类特性的自由自觉的活动，是一种真正的精神的享受，是人的自我肯定和自我实现。

摆脱无休止的繁重的劳动，拥有自由自在的时光，在身心各方面放

---

① 《马克思恩格斯选集》第 1 卷，人民出版社 1995 年版，第 85 页。
② 《马克思恩格斯全集》第 3 卷，人民出版社 1960 年版，第 460 页。

松自己，是人类由来已久的夙愿。休闲作为一种生活状态，古已有之，但长期以来，休闲的权利一直为少数人所垄断，成为少数人的专利。在生产力水平低下以及社会公正极其缺乏的时代，绝大多数人缺乏基本的生活资料，食不果腹、衣不蔽体，终日辛劳，在一生中不得不花掉几乎所有的时间和精力用于谋生，以维持最低程度的生存条件，并为少数人创造剩余产品，日复一日，年复一年，既没有休闲的物质条件和心情，也没有用于休闲的闲暇时间。自由地支配时间、享受时光，超越分工的限制，干自己愿意干的事情，对绝大多数人来说只能是一种幻想或梦想。即使在 19 世纪，欧洲的工人阶级还在为争取八小时工作制而不懈斗争。这是问题的一个方面。另一方面，在西方现代化的过程中，无论是基于新教伦理的资本主义精神还是出于追求金钱和财富的欲望，人们总是将人生的主要目标和精力放在挣钱上，力图获得更多的金钱和财富，并为之不懈地奔波和奋斗。

在现实中，休闲之所以成为可能是有条件的。休闲之所以正在成为当代人普遍的生活方式和消费项目，是因为科技发展和制度安排提高了人们的工作成效。正如罗尔斯所指出的："如果闲暇时间包含在基本善的指标中，社会就必须确保每个人一般来说都有机会能得到富有成果的工作。……关键在于，如果这样做是可行的，是表达这种思想的最好方式，即所有公民都应该在社会合作工作中承担他们应分担的那部分任务，那么我们就可以把闲暇时间包括在基本善的指标中。"① 休闲在未来能够作为一种基本的、普遍的生活方式，前提就是生产力发展、基本生活资料满足基础上的"自由时间"增加。

休闲成为一种基本的生活方式，一种消费方式，一种享受性发展，始于现当代。在当今，随着科技进步，必要劳动时间大为缩减，八小时工作制在许多地方早已成为现实。随着物质生活条件的改善和观念的演变，人们对生活质量的重视与日俱增。客观条件和主观愿望的变化，使人们的生活态度和生活方式发生了很大的变化。在一些西方发达国家，休闲已经成为生活的基本内容乃至目的，成为一种新生活方式。"许多

① 约翰·罗尔斯：《作为公平的正义——正义新论》，上海三联书店 2002 年版，第294页。

商界人士正在摆脱对高科技无休止的疯狂竞争，现在这些人的数量比以往更多。厌倦了累人的工作周，公司经理和秘书都愿意花更多的时间和家人在一起，在大自然中寻找慰藉。"① 在我国，随着工作和生活条件的改善以及法定劳动时间的缩短，休闲开始进入许多普通人的生活领域，逐渐成为生活的基本内容。

信息化和知识经济的出现，极大地改变了人们的生活方式和工作方式，模糊了工作和休息的界限，赋予休闲以新的内涵。"许多信息工作者的生产力提高不会导致缩短工作时间，而是——相反地——导致工作和业余时间之间的界限消失，不管在工作时间还是业余时间都会变得更忙，主要从事信息工作。……越来越多的信息工作者所抱怨的时间压力增加，也是由这个事实产生的。"② 工作和休息界限的模糊乃至消失，是人生存方式变迁的一个基本趋势。一般地说，这一趋势在不同的阶段对未来人们生活的影响有两种可能的情形：一种情形是，在信息化和知识经济有所发展而又相对发展不足时，工作趋于紧张，休息时间成为工作时间的延伸，为工作所侵占，即上文所述之情形，这显然是初期的情况。另一种情形是在信息化高度发达的条件下，工作节奏和强度趋于缓和。一方面，随着信息化程度和知识经济层次的提高，工作时间逐渐缩短而自由支配时间逐渐延长，休息和休闲余地更大；另一方面，随着信息化程度和知识经济层次的提高，工作时间缩短，强度大大降低，并且工作的可选择空间增大，从而将逐渐达到工作与兴趣的融合，这时，工作状态与休闲状态间的界限将趋于模糊，工作本身就将具有休闲和享受的性质，休闲与工作将融为一体。

休闲成为基本的生活方式，顺应了需要由低级向高级进化的趋势，是社会进步的结果，反映了人们提高生活质量的愿望，也符合当代可持续发展的要求。

休闲成为基本的生活方式，顺应了需要由低级向高级进化、从物质性需要和享受转向非物质性需要和享受的趋势和要求。需要层次理论认为，物质需要主要是生存层面的，因而是有限的，就人的本性而言，更

---

① 《参考消息》2000 年 9 月 6 日。
② 《参考消息》2000 年 5 月 30 日。

高层次的、可以无限拓展的是精神层面的需要。比较而言，无止境地追求物质需要的满足，占有和享用更多的物质财富，本质上只是低层次需要的量的扩张，对于人的发展并无实质性推进，甚至会引发拜金主义、畸形消费而阻碍人和社会的全面发展。反之，休闲、创造（自我实现）等需要，本质上是精神层面的、高层次的需要，这类新的需要的满足和拓展体现着人的发展最本真的含义。

休闲成为基本的生活方式，提高了人们的生活质量，促进了人的自由全面发展。休闲扩大了人活动的范围，增强了人生存活动的自由自主性，丰富了人的生活内容，提升了人的生活质量。休闲是一种身体放松、精神愉悦的过程，是真正自由的活动，在一定程度上也是一种自觉的活动。在这一过程中，人们可以尽情地享受生活，或沉醉于文学艺术作品之中，或在健身锻炼中强健体魄、振奋精神，或沉浸在自然美景之中任思绪无边地飞扬……休闲是一种积极的享受性发展，健康快乐、积极向上、悠然自得地休闲，可以使人在活动、创造和欣赏中心情放松，赏心悦目，获得无穷的乐趣，更可以陶冶人的性情，提升人的修养，升华人的境界。休闲是人的自主性活动，人们在休闲过程中可以做自己想做的事情，根据自己的爱好和情趣充分发挥和展示自己的才华，从自由的创造中证实自我、感受愉悦，发展能力和个性。

休闲成为基本的生活方式，顺应了当代可持续发展的要求。休闲成为基本的生活方式，标志着人们消费方式和方向的转变，从传统的以享用物质财富为主的生活方式转为休闲，实际上意味着由消耗自然资源、改变（包括破坏）自然环境向欣赏自然和维护自然的转变。休闲是一种典型的资源节约型和环境友好型消费方式。休闲固然是一种享受性发展，但享受或消费的内容主要是精神形态的；休闲当然要以一定的物质条件为基础，但作为一种消费方式，超越了以往主要以消耗物质资料为内容和代价的消费方式，转向了以欣赏、体验、享受自然、文化等为内容的精神消费。即使在与自然相关的休闲活动中，人也主要不是在物质需要方面消耗性地享用自然物，而是在精神需要方面欣赏、体验和享受自然，与自然进行情感的、审美的交流。在这一过程中，人全身心地融入自然，与自然一体，不再像以往那样致力于改变自然的现状，从而不再像以往那样与自然截然对立，以改变环境、消耗资源为代价。更为重要的是，由于人们在休闲活动中将自然作为怡情、审美的对象，就必然要维护自然的本真状态或原生态，就会尽力保护而不是改变甚至破坏自然。正因为如此，人们称以旅游观光和休闲为主要内容的当代旅游业为"无烟工业"或"无烟产业"，是颇为形象和名副其实的。休闲生活和休闲产业的发展将有力促进人类需要的转向，引领未来生活方式的演变潮流，收到促进人的发展与可持续发展一举两得的双赢效果。

四、精神生活与人的发展

人的发展最为广阔的空间是精神生活的发展。拓展和满足人的精神需要，丰富人的精神生活，提升人的精神境界，是可持续发展的要求，是未来人的发展的主要方向。

人的全面发展既体现在物质生活方面也体现在精神生活方面。马克思认为，人的需要是丰富多样的，人以其需要的无限性和广泛性区别于其他一切动物，马斯洛在《动机与人格》一书中则揭示了需要的层次性以及各层次需要之间的关系。对需要的类型除了可以作层次上的划分以及前述合理性的区分之外，还可以有其他角度的分类。从内容上看，需要可以区分为物质的和精神的两个方面。物质需要和精神需要是密切相关的，其基本关系是：就满足顺序而言，一般是先物质后精神，物质需要满足是精神需要满足的前提，物质需要得到满足后才会有精神需要；从发展的趋势看，则是从侧重物质到侧重精神。在物质资料匮乏、文化不够发达的情况下，人们通常将注意力放在物质生活水平的改善上，精神生活则属于次要的甚至可有可无的事，随着物质需要的满足，人们对精神生活的渴求将愈显突出。

与物质生活相比较，精神生活内容更为丰富，具有更加广阔的深化和拓展空间。精神需要将伴随着社会进步不断深化和扩展。从未来社会发展的趋势看，虽然物质生活水平仍然会有新的提高，但相对来说，这种提高的范围是有限的，至少在量上是如此。就主体而言，人的必要或基本的物质需要相对来说是有限的；就客体而言，资源环境的边际愈趋清晰，无止境地追求物质享受，不加限制地消耗自然资源的生活方式将难以为继。精神生活则不然。事实已经必将进一步证明，精神生活的资源不仅不会在消费中枯竭，反而将随着时代的进步而无限扩展，在知识经济初露端倪的当今，知识爆炸现象的出现就是明证。这是从可能性上来说的。从必要性来看，正如一些有识之士所指出的：在社会经济发展到一定阶段后，物质消费与个人幸福之间的关系是微乎其微的，人的幸福程度并不完全与他占有和享受物质财富的数量成正比，相反，人们应将对生活幸福的追求转向精神生活方面。这两方面因素从不同侧面提示我们：当社会发展到一定程度时，精神生活质量将成为衡量整体生活水平的主要标志；促进人的全面发展，将在更大程度上要通过改善精神生活来实现；拓展精神生活领域、丰富精神生活内涵、提升精神生活质量和精神境界，将是未来人的发展的重要内容。

精神生活内容极为丰富多样，关注精神生活，既要满足人们日常的精神文化需要，又要充实人的精神世界，提升人的精神境界。

关注精神生活的一个重要方面，是满足人们的文化生活需要，丰富和充实精神生活内容。在社会现代化背景下关注人们的精神生活具有特别的意义。现代化的人不仅是创造和享受现代化物质生活的人，亦应是创造和享受现代化精神生活的人。一方面，现代化改变了一直以来经济短缺的状况，由于需要由低级向高级变迁的趋势，在物质需要基本得到满足，人们不必整日为衣食、温饱奔波之后，精神生活的需求便日益增长，更加凸显。另一方面，现代化加快了社会运行的速度，使人们在精神上处于高度紧张之中；同时，现代生产决定了人们的活动趋于单一化，放松精神、愉悦心情、调节生活节奏成为生活之必需。满足人们的精神需要，既要提高人们的精神文化素质，提升人们对文化的理解、接受和欣赏能力，又要大力推进文化事业建设，包括发展文化创意产业，生产更多高质量的、为人们所喜闻乐见的大众文化产品，满足人们休闲娱乐需要。

精神生活的丰富和满足与人的发展互为条件又相互促进。以精神生活重要内容的审美为例。审美是一种精神享受和精神愉悦过程，也是人的发展的要求。作为人高层次的精神活动，审美要以低层次生活需要的满足为前提，以一定的主体能力为条件。马克思认为："忧心忡忡的、贫穷的人对最美丽的景色都没有什么感觉；经营矿物的商人只看到矿物的商业价值，而看不到矿物的美和独特性；他没有矿物学的感觉。因此，一方面为了使人的感觉成为人的，另一方面为了创造同人的本质和自然界的本质的全部丰富性相适应的人的感觉，无论从理论方面还是从实践方面来说，人的本质的对象化都是必要的。"① 这一论述蕴涵着两方面的思想。一方面，审美要以较低层次需要的满足为条件，且需以超越现实利益为前提。没有低层次需要的满足，终日为衣食所累，既不会有审美的需要，不会有审美的情趣或"闲情逸致"。另一方面，审美要以一定的主体能力为条件。人的审美能力不完全是天赋的、与生俱来的，而是后天养成的。与马克思的见解相似，罗尔斯顿也认为审美的能力是后天养成的，是可以发展的，例如他认为"我们会赞美石榴石晶体内在的对称性，能欣赏森林中腐殖质的复杂性。所有这些经验的获得，都是以文化对我们的教育为中介的，其中有一些还是由于有了科学才成为可能的。"② 对美的追求同对真、善的追求一样是人的本性，人类很早就产生了审美需要。对世界各国家和地区的美术史、音乐史、文学史等的研究表明，人类还在远古时代就有了许多最初的艺术创作，但由于条件的制约，在历史的长河中，审美并非人类生活的主旋律，而只是少部分人的专利，即使对于这少部分人而言，由于利益驱使，审美也未能脱离利益的制约，只是生活附属的部分。随着社会进步和经济文化的发展，作为高层次需要之一的审美需要，在人的精神需要满足和发展中将具有愈益重要的地位。一般地说，审美在生活中的地位是与人的生存条件的改变成正比的。生活水平越高，越具备审美的时间和条件，审美的需要也就越发强烈，审美在生活中的地位也越发重要。

关注精神生活的另一个重要方面，是充实人的精神世界，提升人的精神境界。精神生活对于人来说不仅具有消遣、愉悦、怡情的价值，还在于充实人的精神世界，提升人的精神境界。后一点对于人的自由全面发展尤为重要。当然，上述两个方面并非截然对立而应是内在统一的，同一种精神生活可以具有消遣、愉悦和提升精神境界的双重意义。同样以审美为例。有学者指出：审美既是一种精神享受的过程，又是人的情感和人生境界的提升过程。人在审美中可以创造一种意向的世界，使自

① 马克思：《1844年经济学哲学手稿》，人民出版社2000年版，第87—88页。
② 霍尔姆斯·罗尔斯顿三世：《哲学走向荒野》，吉林人民出版社2000年版，第167页。

己对美好的生活充满期待和追求，从而可以培养和发展人的情感和爱心。审美所以能提升人的精神境界，是因为这一活动可以将人带入充满意趣和情调的世界，回归真实、本原的生活世界，使人获得一种感恩的体验和心情，开阔人们的胸怀，纯洁人的心灵，引发人们对他人和世界万物的爱心和责任。这里对审美意义的解读不无理想的成分，但却指明了审美作为人高层次生活需要的特征。

根据马克思的观点，审美作为"同人的本质的全部丰富性相适应的人的感觉"的实现，是人的本质的对象化，同时也是人的本质的丰富过程。审美既是人的精神享受过程，也是人情趣、修养、能力的培养过程，人会在审美过程中受到熏陶和启示，在精神上得到充实和提高。从这个意义上说，审美直接提升人的素质，促进着人的发展。一些学者甚至认为，审美乃是人最高层次的存在方式，是生活最本真的意义所在。法兰克福学派一些学者也曾认为，马克思只是追求美的享受，他的共产主义的人多半是一个审美者，共产主义是一个道德的和美学的天地。这一说法虽然不无偏颇，但无疑从一个侧面凸显了审美在未来人们生活中的价值。由此可见，从发展的趋势看，一方面，只有社会发展到一定阶段，审美才能成为生活的基本需要；另一方面，审美是未来人的需要主要的发展方向。

充实人的精神世界，提升人的精神境界，必须创造新的文化观念特别是精神价值。从社会转型和文化批判角度看，创造新的精神价值比生产大众文化产品更为不易。一般说来，制造大众文化产品往往是对人们自发的情绪和精神需求的顺应，比较适于市场的需要，容易达到与经济效益的统一。创造高层次的精神产品则不然，往往少有直接的市场需求和经济效益，甚至在一定程度上与市场取向相背离，与现代化的自发倾向相矛盾。正是这种背离和矛盾，给当代人的精神生活带来了一些问题，如大众文化内容的庸俗化、肤浅化，制作方式的程序化，运作方式的商业化，消费方式的快餐化等，与之相对应的，是高雅文化曲高和寡，高层次的精神生活远离大众，对人格理想和精神境界的追求式微，传统的优秀价值观念遭到冷遇甚至被拒斥。这些问题表明，在社会现代化进程中，应自觉提升精神文化的层次，构建与人的发展相适应的精神价值。

一个时期以来，对信仰缺失、价值失落等问题一直应对无力的事实表明，价值建构应注重内在的理想信念和精神境界。价值有内在与外在之别。通常论及或提倡的，多是外在的社会价值，如设定某种社会目标并倡导为之奋斗乃至献身等，设定并遵循普遍的社会价值无论对于社会的发展，还是对于一定时期中充实人们的精神世界，都是必要的，但却又不够。仅仅将精神追求、精神生活置于外在的价值或某种现实目标上，具有较大的不确定性和变动性，在以市场取向为基本规则的社会环境中，还会出现个人价值取向与社会运行规则的矛盾冲突，从而存在着由社会基本运行规则引发的接受障碍。事实表明：从根基上充实人的精神世界，提升人的精神境界，不能仅仅以外在的、为他的社会价值替代或充当自为的、内在的价值，在强调人为他的社会价值及人生的社会意义的同时，亦应确立和构建人自身内在的价值，特别是确立当代人的精神价值。精神价值是人内在的、自为的价值之核心，它是人类精神生活与人文素质发展的积淀，是人的生存、生活所以成为"人的"之根据，关乎人的精神追求，人格、个性、自我意识的发展和主体性的充实。当前学界在讨论"和谐社会"时认为，和谐社会包括人与自然、人与人及人的身心和谐。实际上，与两种和谐相关或在身心和谐之中，最重要的是人的内心和谐，具有充实的精神生活，高尚的境界和理想信念。身心和谐、精神充实和境界高尚，一直是仁人志士们不懈的追求。

对于当代中国精神价值的建构路径，学术界存在着不同的理解：有人着眼于从中国传统文化中挖掘资源；有人主张借鉴西方近现代的人文、人道传统；也有人主张两种路径并行，对中国传统精神文化和西方精神文化兼收并蓄。确立当代人的精神价值，应借鉴、融合中西方文化的思想资源。在中西方文化精神的选择借鉴上，非此即彼的态度是不可取的。单纯强调从中国传统文化中挖掘人文资源，譬如文化守成论或文化保守主义，虽然有注重历史传承和民族特征的合理因素，但却往往与时代的变迁格格不入，难以适应当代社会经济、政治、文化的发展，也无从满足当代人的精神需求，妨碍人的主体意识、个性意识和人格意识确立，制约人的精神健全和发展。反之，无条件地认同文化全球化，只是从西方近现代文化传统的借鉴中建构人文精神，势必陷于民族文化虚无主义，弱化乃至消解民族文化的基本精神和价值，丢失本民族赖以自我认同和表征的精神文化根据。结论或许是：在文化精神的传承和借鉴上，既不应闭关自守、故步自封，又不能生吞活剥，而须融会中西、贯通古今。也就是说，上述第三种路径显然是可取的。

随着经济全球化的发展，不同国家民族文化的相互激荡和交往日趋加深，文化的全球化已呈现出不可阻挡之势，在这一大背景下，许多学者提出了关于未来文化之走向的见解。受到马克思恩格斯关于形成一种"世界文学"的启示，有人认为未来人类文化发展的可能趋势，是在各民族文化保持自身特色的同时又走向融合，形成一种新的全球文化。就中国当代及未来文化建设来说，重要的问题在于保持自身文化特色与接轨全球化的关系。精神价值的建设同样存在着全球化与民族化相统一以及融会中西、贯通古今的问题。

众所周知，中、西方传统文化尤其是哲学中，蕴涵着大量优秀的精神价值资源。西方哲学、心理学、心灵哲学对"精神解放"内蕴的阐释，对生存意义、身心关系、内省与自我意识、意向性等的理解，西方文化和社会心理中的主体意识、人道意识、感恩意识、敬畏意识、超越意识等，对于我们现代化进程中人文意识的自觉、精神价值的确立有着重要的参考和借鉴意义。这些意识不仅是西方思想史的长期积淀，而且切合现代化发生了意义的转换，具有较为鲜明的当代性。中国传统的人文精神，如气节、崇德、宽恕、谦敬、乐群、重义、慎独、善良、达观、宁静、兼善等理念，有着独特的价值及鲜活的生命力，是建构当代中国精神价值的重要资源。中华民族向来注重精神修养，注重精神体验和精神境界的提升。历来的仁人志士修身养性，不仅是为着齐家、治国、平天下，本身亦具有怡情养性、提升境界的意蕴。所谓养浩然之气，所谓致良知，既是为着社会责任的承担，也是为着人格修养、精神充实。

当代中国社会的精神价值建构，要根植于传统，面向世界，又要直面社会实践、社会生活及其未来发展。因此，在中西文化精神融合互补的路径之外，在与时代和现实的对话中阐发马克思哲学的人文意义，无疑是当代中国精神价值建构的又一重要路径。中国的马克思主义哲学在立足于分析社会问题、设定社会理想和目标的同时，还应致力于精神价值建构，确立内在人的理想信念，阐释人的生存态度、精神追求和精神价值。马克思主义哲学具有丰富的"人文意义"，在对人的解放和发展的应然设定以及对资本主义制度的实然批判中，充分肯定了以人为本的价值取向和精神追求。建构马克思主义的精神价值并给予其中国化的理解，既是当代中国的精神价值建设的重要一环，又是马克思主义哲学中国化的要求，也是中国文化精神乃至中国文化走向世界的一条重要途径。

从人的发展和可持续发展统一的视角看，精神生活的发展显然具有双重意义：其一，精神生活将是人们未来生活发展的主要领域，精神生活的进一步丰富，精神境界的进一步提升，将不断满足人们日趋增长的高层次需要，同时也顺应了人的自由全面发展的总体趋势。其二，精神生活的发展体现了可持续发展的要求。精神生活的发展将改变人类有史以来以消费物质资料为主的生活方式，根本上扭转迄今仍在延续的无限追求物质财富的倾向，促进生态文明的建设。精神生活的发展特别是精神境界的提高，将进一步优化人的素质，改进人的生存态度和需要定位，使人们更加自觉地向往天地境界，善待自然，选择健康文明的绿色生活方式，促进人与自然的和谐及协调发展。可以肯定的是，精神生活的发展集中体现着可持续发展与人的发展之统一，将是未来人的发展的主要方向。

结语：在生态文明中
实现人的发展

　　在漫长的历史中，人类相继创造了物质文明、精神文明和制度文明，在当代，又创造了新型的生态文明。生态文明是当代人类文明发展最显著的标志之一。就产生的背景看，生态文明是生态危机乃至人类生存危机的反映，但就长远的意义看，生态文明的出现却不仅是对当下处境的一种被动性适应，更是人类一种主动的选择，是对人与自然关系的重新理解和定位，是人生存态度和生活方式的根本转向与重塑。

　　人的自由全面发展既有赖于物质文明、精神文明和制度文明的进步，也有赖于生态文明的建设，有赖于在生态文明的语境中更新观念，确立健康文明的绿色生活方式。只有在高度的物质文明、精神文明、制度文明和生态文明全面进步的基础上，才可能有人的持续生存和自由全面发展。

　　人创造环境，同样，环境也创造人。在生态文明中实现人的发展，不仅意味着环境的优化、美化、宜居，更意味着人自身的改变。人的素质的提高、生存态度和需要定位的改变表现在实践上，就是要选择有利于人自身发展的，人与人及人与自然和谐相处的健康文明的绿色生活方式。较之于传统的生活方式，绿色生活方式具有新的特点和内容。

绿色生活方式应是有利于人的发展的生活方式。人的全面发展是社会主义现代化建设的根本目的，也应是人们在生活中追求的目标。人的发展既包括人的素质的全面提高、人的能力和个性的充分体现和发展，也包括人的需要的满足和身心的和谐与健康。因此，有利于人的发展的生活方式，应有利于满足人正当的物质文化生活需要，有利于人的身心健康和身心的和谐发展，有利于人的精神追求和精神境界的提升。

绿色生活方式应是人与他人和社会和谐相处的生活方式。生活方式作为物质与文化消费活动的方式，不仅关系到消费主体需要的满足，也涉及与他人和社会的关系。健康文明的生活方式，必须是在满足人自身需要的同时，亦有利于或至少不影响他人和社会利益的生活方式。在这种良性的生活方式中，人们之间互不侵害，相互依存又相互帮助，既能维系正常的生活秩序，又能融洽人与人之间的关系，形成人与人之间和谐交往的生活氛围。人与人的和谐并不是所有人趋同或浑然一体，而是在每个人保持个性的基础上的和谐共处。每个人的自由发展是一切人的自由发展的条件，表达的正是此种和谐之意，即每个人充分发展自身，同时又不影响并有利于他人的发展。生活的方式合理化将促进和保障社会关系的丰富化与和谐化。

绿色生活方式应是人与自然协调发展、和谐相处的生活方式。资源存量和环境承载力的有限性改变了生活方式合理性的尺度。在生态文明时代，判断一种生活方式的优劣，不仅应基于人的需要的满足程度，还应考量对于自然资源和环境的影响。健康文明的生活方式，应是"绿色"的生活方式，是对自然环境影响尽可能小的、从自然中索取资源尽可能少的、人与其生态和谐相处的生活方式，是节约资源、保护环境、维护生态平衡的生活方式。在绿色的生活方式中，人的生存与自然物的生存总体上应并行不悖：人改造、利用而又保护自然，人与自然处于和谐并良性互动的过程中。

人类正在进入生态文明的崭新发展阶段。生态文明的出现，将对人与自然的协调发展产生积极的、深远的影响。生态文明是可持续发展与人的发展相统一的文明形式，是人类在未来不断开创新生活、实现新发展的必然选择。

参考文献

《马克思恩格斯全集》第 1 卷，人民出版社 1956 年版。

《马克思恩格斯全集》第 2 卷，人民出版社 1957 年版。

《马克思恩格斯全集》第 3 卷，人民出版社 1960 年版。

《马克思恩格斯选集》第 1 卷，人民出版社 1995 年版。

《马克思恩格斯选集》第 2 卷，人民出版社 1995 年版。

《马克思恩格斯选集》第 3 卷，人民出版社 1995 年版。

《马克思恩格斯选集》第 4 卷，人民出版社 1995 年版。

《马克思恩格斯全集》第 46 卷（上册），人民出版社 1979 年版。

《马克思恩格斯全集》第 46 卷（下册），人民出版社 1980 年版。

马克思：《1844 年经济学哲学手稿》，人民出版社 2000 年版。

马克思：《资本论》第 3 卷，人民出版社 1975 年版。

列宁：《黑格尔〈逻辑学〉一书摘要》，人民出版社 1965 年版。

勃·凯德洛夫：《论恩格斯〈自然辩证法〉》，三联书店 1980 年版。

施密特：《马克思的自然概念》，商务印书馆 1988 年版。

Г. А. 巴加图利亚：《马克思的第一个伟大发现》，中国人民大学出版社 1981 年版。

阿格尔：《西方马克思主义概论》，中国人民大学出版社 1991 年版。

约翰·贝拉米·福斯特：《马克思的生态学——唯物主义与自然》，高等教育出版社 2006 年版。

北京大学哲学系外国哲学史教研室：《古希腊罗马哲学》，商务印书馆 1961 年版。

亚里士多德：《政治学》，商务印书馆 1965 年版。

亚里士多德：《尼各马可伦理学》，商务印书馆 2003 年版。

北京大学哲学系外国哲学史教研室：《18 世纪法国哲学》，商务印书馆 1963 年版。

洛克：《政府论》（下篇），商务印书馆 1964 年版。

卢梭：《论科学与艺术》，商务印书馆 1963 年版。

卢梭：《论人类不平等的起源和基础》，商务印书馆 1962 年版。

卢梭：《社会契约论》，商务印书馆 1980 年版。

康德：《历史理性批判文集》，商务印书馆 1990 年版。

康德：《判断力批判》（下卷），商务印书馆 1964 年版。

黑格尔：《历史哲学》，上海世纪出版集团 2001 年版。

亚当·斯密：《国民财富的性质和原因的研究》（下），商务印书馆 1972 年版。

马克斯·韦伯：《新教伦理与资本主义精神》，商务印书馆 1987 年版。

罗素：《西方哲学史》，商务印书馆 1976 年版。

皮亚杰：《发生认识论原理》，商务印书馆 1981 年版。

卢卡奇：《历史与阶级意识》，商务印书馆 1992 年版。

胡塞尔：《欧洲科学危机和超验现象学》，上海译文出版社 1988 年版。

《海德格尔选集》（下），上海三联书店 1996 年版。

海德格尔：《路标》，商务印书馆 2000 年版。

霍克海默、阿多诺：《启蒙的辩证法》，重庆出版社 1989 年版。

弗洛姆：《占有还是生存》，三联书店 1989 年版。

弗洛姆：《为自己的人》，三联书店 1988 年版。

《弗洛姆文集》，改革出版社 1997 年版。

弗罗洛夫：《人的前景》，中国社会科学出版社 1989 年版。

丹尼尔·贝尔：《后工业社会的来临》，商务印书馆 1984 年版。

丹尼尔·贝尔：《资本主义文化矛盾》，商务印书馆 1989 年版。

巴伯：《科学与社会秩序》，商务印书馆 1991 年版。

约翰·罗尔斯：《正义论》，中国社会科学出版社 1988 年版。

约翰·罗尔斯:《作为公平的正义——正义新论》,上海三联书店 2004 年版。

詹明信:《晚期资本主义文化逻辑》,三联书店 1997 年版。

戴维·佩珀:《生态社会主义:从深生态学到社会正义》,山东大学出版社 2005 年版。

唐纳德·沃斯特:《自然的经济体系——生态思想史》,商务印书馆 1999 年版。

巴里·克拉克:《政治经济学——比较的观点》,经济科学出版社 2001 年版。

弗里德里希·冯·哈耶克:《哈耶克文选》,凤凰出版传媒集团、江苏人民出版社 2007 年版。

丹皮尔:《科学史》,商务印书馆 1957 年版。

梅森:《自然科学史》,上海译文出版社 1980 年版。

亨利·梭罗:《瓦尔登湖》,吉林人民出版社 1997 年版。

蕾切尔·卡逊:《寂静的春天》,吉林人民出版社 1997 年版。

巴里·康芒纳:《封闭的循环》,吉林人民出版社 1997 年版。

丹尼斯·米都斯:《增长的极限》,吉林人民出版社 1997 年版。

芭芭拉·沃德、勒内·杜博斯:《只有一个地球》;吉林人民出版社 1997 年版。

世界环境与发展委员会:《我们共同的未来》,吉林人民出版社 1997 年版。

艾伦·杜宁:《多少算够》,吉林人民出版社 1997 年版。

卡洛林·麦茜特:《自然之死》,吉林人民出版社 1999 年版。

霍尔姆斯·罗尔斯顿三世:《哲学走向荒野》,吉林人民出版社 2000 年版。

曲格平:《我们需要一场变革》,吉林人民出版社 1997 年版。

洪银兴主编:《可持续发展经济学》,商务印书馆 2000 年版。

叶文虎:《可持续发展引论》,高等教育出版社 2001 年版。

冯华:《怎样实现可持续发展》,中国文史出版社 2005 年版。

陈昌曙:《哲学视野中的可持续发展》,中国社会科学出版社 2000 年版。

后　记

　　写完最后一行字，有一种如释重负的感觉。这种感觉与其说是完成任务后的喜悦，毋宁说是走出泥淖后的庆幸。

　　有关可持续发展的研究对我来说是一个陌生的领域，进入之后总有一种迷失方向的忐忑，虽然一路步履蹒跚，但终于走出来了。坦率地说，心情并未真正轻松起来。

　　这是我所经历过的最艰难的写作体验。之所以选择这一课题，是因为在对人的发展基本理论作出一些探讨之后，想为当代人的发展问题研究寻找一个个案，通俗的说法，即试图在理论联系实际方面作一些尝试。这只是一个开端。随着时代的变迁，关于人的发展问题的理论探讨和实证研究无疑将进一步展开。这是作者所期待的。

　　衷心感谢责任编辑夏青同志为本书出版付出的辛勤劳动，感谢方国根主任的信任和支持。

　　本项研究和本书出版分别得到了北京市社科规划办和社科联出版基金办公室的资助，在此一并表示感谢。

　　由于跨领域研究的困难，更由于作者知识和能力有限，本书疏漏、不妥之处在所难免，恳请读者指正。

陈新夏

2008 年 5 月

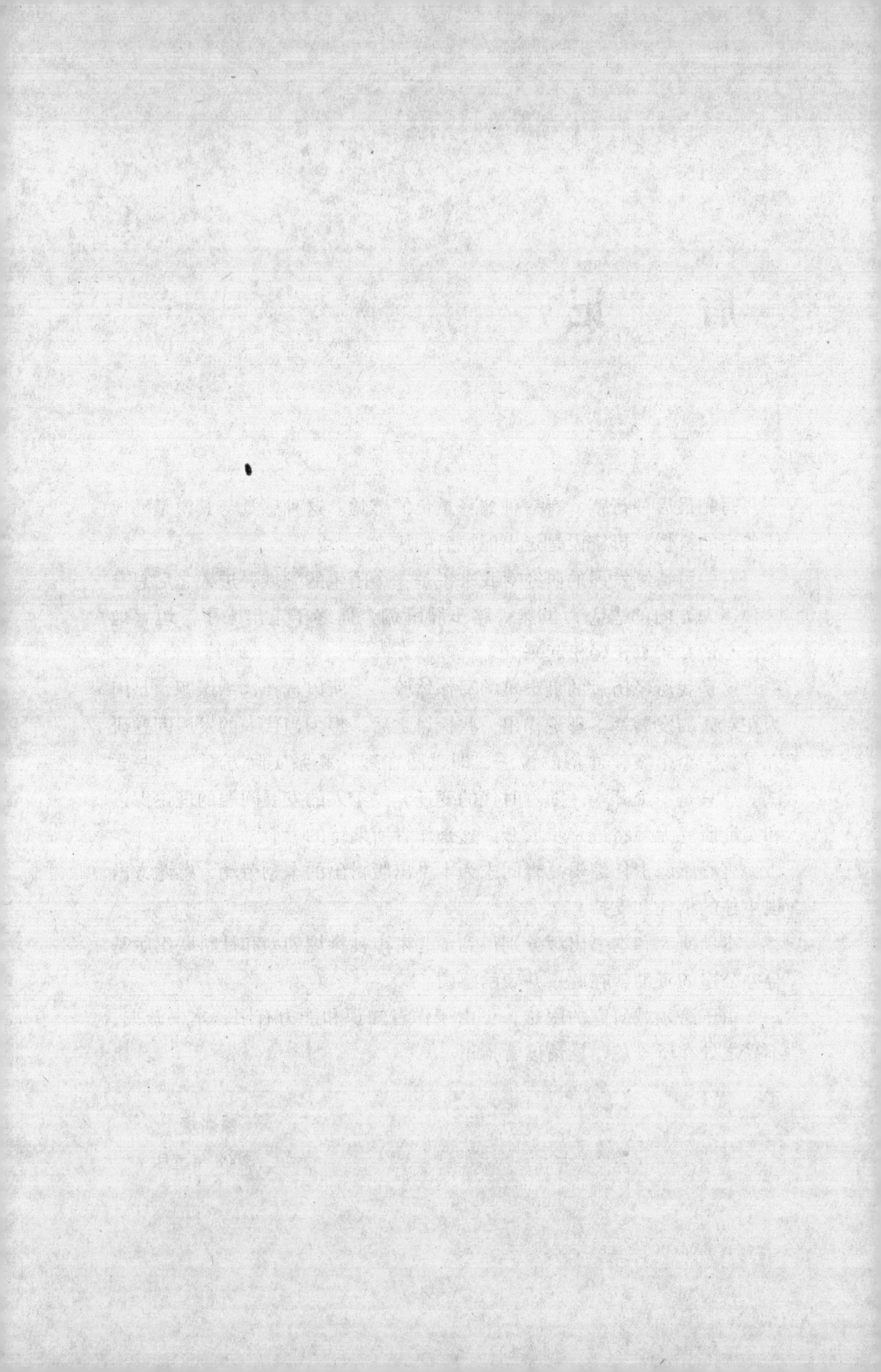

责任编辑:夏 青
装帧设计:肖 辉
版式设计:陈 岩

图书在版编目(CIP)数据

可持续发展与人的发展/陈新夏著. -北京:人民出版社,2009.1
ISBN 978 - 7 - 01 - 007400 - 9

Ⅰ. 可… Ⅱ. 陈… Ⅲ. 可持续发展-关系-人类-发展-研究
Ⅳ. X22C912. 4

中国版本图书馆 CIP 数据核字(2008)第 159984 号

可持续发展与人的发展
KE CHIXU FAZHAN YU REN DE FAZHAN

陈新夏 著

人民出版社 出版发行
(100706 北京朝阳门内大街 166 号)

北京新魏印刷厂印刷 新华书店经销

2009 年 1 月第 1 版 2009 年 1 月北京第 1 次印刷
开本:710 毫米 ×1000 毫米 1/16 印张:22
字数:335 千字 印数:0,001-3,000 册

ISBN 978 - 7 - 01 - 007400 - 9 定价:38.00 元

邮购地址 100706 北京朝阳门内大街 166 号
人民东方图书销售中心 电话 (010)65250042 65289539